高效实战精品

TypeScript+
React

Web应用开发实战

王金柱/编著

电子工业出版社
Publishing House of Electronics Industry
北京·BEIJING

内 容 简 介

本书适应于当今前端开发的流行趋势，注重理论与实战相结合的思想，配合大量的、基础且实用的代码实例，帮助读者学习基于 TypeScript 语言规范的 React 框架开发的相关知识。全书内容通俗易懂、覆盖面广、充分翔实、重点突出，涵盖了 TypeScript 语言规范和 React 框架开发的方方面面。

全书内容共 10 章，TypeScript 语言部分包括 TypeScript 语言基础与开发环境的搭建、TypeScript 项目开发与配置、TypeScript 语法规范和 TypeScript 语法高级特性等方面的内容；React 框架部分包括 React 框架基础与开发环境的搭建，React 语法、组件、状态与生命周期，React 框架高级指引和 React Hook 新特性等方面的内容。同时，为了突出本书项目实战的特点，针对性地开发了两个 Web 项目应用，以帮助读者深入学习基于 TypeScript＋React 技术的开发流程。

本书是学习基于 TypeScript＋React 技术开发的实战图书，全书内容简明、代码精练、实例丰富。希望本书的内容能够帮助前端开发的初学者快速入门，尽快提高 Web 应用程序开发的技术水平。

图书在版编目（CIP）数据

TypeScript+React Web 应用开发实战 / 王金柱编著 . —北京：电子工业出版社，2024.3
（高效实战精品）

ISBN 978-7-121-46929-9

Ⅰ．①T… Ⅱ．①王… Ⅲ．①JAVA 语言－程序设计②网页制作工具 Ⅳ．①TP312.8②TP393.092

中国国家版本馆 CIP 数据核字（2024）第 006636 号

责任编辑：董 英　付 睿
印　　刷：三河市良远印务有限公司
装　　订：三河市良远印务有限公司
出版发行：电子工业出版社
　　　　　北京市海淀区万寿路 173 信箱　　　邮编：100036
开　　本：787×980　　1/16　　印张：31.5　　字数：669 千字
版　　次：2024 年 3 月第 1 版
印　　次：2024 年 3 月第 1 次印刷
定　　价：108.00 元

凡所购买电子工业出版社图书有缺损问题，请向购买书店调换。若书店售缺，请与本社发行部联系，联系及邮购电话：（010）88254888，88258888。
质量投诉请发邮件至 zlts@phei.com.cn，盗版侵权举报请发邮件至 dbqq@phei.com.cn。
本书咨询联系方式：faq@phei.com.cn。

前 言

语言与框架

必须掌握的 TypeScript 语言

TypeScript 语言主要利用支持静态类型与面向对象的特性，降低开发过程中出现未知错误的概率，提高开发效率并使项目具有很好的可维护性。同时，对有 JavaScript 语言开发经验及面向对象编程思想的开发人员而言，学习 TypeScript 语言并不困难。目前流行的三大前端开发框架（Angular、React 和 Vue.js）均已实现了对使用 TypeScript 语言进行开发的支持。

最流行的前端 React 框架

React 框架自诞生开始就受到了广大前端开发人员的关注，这一切皆源自该框架自身的强大背景。React 框架来自社交网络巨头 Meta 公司的一个内部项目——Instagram 网站，目标是设计出一个成熟的 JavaScript MVC 前端框架。由于受制于多种因素，Meta 公司始终不满意 Instagram 的框架设计，于是全新开发了 React 框架。

出乎意料的是，React 框架因独特的设计思想成为一款革命性前端框架产品。目前，React 框架凭借良好的性能优势、简洁的代码逻辑和庞大的受众群体，已经成为越来越多的开发人员进行 Web 应用开发的首选框架。

React 框架的核心思想是通过封装组件来构建 UI，组件维护自身的状态和 UI，每当状态发生改变，就会自动重新渲染组件自身，而不需要通过反复查找 DOM 元素后再重新渲染整个组件。同时，React 框架支持传递多种类型的参数，如代码声明、动态变量，甚至可交互的应用组件。因此，UI 渲染既可以通过传统的静态 HTML DOM 元素，也可以通过传递动态变量，甚至通过整个可交互的组件来完成。

本书的内容安排

本书共 10 章，各章针对不同的知识点进行了详细的介绍。

第 1 章主要介绍了 TypeScript 语言的基础知识，包括 TypeScript 语言与 JavaScript 语言的关系、TypeScript 编译器的原理、TypeScript 语言的思维方式，以及搭建 TypeScript 开发环境等方面的内容。

第 2 章主要介绍了 TypeScript 项目开发与配置，包括通过 Babel 编译工具、Rollup 工具和 webpack 工具进行 TypeScript 项目开发与配置方面的内容。

第 3 章主要介绍了 TypeScript 语言的一些新特性，包括基础类型、接口、类、函数、泛型和枚举等方面的内容。TypeScript 是一种给 JavaScript 语言添加功能扩展特性的编程语言，这些新特性让前端脚本编程语言焕发出新的活力。

第 4 章主要介绍了 TypeScript 语言高级特性的内容，包括类型推论、类型兼容性、高级类型、迭代器、生成器、模块、命名空间及装饰器方面的内容。

第 5 章主要介绍了 React 框架的基础知识，包括 React 框架的特点和应用方式、编写 React 应用的方法、搭建 React 开发环境的方法，以及在 React 应用中使用 TypeScript 模板功能的方法。

第 6 章主要介绍了 React 虚拟 DOM、React JSX/TSX 语法扩展与表达式、React 渲染机制、React 组件设计与参数、React 状态与生命周期、React 事件处理、React 组件条件渲染、React 列表转化、React 表单与受控组件、React 状态提升、组合模式与特例关系等方面的内容。

第 7 章主要介绍了 React 代码分割、Context 对象的使用方式、错误边界、Ref 属性、Ref 转发、React 高阶组件技巧、PropTypes 静态类型检查等方面的内容。

第 8 章主要介绍了 React Hook 的基础知识，主要包括 State Hook 应用、Effect Hook 应用、Context Hook 特性应用、React Hook 使用规则、自定义 Hook 应用方面的内容。

第 9 章和第 10 章主要基于 TypeScript 语言规范和 React 框架技术，针对性地开发了两个 Web 项目应用，以帮助读者在实践中学习并掌握基于 TypeScript + React 技术开发 Web 前端应用的方法与流程。

本书特点

1．本书从最简单的、最通用的 TypeScript 代码实例出发，摒弃枯燥的纯理论知识介绍，通过实例讲解的方式帮助读者学习 React 框架开发的技巧。

2．本书内容涵盖 TypeScript 语言和 React 框架及其技术开发所涉及的绝大部分知识点，将这些内容整合起来，读者可以系统地了解这门语言的全貌，为介入大型 Web 项目的开发做很好的铺垫。

3．本书对实例中的难点进行了详细的分析，能够帮助读者有针对性地提高开发水平。此外，通过多个实际的项目应用，本书尽可能地帮助读者掌握 React 框架开发所涉及的方方面面。

4．本书在 TypeScript 语言和 React 框架的相关知识点上按照类别进行了合理的划分，全部的代码实例都是独立的，读者可以从头开始阅读，也可以从中间开始阅读，不会影响学习效果。

5．本书代码遵循重构原则，以避免代码污染，真心希望读者能写出优秀的、简洁的、可维护的代码。

本书涉及的主要软件或工具

Visual Studio Code	Google Chrome	EditPlus
Firefox	Node&NPM	

本书涉及的技术或框架

React	JSON	HTTP
HTML	TypeScript	HTTPS
HTML5	JavaScript	CSS3
antd	webpack	Vite
RegExp		

本书读者

❑ JavaScript 语言开发的初学者和前端爱好者

- ❑ TypeScript 语言学习爱好者
- ❑ React 框架开发爱好者
- ❑ Web 框架初学者
- ❑ Web 服务器开发入门人员
- ❑ 掌握前端开发基础的开发人员
- ❑ 具有一定基础的全栈开发人员
- ❑ 网站建设与网页设计的开发人员
- ❑ 喜欢或从事网页设计工作并对前端开发感兴趣的人员
- ❑ 各种 IT 培训学校的学生
- ❑ 大中专院校的学生

目　录

第 1 篇　TypeScript 快速开发

第 2 篇　React 快速开发

第 3 篇　TypeScript + React 开发实战

第 1 篇

TypeScript 快速开发

TypeScript 语言基础

TypeScript 项目开发与配置

TypeScript 语言基础进阶

TypeScript 语法高级特性

第 1 章　TypeScript 语言基础

TypeScript 是由微软（Microsoft）公司研发的一款开源的编程语言，是一款面向对象的编程语言，它与 JavaScript 语言有着显著的区别。因此，对前端开发人员来讲有必要系统地学习一下 TypeScript 语言。

本章主要涉及的知识点如下。

- 为什么要学 TypeScript 语言。
- Typescript 语言与 JavaScript 语言的区别。
- TypeScript 编译器。
- TypeScript 语言的思维方式。
- 搭建 TypeScript 开发环境。

1.1　为什么要学 TypeScript 语言

为什么要学习 TypeScript 语言呢？既然 JavaScript 语言已经非常强大了，学习 TypeScript 语言的必要性何在呢？本节将从多个角度进行分析，为读者解读前端开发人员学习 TypeScript 语言的意义。

1.1.1　什么是 TypeScript 语言

TypeScript 是由微软公司研发的一款开源的编程语言，主要是在 JavaScript 语言和 ECMAScript 标准规范的基础上添加静态类型定义构建而成的，解决了 JavaScript 语言的一些不足之处。

TypeScript 代码主要通过 TypeScript 编译器（或 Babel 编译工具）转化为 JavaScript 代码，而 JavaScript 代码可以运行在任何浏览器和任何操作系统中，也就是常说的满足跨平台特性。

设计开发 TypeScript 语言的首席架构师就是大名鼎鼎的安德斯·海尔斯伯格（Anders Hejlsberg），相信绝大多数开发人员对其大名是"耳熟能详"的，Delphi 和 C#（.Net Framework）

编程语言就是此人的杰作。

1.1.2　TypeScript 语言的背景

在 TypeScript 语言出现之前，JavaScript 语言就已经是一款发展迅猛、功能强大、应用广泛的开发语言了，也是业内所公认的 Web 前端脚本语言标准了。既然如此，微软公司为何还大费周章地开发 TypeScript 语言呢？

一切都源自微软公司在使用 JavaScript 语言开发大型项目时，受到 JavaScript 语言自身的局限性，难以很好地完成大型项目的开发与维护工作。于是，微软公司推陈出新，在优化 JavaScript 语言的基础上推出了 TypeScript 语言。微软公司自 2012 年 10 月发布首个 TypeScript 语言预览版本，在经历不断改进与完善后，目前已经更新到了 TypeScript 4.X 版本。

TypeScript 语言实现了很多 JavaScript 语言不具备的新特性，包括添加了可选的静态类型支持、实现了基于类的面向对象编程（OOP）、融合并发展了 ECMAScript 标准规范等。微软公司已经将 TypeScript 语言设计为一个 JavaScript 语言的超集，目标是取代 JavaScript 语言。

1.1.3　学习 TypeScript 语言的必要性

有没有学习 TypeScript 语言的必要性呢？编著者认为是十分有必要的。TypeScript 语言因具有与生俱来的支持静态类型与面向对象的特性，这样能最大程度地降低开发过程中出现未知错误的可能性，同时使得代码具有很好的可维护性。

因此，目前已经有越来越多的前端开发人员开始学习和掌握 TypeScript 语言，并将其作为未来主流的前端技术来定位了。这一切其实也源自 TypeScript 语言在自身技术上的先进性，其整体在改善编程体验、优化代码规范，以及提升项目质量等方面的优势不言而喻。

1.2　JavaScript 语言、ECMAScript 标准规范与 TypeScript 语言

既然 TypeScript 语言是基于 JavaScript 语言和 ECMAScript 标准规范优化改进而来的，这里有必要介绍一下 JavaScript 语言和 ECMAScript 标准规范，以及 TypeScript 语言与

JavaScript 语言和 ECMAScript 标准规范的区别。

1.2.1　JavaScript 语言

　　JavaScript（JS）是一种直译式的脚本语言，也是内置支持动态类型、弱类型、基于原型的编程语言。JavaScript 是通过解释器来编译执行的，这个解释器被称为 JavaScript 引擎（如著名的 Google V8 引擎）。

　　JavaScript 引擎在执行程序时负责将 JavaScript 程序代码解释成机器语言，并交由计算机操作系统运行，通常是在 Web 浏览器中实现的。JavaScript 引擎本质上是一种计算机程序，也是运行 JavaScript 语言程序的宿主。

　　现在 JavaScript 引擎已经全部被内置在 Web 浏览器内核中了，虽然不同 Web 浏览器在实现上略有差异，但必须是基于 ECMAScript 标准规范来开发的（保证最大程度的兼容性）。刚刚提到的 Google V8 引擎，就是 Google Chrome 浏览器 Blink 内核中所内置的 JavaScript 引擎。

　　Google V8 引擎是完全开源的，且其优异的性能已经得到了业内的认可。目前，绝大多数的主流 Web 浏览器均采用了 Google Chrome 浏览器 Blink 内核，其 JavaScript 解释器自然也就是 V8 引擎了。而且，微软公司在自己最新版的 Edge 浏览器中，也抛弃了原来的 EdgeHTML 内核，投入 Google 的怀抱。

1.2.2　ECMAScript 标准规范

　　JavaScript 语言在发展最初并没有一个统一的标准，各大软件厂商都在一个基本的框架下自行开发。但是，鉴于 JavaScript 语言的大受欢迎及迅猛的发展速度，1997 年 ECMA（欧洲计算机制造商协会）协调 Netscape、Sun、微软、Borland 等大厂商组成了工作组，确定了统一的 JavaScript 标准规范，也就是大家所熟知的 ECMAScript 标准规范。

　　目前，ECMAScript 标准规范就是 JavaScript 语言的设计标准，各大浏览器厂商在实现 JavaScript 功能时，必须遵循该标准。TypeScript 代码既然最终要转译为 JavaScript 代码，自然是要遵循 ECMAScript 标准规范的。

　　JavaScript 语言与 ECMAScript 标准规范之间是相互依存的关系，JavaScript 语言包含 3 部分（见图 1.1）：ECMAScript 标准规范，文档对象模型（DOM），浏览器对象模型（BOM）。

　　ECMAScript 标准规范、文档对象模型和浏览器对象模型

图 1.1　JavaScript 语言与
ECMAScript 标准规范的关系

的介绍说明如下。

- ECMAScript 标准规范描述 JavaScript 语言的语法和基本对象。
- 文档对象模型描述 JavaScript 语言处理网页内容的方法和接口。
- 浏览器对象模型描述 JavaScript 语言与浏览器进行交互的方法和接口。

ECMAScript 标准规范自诞生至今，已经经历了多次重大的版本更新，最新的一个版本就是 ECMAScript 6（以下简称 ES6），即 ECMA 于 2015 年 6 月 17 日正式发布的 ECMAScript 标准规范第 6 版，也被称为 ECMAScript 2015。

1.2.3　TypeScript 语言的特性

TypeScript 语言是一款开源的、跨平台的编程语言。

TypeScript 代码需要通过 TypeScript 编译器进行转译，而生产的目标代码就是标准的 JavaScript 代码。

TypeScript 语言为 JavaScript 语言添加了很多实用的语法扩展。TypeScript 语言的主要特性介绍如下。

- 可选的静态类型。
- 类型批注和编译时的类型检查。
- 基于类的面向对象编程。
- 接口设计。
- 模块设计。
- 支持命名空间。
- 装饰器。

1.2.4　TypeScript 语言与 JavaScript 语言的区别

TypeScript 语言是作为 JavaScript 语言的一个"超集"来设计实现的，TypeScript 语言支持 JavaScript 语言（严格地讲是 ECMAScript 标准规范）中定义的绝大部分的语法。下面介绍 TypeScript 语言与 JavaScript 语言的区别。

- TypeScript 语言在核心语法方面提供了可选的静态类型和基于类的面向对象编程的支持，并对 JavaScript 对象模型进行扩展。在这方面，JavaScript 语言中是没有类的概念的。
- TypeScript 语言使用类型和接口的概念来描述数据，支持开发人员快速检测错误和调试应用程序。

- TypeScript 语言通过类型注解提供编译时的静态类型检查功能。
- 在 TypeScript 语言中定义对象（变量）必须指定明确的对象类型，而在 JavaScript 语言中是不需要的。
- TypeScript 语言中引入了模块的概念，可以把声明、数据、函数和类封装在模块中。
- TypeScript 语言为函数提供了默认参数值。
- TypeScript 代码通过编译器可以转换为 JavaScript 代码。
- TypeScript 代码支持即时编译，简单地讲就是编写一行 TypeScript 代码即可得到转译的 JavaScript 代码。
- JavaScript 代码可以在不需要任何修改的情况下与 TypeScript 代码协同工作。

1.3　TypeScript 编译器

本节主要介绍 TypeScript 编译器方面的知识，包括 TypeScript 编译器的原理及流程。

1.3.1　TypeScript 编译器的基础

如前文中的描述，TypeScript 代码是通过编译器转换为 JavaScript 代码的，这个编译器就是 TypeScript 编译器。TypeScript 编译器的功能十分强大，是由多个功能模块组成的，并配置了非常完善的编译选项。

TypeScript 编译器（编译部分）位于 TypeScript 源码的目录 src/compiler 下，具体如图 1.2 所示。

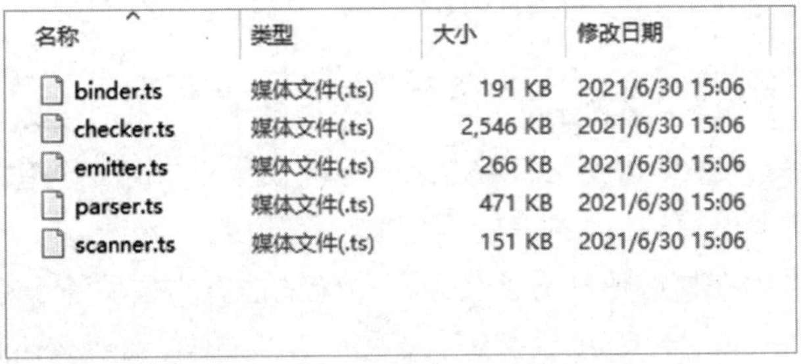

名称 ^	类型	大小	修改日期
binder.ts	媒体文件(.ts)	191 KB	2021/6/30 15:06
checker.ts	媒体文件(.ts)	2,546 KB	2021/6/30 15:06
emitter.ts	媒体文件(.ts)	266 KB	2021/6/30 15:06
parser.ts	媒体文件(.ts)	471 KB	2021/6/30 15:06
scanner.ts	媒体文件(.ts)	151 KB	2021/6/30 15:06

图 1.2　TypeScript 编译器的目录

TypeScript 编译器主要分为以下几个关键部分。

- Binder 绑定器（binder.ts）。
- Checker 检查器（checker.ts）。
- Emitter 发射器（emitter.ts）。
- Parser 解析器（parser.ts）。
- Scanner 扫描器（scanner.ts）。

其中，Scanner 扫描器负责对 TypeScript 源码进行扫描预处理，将源码转译为 Token 数据流。Parser 解析器负责进行语法分析，将 Token 数据流生成为抽象语法树（AST）。Binder 绑定器使用一个 Symbol 符号将相同结构的声明联合在一起，帮助类型系统推导出具体的声明。Checker 检查器负责类型检查工作，是必不可少的功能。Emitter 发射器实现 JavaScript（.js）转义代码、声明（.d.ts）或 source maps（.js.map）文件的生成。

以上内容是 TypeScript 编译器几个主要部分的基本介绍，下面将详细地介绍 TypeScript 源码的编译流程。

1.3.2　TypeScript 源码的编译流程

TypeScript 编译器中所包括的 Scanner 扫描器、Parser 解析器、Binder 绑定器、Checker 检查器和 Emitter 发射器，在 TypeScript 源码的编译流程中起到了非常关键的作用。TypeScript 编译流程示意图如图 1.3 所示。

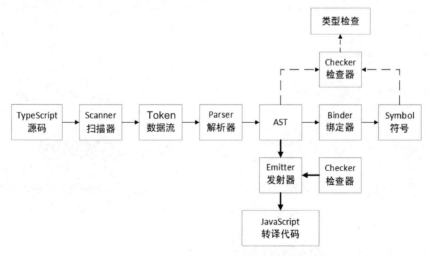

图 1.3　TypeScript 编译流程示意图

图 1.3 详细地展示了 TypeScript 源码的编译流程中的几个主要流程，具体内容说明如下。

1．流程：TypeScript 源码→AST

从 TypeScript 源码到 AST 的解析流程主要包括先将 TypeScript 源码经过 Scanner 扫描器解析为 Token 数据流，再由 Parser 解析器将 Token 数据流解析为 AST，具体如图 1.4 所示。

2．流程：AST→Symbol 符号

从 AST 到 Symbol 符号的解析流程主要包括将 AST 经过 Binder 绑定器解析为 Symbol 符号，具体如图 1.5 所示。

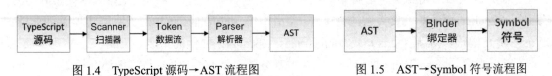

图 1.4　TypeScript 源码→AST 流程图　　　图 1.5　AST→Symbol 符号流程图

3．流程：AST+Symbol 符号→类型检查功能

从 AST+Symbol 符号到类型检查功能的解析流程主要包括将 AST+Symbol 符号经过 Checker 检查器实现类型检查的功能，具体如图 1.6 所示。

4．流程：AST+Checker 检查器→JavaScript 代码

从 AST+Checker 检查器到 JavaScript 代码的解析流程，主要包括将 AST+ Checker 检查器经过 Emitter 发射器解析为最终的 JavaScript 转译代码，具体如图 1.7 所示。

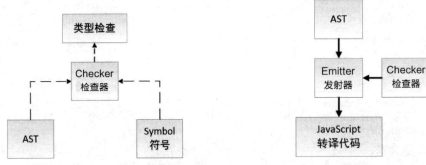

图 1.6　AST+Symbol 符号→类型检查功能流程图　　图 1.7　AST+Checker 检查器→JavaScript 转译代码流程图

1.3.3　TypeScript 编译器的架构

TypeScript 编译器的主要架构如图 1.8 所示。该架构图参考了 TypeScript 语言官方 GitHub 仓库中描述的内容。

1. 核心 TypeScript 编译器

TypeScript 编译器架构的底层是核心 TypeScript 编译器（Core TypeScript Compiler），包括 Scanner 扫描器、Parser 解析器、Binder 绑定器、Checker 检查器和 Emitter 发射器核心部件。

在图 1.8 中，核心 TypeScript 编译器中列举了几个关键的代码文件，这些代码文件的具体功能介绍如下。

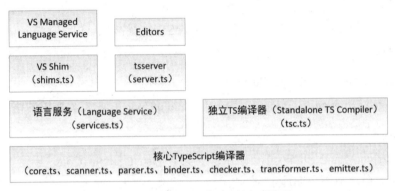

图 1.8　TypeScript 编译器的主要架构

- core.ts 代码文件：定义了 TypeScript 语法的核心概念、常量描述，以及主要的工具函数等。
- scanner.ts 和 parser.ts 代码文件：scanner.ts 文件是扫描器，parser.ts 文件是解析器，二者共同将源码转换生成 AST。
- binder.ts 代码文件：绑定器，用于进行作用域分析，并根据 AST 创建 Symbol 符号表。
- checker.ts 代码文件：检查器，通过解析构造类型、检查语义操作，并根据需要生成诊断，最终实现类型检查功能。
- transformer.ts 和 emitter.ts 代码文件：transformer.ts 文件用于代码转换，emitter.ts 文件是发射器，二者共同实现 JavaScript 代码、声明（.d.ts）或 source maps（.js.map）文件的生成。

2. 语言服务

语言服务（Language Service）围绕核心 TypeScript 编译器公开了一个附加层，适用于类似于代码编辑器的应用程序。

语言服务支持一组典型的代码编辑器操作，如语句完成、签名帮助、代码格式化、代码大纲、代码着色、基本重构（如重命名）、调试接口助手（如验证断点），以及 TypeScript

语言特定功能（如支持增量编译）等。

设计语言服务的目的在于代码文件在长期编辑的过程中，能够有效处理上下文内容随时变化的情况。

3. tsserver

tsserver（server.ts）包装了编译器和服务层，并通过 JSON 协议进行公开。

4. VS Shim

VS Shim（shims.ts）是一个库，用于将 TypeScript 标准的 API 引入 Visual Studio Code 开发工具环境。

5. VS Managed Language Service

VS Managed Language Service 表示 Visual Studio Code 开发工具托管的语言服务。

6. Editors

Editors 表示 Visual Studio Code 开发工具。Visual Studio Code 开发工具默认支持 TypeScript 语言语法与源码编译。

7. 独立 TS 编译器

独立 TS 编译器（Standalone TS Compiler）是使用 tsc.ts 源码文件进行批处理编译的 CLI。CLI 的英文全称是 Command Line Interface，也就是 TypeScript 语言命令行终端交互界面。

1.4 TypeScript 语言的思维方式

本节重点介绍 TypeScript 语言的思维方式，其与 JavaScript 语言的思维方式是有显著区别的。

1.4.1 JavaScript 语言的不足之处

对于大多数的前端开发人员，JavaScript 语言已经强大到几乎无所不能了。对于前端的任何设计需求，JavaScript 语言都可以很好地完成。同时，JavaScript 语言所独有的弱类型与动态语言特性，决定了其在使用上的灵活性与易用性。稍微有一定编程基础的开发人员，都能很快掌握 JavaScript 语言的使用方法，这也正是该语言大受欢迎的主要原因。

但是，上述 JavaScript 语言的优点，也恰恰是造成其出现问题的根本原因，而且有些问题往往是灾难性的。最主要的问题就是 JavaScript 语言是弱类型的，弱类型的表示类型是缺乏约束的，也就意味着存在着未知的安全隐患。再加上 JavaScript 恰恰又是动态语言，许多问题需要在运行期间才会显现。如果这个问题是一个严重错误，则 Web 浏览器可能会出现程序崩溃的情况。

　　有痛点自然就要解决痛点，为了尽可能弥补 JavaScript 语言的不足之处，ECMA 标准协会定义了其语法规范——ECMAScript 标准规范。ECMAScript 标准规范经过几代的更新完善，到 ES6 版本已经基本完善了 JavaScript 语言的诸多缺陷。但是，由于 JavaScript 语言的历史原因，其在类型监测方面的问题仍旧没有得到彻底解决，这也是让人非常遗憾的。

1.4.2　弱类型与强类型、静态语言与动态语言

　　前面讲到 JavaScript 是弱类型的动态语言，那么与其相对应的语言就是强类型的静态语言。下面针对弱类型与强类型、静态语言与动态语言之间的区别，做一个详细的介绍。

　　在弱类型语言中，变量可以被赋予不同的数据类型，而在强类型语言中，变量或对象一旦定义完成，就不允许改变其数据类型（除非进行强制类型转换）。另外，当调用函数传递参数时，其数据类型必须与被调用函数中声明的类型相兼容。例如，JavaScript 是典型的弱类型语言，而 TypeScript 则是强类型语言。

　　对于静态语言，需要在编译阶段确定所有变量的类型；对于动态语言，需要在执行阶段确定所有变量的类型。例如，JavaScript 是动态语言，而 TypeScript 则是静态语言。

　　在了解了弱类型与强类型、静态语言与动态语言的定义后，就可以分析一下弱类型的 JavaScript 语言会有哪些先天不足了。假设，你打算使用一个第三方的 JavaScript 库，而恰好该 JavaScript 库的开发人员很不严谨，有些变量没有描述定义，有些函数方法既没有参数类型描述，也没有写清楚函数逻辑，那么你需要逐一地判断这些变量和函数的定义，搞清楚之后才能使用这个第三方的 JavaScript 库。相信这一定会让你感到异常的沮丧和崩溃。

　　归根结底是因为弱类型的 JavaScript 语言所具有的先天特性，会让开发人员长期在没有类型约束的环境下进行开发，进而造成了开发人员类型思维的缺乏，养成了不太友好的编程习惯。

　　TypeScript 语言的出现，弥补了 JavaScript 语言的这些先天不足。TypeScript 被设计为强类型的静态语言，对类型的要求非常严格。同时，TypeScript 语言加入了接口与类的定义，这对于开发大型项目是必要的。

　　当然，我们不能直接就否定 JavaScript 语言，该语言发展至今为前端开发带来了翻天覆地的变化，而且其在不断地更新，巩固了其在业界的领导地位。TypeScript 语言是一个新兴

力量，我们认为该语言的出现不是为了替代 JavaScript 语言，而是对 JavaScript 语言的补充与完善。

1.4.3　TypeScript 类型思维

TypeScript 语言被设计为拥有"类型"定义的 JavaScript 语言超集，可以编译为单纯的、干净的、功能完整的 JavaScript 代码。概括来讲，TypeScript 语言可以被理解为加强版的 JavaScript 语言。

TypeScript 语言支持全部的 JavaScript 语言特性，而且其是严格基于 ECMAScript 标准规范进行开发的，同步支持 ES6、ES7 和 ES8 版本的最新语法标准。最为重要的是，TypeScript 语言增加了对类型的约束。

TypeScript 语言在类型约束这方面，不仅定义了数字类型（整型和浮点型）、布尔类型、字符串类型和数组类型等，还定义了枚举类型、元组类型和任意（Any）类型等，同时明确了 Null（空）类型和 Undefined（未定义）类型的定义，完全符合现代编程语言的规范要求。

TypeScript 语言不仅增加了类型约束，还增加了基于面向对象编程的语法扩展，包括类和接口的功能。这是 ECMAScript 标准规范所提出，但又没有完整实现的，TypeScript 语言完整地实现了对面向对象编程的支持。

TypeScript 是一款功能强大的、完整的现代化编程语言，具备类型约束和面向对象特性，使其成为开发大型 Web 项目的技术保证（这是 JavaScript 语言的痛点之一）。TypeScript 代码可以"无障碍"地编译出干净、简洁和高效的 JavaScript 代码，确保了与绝大多数主流浏览器的最佳兼容性，使其成为替代 JavaScript 语言的最好选择之一。

目前，三大主流前端开发框架（Angular、React 和 Vue.js）均提供了对 TypeScript 语言的支持，甚至在进行基于 TypeScript 语言的重构工作。这进一步证明了业界对 TypeScript 语言的支持与认可，也增强了前端开发人员学习 TypeScript 语言的信心。

总之，TypeScript 语言在开发大型 Web 项目上所具有的先天优势，会让越来越多的前端开发人员将其作为一项必备技能进而学习和掌握。

1.5　开发实战：搭建 TypeScript 开发环境

本节将详细介绍如何搭建 TypeScript 开发环境，具体包括 npm 模块方式、Visual Studio Code 开发工具方式和 NuGet 模块方式。

1.5.1　获取 TypeScript 的方式

TypeScript 是由微软公司开发的编程工具，如图 1.9 所示。

图 1.9　TypeScript 语言官方网站

如图 1.9 所示，TypeScript 语言官方网站首页中演示了一个简单的 TypeScript 代码示例，同时给出了 TypeScript 的安装介绍链接。

直接单击 TypeScript 的安装介绍链接，进入获取 TypeScript 方式的介绍界面，如图 1.10 所示。

图 1.10　获取 TypeScript 方式的介绍界面

如图 1.10 所示，获取 TypeScript 的方式主要包括通过浏览器和通过本地计算机两种方式。

这里直接选择通过本地计算机方式，单击该获取方式，进入 TypeScript 的下载界面，如图 1.11 所示。

如图 1.11 所示，下载界面中给出了通过 npm 模块和通过 Visual Studio Code 这两种安装方式。后面将详细介绍这两种安装方式。

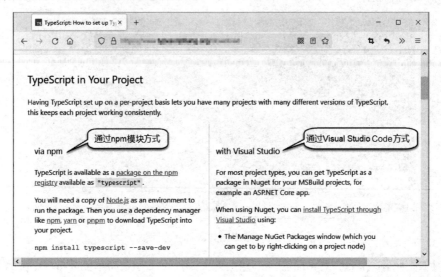

图 1.11　TypeScript 的下载界面

另外，微软公司还将 TypeScript 的源码发布到了 GitHub 仓库。

1.5.2　安装 TypeScript 开发环境

TypeScript 开发环境主要通过两种方式进行安装：npm 模块方式和 Visual Studio Code 开发工具方式。

1．npm 模块方式

相信熟悉 Node.js 框架的前端开发人员，对 npm 模块并不陌生。简单来讲，npm 就是 Node.js 框架的包管理工具，可以用来安装各种 Node.js 扩展模块。TypeScript 已经被注册在 npm 模块包系统中了，模块名称是全部小写的"typescript"。

在通过 npm 模块安装 TypeScript 开发环境之前，需要在系统中完整安装 Node.js 框架的开发环境（不了解的读者需要先学习和掌握 Node.js 开发的知识）。这里之所以需要完整安装 Node.js 框架，是因为最新的 npm 模块已经是 Node.js 框架的核心部分，完整安装好

Node.js 框架后，会自带 npm 模块的全部功能。

　　读者如果想检测当前系统是否已经安装好 Node.js 框架开发环境，则可以在命令行终端中使用下述命令。

```
node -v          // 查看 Node.js 版本号
npm -v           // 查看 npm 版本号
```

　　执行上述命令可以查询 Node.js 和 npm 的版本号，如果查询成功，则表明已经安装好 Node.js 框架开发环境及 npm 模块功能，具体如图 1.12 所示。

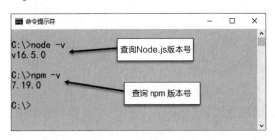

图 1.12　查询版本号

　　安装好 npm 模块功能之后，就可以通过 npm 模块安装 TypeScript 开发环境了，可以在命令行终端中使用下述命令。

```
npm install -g typescript      // 通过 npm 模块安装 TypeScript 开发环境
```

　　在上述命令中，参数 install 表示安装模块，参数 -g 表示在系统中以全局方式进行安装，typescript 指定了安装的模块名称。安装 TypeScript 开发环境如图 1.13 所示。

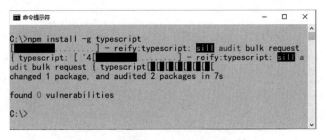

图 1.13　安装 TypeScript 开发环境

　　安装好 TypeScript 开发环境之后，可以执行 "tsc" 命令（TypeScript 代码编译命令）查看当前系统中的 TypeScript 编译器的版本号，并验证 TypeScript 开发环境是否安装成功，可以在命令行终端中使用下述命令。

```
tsc -v       // 执行 "tsc" 命令查看当前系统中的 TypeScript 编译器的版本号
```

　　执行上述命令后，具体如图 1.14 所示。

图 1.14　查看 TypeScript 编译器的版本号

如图 1.14 所示，在命令行终端中查询到了 TypeScript 编译器的版本号，表示 TypeScript 开发环境已经安装成功。

2．Visual Studio Code 开发工具方式

Visual Studio Code（VS Code）是微软公司推出的轻量级开发工具，也是一款主要针对编写现代 Web 应用的跨平台源代码编辑器，强大的可扩展插件功能深受广大开发人员的青睐。

安装 Visual Studio Code 开发工具的方法非常简单，先在其官方网站下载相匹配的安装包到本地，再直接在操作系统中进行安装即可。

Visual Studio Code 开发工具的运行界面如图 1.15 所示。

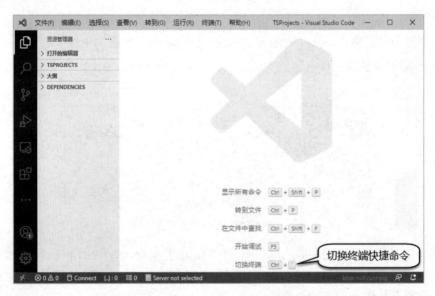

图 1.15　Visual Studio Code 开发工具的运行界面

按快捷键 "Ctrl + `" 可以切换至命令行终端，具体如图 1.16 所示。

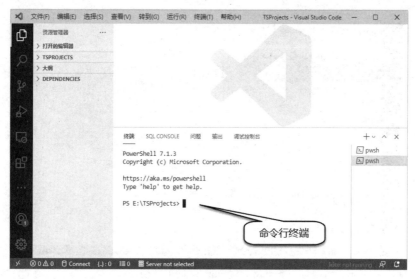

图 1.16　Visual Studio Code 开发工具的命令行终端窗口

如图 1.16 所示，现在 Visual Studio Code 开发工具已经打开了内置的命令行终端，直接通过该终端完成 TypeScript 开发环境的安装，具体如图 1.17 所示。

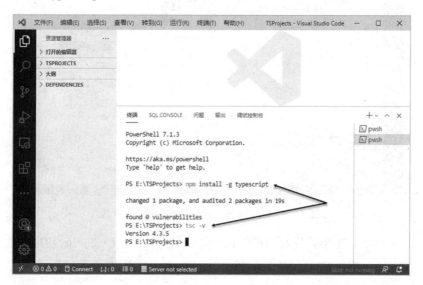

图 1.17　通过 Visual Studio Code 开发工具的命令行终端安装 TypeScript 开发环境

单击左侧工具栏中的"扩展"图标（高亮显示）打开搜索扩展界面，查找 TypeScript 的扩展插件，具体如图 1.18 所示。

单击"设置"图标可以打开 TypeScript 的扩展插件的配置界面，具体如图 1.19 所示。

图 1.18　TypeScript 的扩展插件

图 1.19　TypeScript 的扩展插件的配置界面

　　如图 1.19 所示，在配置界面中可以执行切换启用/禁用 TypeScript 的扩展的操作。至此，通过 Visual Studio Code 开发工具安装 TypeScript 开发环境和 TypeScript 扩展插件的操作就完成了。

1.5.3　TypeScript 应用

　　安装好 TypeScript 开发环境后，就可以编写简单的 TypeScript 应用了。这里主要通过

Visual Studio Code 开发工具和命令行终端编译的方式，向读者介绍如何编写 TypeScript 代码及通过 "tsc" 命令将 TypeScript 代码编译为 JavaScript 代码。

　　本书使用 Visual Studio Code 开发工具编写 TypeScript 代码，读者可以使用 EditPlus 编辑器这类轻量级的代码工具，但还是强烈建议读者使用 Visual Studio Code 开发工具。使用 Visual Studio Code 开发工具的好处很多（在 1.5.2 节已经介绍）。该工具不仅强大，还是微软公司的产品，针对 TypeScript 语言进行了很多优化工作。因此，使用 Visual Studio Code 开发工具开发 TypeScript 程序已经是业内默认的事实了。

　　下面编写一个 TypeScript 代码——TypeScript 版本的 "HelloWorld" 应用。

　　【例 1.1】TypeScript 版本的 "HelloWorld" 应用。

　　该应用实现向命令行终端中输出日志信息的功能，其源代码如下。

```
-------------------- path : ch01/helloworld/helloworld.ts -----------------
1  /* print some log info to console */
2  console.log("Hello World! This is a TypeScript code.");
```

　　在上述代码中，第 2 行代码通过方法 console.log() 完成了向命令行终端输出一行日志信息的操作。

　　首先，在命令行终端中通过 "tsc" 命令将 TypeScript 代码编译为 JavaScript 代码，具体如图 1.20 所示。

　　如图 1.20 所示，通过 "tsc" 命令成功将 helloworld.ts 文件编译生成为 helloworld.js 文件。然后，在命令行终端中通过 "node" 命令执行生成的 JavaScript 代码，具体如图 1.21 所示。

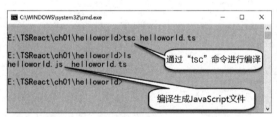
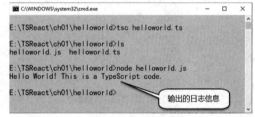

图 1.20　通过 "tsc" 命令编译 TypeScript 代码　　图 1.21　通过 "node" 命令执行 JavaScript 代码

　　如图 1.21 所示，通过 "node" 命令执行编译生成的 JavaScript 代码，输出了指定的日志信息。

　　上述 TypeScript 编写方式是通过在命令行终端中执行 "tsc" 命令将 TypeScript 代码编译为 JavaScript 代码，并通过 "node" 命令执行生成的 JavaScript 代码。上述操作在每次更新 TypeScript 代码后，都需要编译和执行一次，确实太过烦琐了。好在有强大的 Visual Studio Code 开发工具，其具有自动编译（tsconfig 配置文件）TypeScript 代码的功能，下面具体介绍一下自动编译的操作方法。

首先，打开 Visual Studio Code 开发工具，在命令行终端中通过"mkdir"命令新建一个工作目录（helloworld-tsconfig），具体如图 1.22 所示。

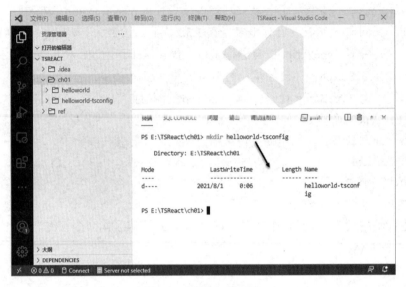

图 1.22　新建工作目录

新建好工作目录（helloworld-tsconfig）后，进入该目录，执行"tsc --init"命令初始化一个 tsconfig 配置文件，用于实现 TypeScript 代码自动编译功能，具体如图 1.23 所示。

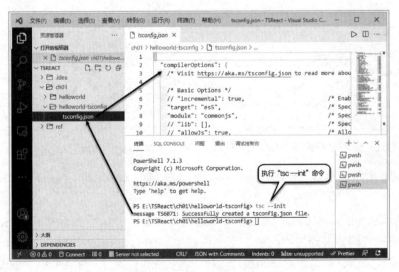

图 1.23　初始化 tsconfig 配置文件

如图 1.23 所示，执行"tsc --init"命令成功新建了一个 tsconfig 配置文件（下文会详细介绍该配置文件）。

然后，编写一个 TypeScript 代码——TypeScript 增强版本的"HelloWorld"应用。

【例 1.2】TypeScript 增强版本的"HelloWorld"应用。

该应用实现向命令行终端中输出日志信息的功能，其源代码如下。

```
--------------- path : ch01/helloworld-tsconfig/helloworld.ts --------------
1  /* print some log info to console */
2  function sayHello(msg: string): void {
3      console.log(`Hello World! ${msg}`);
4  }
5  /* call function */
6  sayHello('This is a TypeScript code.');
```

在上述代码中，第 2～4 行代码定义了一个函数 sayHello，通过方法 console.log()完成了向命令行终端中输出一行日志信息的操作。

最后，通过 tsconfig 配置文件可以进行自动编译的操作。具体方法是按快捷键"Ctrl + Shift + B"，打开 Visual Studio Code 开发工具的运行构建任务（Run Build Task）窗口，如图 1.24 所示。

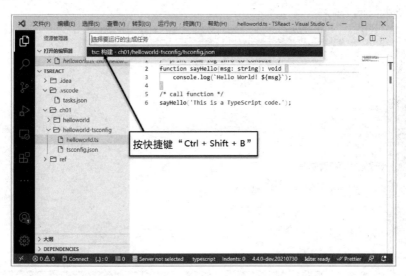

图 1.24　运行构建任务窗口

如图 1.24 所示，通过"tsc 构建"任务调用 tsconfig 配置文件，进行 TypeScript 代码的自动编译操作。完成后，Visual Studio Code 开发工具会自动创建编译成功的 JavaScript 脚本文件，如图 1.25 所示。

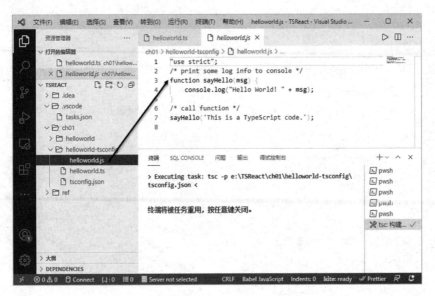

图 1.25　编译成功的 JavaScript 脚本文件

如图 1.25 所示，TypeScript 代码已经成功转译为标准的 JavaScript 代码了，通过 Visual Studio Code 开发工具自带的 Run Code 命令（在 js 文件上右击查看）可以执行该 JavaScript 脚本文件，如图 1.26 所示。

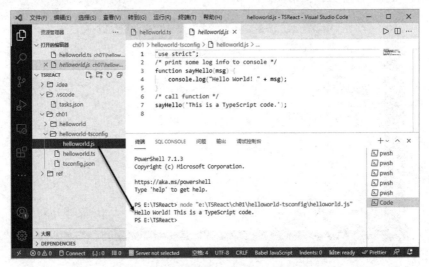

图 1.26　编译成功的 JavaScript 脚本文件

如图 1.26 所示，命令行终端输出了指定的日志信息。以上就是通过 Visual Studio Code 开发工具自动编译 TypeScript 代码的基本操作流程。

以上内容介绍了如何编写一个基本的 TypeScript 应用，以及通过命令行终端或 Visual Studio Code 开发工具实现编译和运行 TypeScript 代码。如果读者想了解如何开发 TypeScript 工程类的大型项目，请继续阅读后续章节中的内容。

1.6　小结

本章主要介绍了 TypeScript 语言的基础知识，包括 TypeScript 语言与 JavaScript 语言的关系、TypeScript 编译器的原理、TypeScript 语言的思维方式，以及搭建 TypeScript 开发环境等。

第 2 章 TypeScript 项目开发与配置

本章内容是本书的重点部分，主要介绍 TypeScript 项目的开发与配置，具体包括如何通过 Babel 编译工具、Rollup 打包工具（以下简称 Roullp 工具）和 webpack 构建工具（以下简称 webpack 工具）进行 TypeScript 项目的开发与配置。

本章主要涉及的知识点如下。

- 通过 Babel 编译工具编译 TypeScript 代码。
- 通过 Rollup 工具打包 TypeScript 模块。
- 通过 webpack 工具构建 TypeScript 项目。

2.1 通过 Babel 编译工具编译 TypeScript 项目

本节主要介绍通过 Babel 编译工具编译 TypeScript 项目的方法。Babel 是一款现代的 JavaScript 和 TypeScript 代码编译器，目前得到了广泛应用。

2.1.1 Babel 编译工具介绍

对大多数读者而言，可能对 Babel 编译工具并不太熟悉，但该工具在 JavaScript 语言开发领域扮演着十分重要的角色。Babel 是一款 JavaScript 编译器，主要用于将基于 ES6 以上最新语法编写的 JavaScript 代码转换为向后兼容 JavaScript 语法的代码，以便满足运行在当前（或旧版本）浏览器中的要求。

换句话讲，Babel 编译工具的作用就是通过语法转换器，让基于新版本 JavaScript 语言开发的代码能够运行在绝大多数的主流浏览器中。上述原因很好理解，主流浏览器厂商为了兼容性考虑，不会轻易将新增的 JavaScript 语法特性加入浏览器内核。但是，开发人员不这么考虑，新增的 JavaScript 语法特性往往能带来更好的编程体验与更高的编程效率，因此开发人员十分乐于使用这些新功能。Babel 编译工具恰恰就是二者之间进行平衡的桥梁。

下面简单概括一下通过 Babel 编译工具能够完成的功能。

- 语法转换（ES6 以上→ES5、JSX → js）。

- 通过 polyfill 方式在目标环境中添加缺失的特性（通过 core-js 模块实现）。
- 源码转换（CommonJS → js、ts → js）。

Babel 编译工具官方网站如图 2.1 所示。

图 2.1　Babel 编译工具官方网站

如图 2.1 所示，Babel 编译工具官方网站首页演示了将"下一代"JavaScript 代码转换为当前浏览器可兼容（运行）的 JavaScript 代码的效果，这正是 Babel 编译工具最显著的功能之一。

2.1.2　开发实战：通过 Babel 编译工具编译 JavaScript 代码

下面介绍通过 Babel 编译工具编译 JavaScript 代码的具体操作方法，这里使用的是最新的 Babel 7.15 版本。

第 1 步：通过命令行终端创建一个工程项目目录 babel-ts（见图 2.2）；然后，继续在该目录下创建两个子目录 src 和 lib。

目录 src 用于存放源码文件，目录 lib 用于存放通过 Babel 编译工具编译后的代码文件。

第 2 步：在命令行终端中执行"npm init"命令，初始化工程项目并创建 package.json 配置文件，如图 2.3 所示。

图 2.2　创建工程项目目录 babel-ts

```
管理员: 命令提示符                                            —   □   ×
E:\TSReact\ch01\babel-ts>npm init
This utility will walk you through creating a package.json file.
It only covers the most common items, and tries to guess sensible defaults.

See `npm help init` for definitive documentation on these fields
and exactly what they do.

Use `npm install <pkg>` afterwards to install a package and
save it as a dependency in the package.json file.

Press ^C at any time to quit.
package name: (babel-ts)
version: (1.0.0)
description:
entry point: (index.js)
test command:
git repository:
keywords:
author: king
license: (ISC)
About to write to E:\TSReact\ch01\babel-ts\package.json:

{
  "name": "babel-ts",
  "version": "1.0.0",
  "description": "",
  "main": "index.js",
  "directories": {
    "lib": "lib"
  },
  "scripts": {
    "test": "echo \"Error: no test specified\" && exit 1"
  },
  "author": "king",
  "license": "ISC"
}

Is this OK? (yes) yes
```

图 2.3 初始化工程项目并创建配置文件

如图 2.3 所示，每条配置项均选择了默认值（用户可以自定义），操作完成后的效果如图 2.4 所示。

如图 2.4 所示，工程项目目录中新增了名称为 package.json 的配置文件。package.json 配置文件的内容如图 2.5 所示。

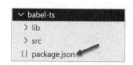

图 2.4 初始化工程项目目录效果

```
{} package.json ×

ch02 > babel-ts > {} package.json > {} directories > ▤ lib
  1   {
  2     "name": "babel-ts",
  3     "version": "1.0.0",
  4     "description": "",
  5     "main": "index.js",
  6     "directories": {
  7       "lib": "lib"
  8     },
        ▷ 调试
  9     "scripts": {
 10       "test": "echo \"Error: no test specified\" && exit 1"
 11     },
 12     "author": "king",
 13     "license": "ISC"
 14   }
 15
```

图 2.5 package.json 配置文件的内容

第 3 步：继续添加 Babel 编译工具的核心功能模块，具体包括@babel/core、@babel/cli 和@babel/preset-env。这 3 个核心功能模块的具体介绍如下。

- @babel/core 模块：Babel 编译工具的核心功能。
- @babel/cli 模块：一个能够在命令行终端（终端控制台）中使用的工具。
- @babel/preset-env 模块：插件和预设功能模块，如代码转换功能等。

安装 Babel 编译工具核心功能模块的方法也是在命令行终端中通过 npm 工具完成的，详细命令如下。

```
npm install --save-dev @babel/core @babel/cli @babel/preset-env
```

安装 Babel 编译工具核心功能模块的过程如图 2.6 所示。

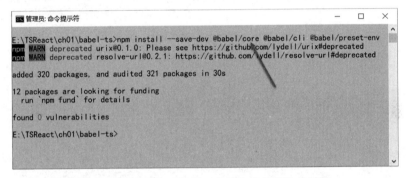

图 2.6　安装 Babel 编译工具核心功能模块的过程

如图 2.6 所示，在命令行终端中执行"npm install"命令完成了@babel/core、@babel/cli 和@babel/preset-env 这 3 个核心功能模块的安装。其中，参数--save-dev 表示安装方式为"开发依赖"。

所谓开发依赖，就是在项目开发阶段所需要的依赖项，在最终的项目发行版中是不需要的。指定参数--save-dev 的安装项，会记录在 package.json 配置文件的 devDependencies 字段中，具体如图 2.7 所示。

如图 2.7 所示，在 devDependencies 字段中记录了刚刚安装的@babel/core、@babel/cli 和@babel/preset-env 这 3 个核心功能模块。

第 4 步：在项目根目录下创建一个命名为 babel.config.json 的配置文件，具体如图 2.8 所示。该配置文件是 Babel 编译工具所需的（适用于 Babel 7.8.0 以上版本）。

如图 2.8 所示，在 presets 预设字段中记录了@babel/env 模块。下面添加一个用于将 ES6 箭头语法转换为 ES5 语法的官方插件@babel/plugin-transform-arrow-functions，详细命令如下。

```
npm install --save-dev @babel/plugin-transform-arrow-functions
```

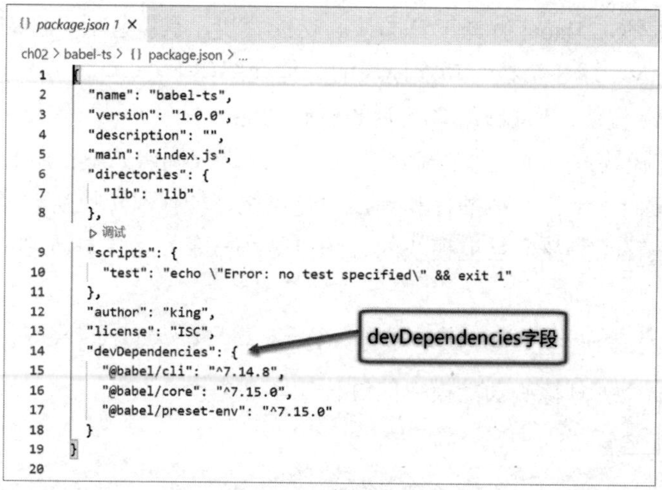

```
{} package.json 1 ×
ch02 > babel-ts > {} package.json > ...
  1  {
  2    "name": "babel-ts",
  3    "version": "1.0.0",
  4    "description": "",
  5    "main": "index.js",
  6    "directories": {
  7      "lib": "lib"
  8    },
     ▷ 调试
  9    "scripts": {
 10      "test": "echo \"Error: no test specified\" && exit 1"
 11    },
 12    "author": "king",
 13    "license": "ISC",
 14    "devDependencies": {        devDependencies字段
 15      "@babel/cli": "^7.14.8",
 16      "@babel/core": "^7.15.0",
 17      "@babel/preset-env": "^7.15.0"
 18    }
 19  }
 20
```

图 2.7　devDependencies 字段

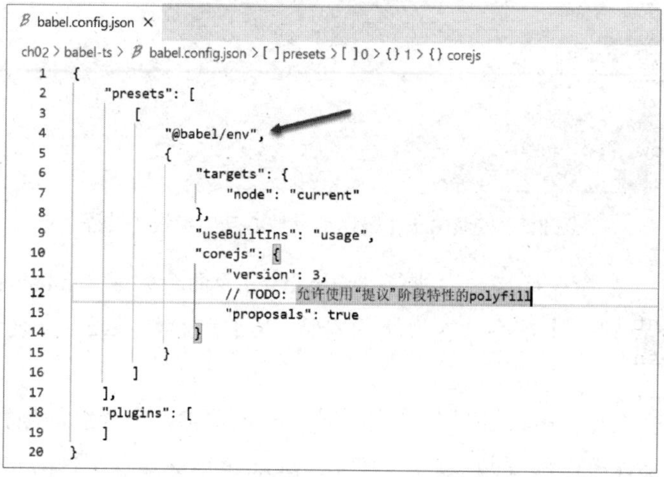

```
ß babel.config.json ×
ch02 > babel-ts > ß babel.config.json > [ ] presets > [ ] 0 > { } 1 > { } corejs
  1  {
  2    "presets": [
  3      [
  4        "@babel/env",
  5        {
  6          "targets": {
  7            "node": "current"
  8          },
  9          "useBuiltIns": "usage",
 10          "corejs": {
 11            "version": 3,
 12            // TODO: 允许使用"提议"阶段特性的polyfill
 13            "proposals": true
 14          }
 15        }
 16      ]
 17    ],
 18    "plugins": [
 19    ]
 20  }
```

图 2.8　创建 babel.config.json 配置文件

更新 babel.config.json 配置文件，具体如图 2.9 所示。

如图 2.9 所示，在 plugins 插件字段中记录了刚刚安装的@babel/plugin-transform-arrow-functions 插件。

以上工作均准确无误地完成后，就可以测试一下 Babel 编译工具将 ES6 语法转换为 ES5 语法的功能了。

下面先编写一个 JavaScript 代码，通过 ES6 语法中的箭头函数，实现向命令行终端中输出日志信息的功能。

图 2.9　更新 babel.config.json 配置文件

【例 2.1】通过 ES6 语法中的箭头函数实现向命令行终端输出日志的功能。

相关源代码如下。

```
------------------- path : ch02/babel-ts/src/es62es5.js -------------------
1  /*
2   * ES6 - Arrow Func
3   */
4
5  const fn = () => "Hello, ES6 convert to ES5 code!";
6
7  // TODO: print to console
8  console.log(fn());
```

上述代码说明如下。

在第 5 行代码中，通过箭头函数语法定义了一个自定义函数 fn。该函数返回了一行字符串信息。

在第 8 行代码中，通过方法 console.log()调用函数 fn 获取了返回值，并向命令行终端进行了输出操作。

在命令行终端中输入下述命令，通过 Babel 编译工具将 ES6 语法代码转换为 ES5 语法代码。

```
babel src --out-dir lib
```

通过 Babel 编译工具完成语法转换如图 2.10 所示。

如图 2.10 所示，提示信息表明 Babel 编译工具成功转换了一个代码文件。借助 Visual Studio Code 开发工具的代码窗口拆分功能，将源文件（ES6 语法代码）与编译后的文件（ES5

语法代码）进行对比，效果如图 2.11 所示。

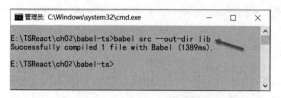

图 2.10　通过 Babel 编译工具完成语法转换

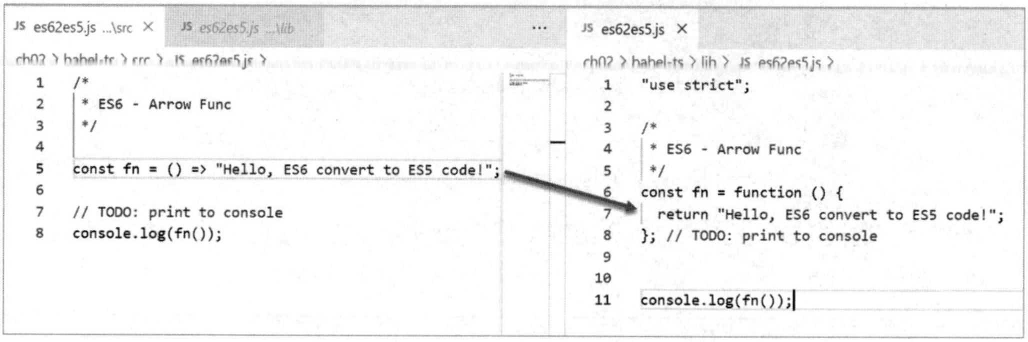

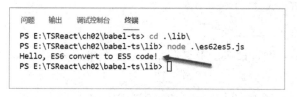

图 2.11　ES6 语法代码与 ES5 语法代码的对比

如图 2.11 所示，左侧代码窗口中定义的是箭头函数，右侧代码窗口中是转换后的传统 ES5 语法代码。

下面在 Visual Studio Code 开发工具的命令行终端中通过 "node" 命令运行编译后的代码文件，具体如图 2.12 所示。

图 2.12　通过 "node" 命令运行编译后的代码文件

如图 2.12 所示，命令行终端中成功输出了【例 2.1】中所定义的一行字符串信息。

2.1.3　开发实战：通过 Babel 编译工具编译 TypeScript 代码

前面介绍了通过 Babel 编译工具将 TypeScript 代码转换为 JavaScript 代码的方法，本节将介绍通过 Babel 编译工具编译 TypeScript 代码的具体方法。

在最新版的 Babel 7.15 中，添加了对 TypeScript 语言的支持，开发人员只需添加

@babel/preset-typescript 模块，就可以完成该功能。

添加@babel/preset-typescript 模块的详细命令如下。

```
npm install --save-dev @babel/preset-typescript
```

另外，在某些场景下，需要添加@babel/plugin-proposal-class-properties 和@babel/plugin-proposal-object-rest-spread 插件。这两个插件分别用于转换语法特性"类属性"和"对象扩展"（二者目前均处于"提议"阶段）。

添加上述两个插件的详细命令如下。

```
npm install --save-dev @babel/plugin-proposal-class-properties
npm install --save-dev @babel/plugin-proposal-object-rest-spread
```

更新 babel.config.json 配置文件，具体如图 2.13 所示。

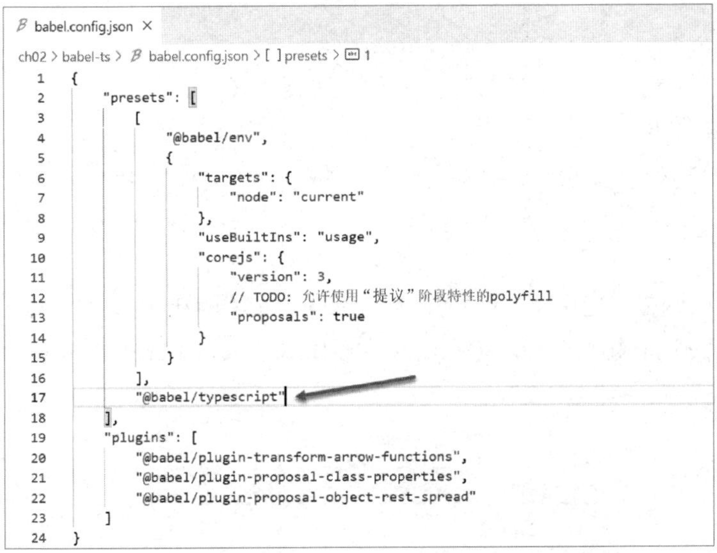

图 2.13　更新 babel.config.json 配置文件

如图 2.13 所示，预设字段中记录了刚刚添加的@babel/preset-typescript 模块，插件字段中记录了刚刚添加的@babel/plugin-proposal-class-properties 和@babel/plugin- proposal-object-rest-spread 插件。

通过"tsc --init"命令初始化一个 tsconfig 配置文件，用于实现自动编译 TypeScript 代码功能。

下面编写一个 TypeScript 代码，用于实现加法运算的应用。

【例 2.2】TypeScript 版本加法运算的应用。

该应用的源代码如下。

```
-------------------- path : ch02/babel-ts/src/add.ts ----------------------
1  /*
2   * TypeScript add func
3   */
4
5  const a: number = 1;
6  const b: number = 2;
7
8  function add(x: number, y: number): number {
9      return x + y;
10 }
11
12 // TODO: call add func
13 const result: number = add(a, b);
14
15 // TODO: print add result to console
16 console.log(a + " + " + b + ' =\t', result);
```

上述代码说明如下。

在第 5 行和第 6 行代码中，定义了两个数字常量 a 和 b，并进行了初始化。

在第 8～10 行代码中，定义了一个自定义方法 add()，返回了两个数字常量 a 和 b 的算术和。

在第 13 行代码中，定义了一个数字常量 result，赋值为自定义方法 add() 的返回值。

打开 package.json 配置文件，在 scripts 字段中添加通过 Babel 编译工具编译 TypeScript 代码的配置信息，具体如图 2.14 所示。

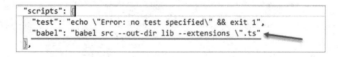

图 2.14 编辑 package.json 配置文件

添加通过 Babel 编译工具编译 TypeScript 代码的详细命令如下。

```
"babel": "babel src --out-dir lib --extensions \".ts"
```

上述的"babel"命令首先指定了源文件目录 src，然后通过参数--out-dir 指定了编译目标文件的输出目录 lib，最后通过参数--extensions 指定了编译目标文件的后缀.ts。

在命令行终端中执行"npm run babel"命令，调用@babel/cli 模块执行编译 TypeScript 代码，具体如图 2.15 所示。

如图 2.15 所示，通过 Babel 编译工具已经成功将 TypeScript 代码转换为 JavaScript 代码，具体代码如【例 2.3】所示。

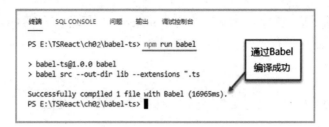

图 2.15　通过 Babel 编译工具编译 TypeScript 代码

【例 2.3】JavaScript 版本加法运算的应用（通过 Babel 编译工具编译生成）。

该应用的源代码如下。

```
--------------------- path : ch02/babel-ts/lib/add.js ---------------------
1  "use strict";
2
3  /*
4   * TypeScript add func
5   */
6  const a = 1;
7  const b = 2;
8
9  function add(x, y) {
10   return x + y;
11 } // TODO: call add func
12
13
14 const result = add(a, b); // TODO: print add result to console
15
16 console.log(a + " + " + b + ' =\t', result);
```

由上述代码可知，编译生成的 JavaScript 代码完整地实现了【例 2.2】中定义的 TypeScript 代码。

在命令行终端中通过 "node" 命令运行编译后的 JavaScript 代码，具体如图 2.16 所示。

```
终端    SQL CONSOLE    问题    输出    调试控制台

PS E:\TSReact\ch02\babel-ts> npm run babel

> babel-ts@1.0.0 babel
> babel src --out-dir lib --extensions ".ts"

Successfully compiled 1 file with Babel (16965ms).
PS E:\TSReact\ch02\babel-ts> node .\lib\add.js
1 + 2 =  3
PS E:\TSReact\ch02\babel-ts>
```

图 2.16　运行编译后的 JavaScript 代码

如图 2.16 所示，通过 Babel 编译工具将 TypeScript 代码转换为的 JavaScript 代码，完整地实现了原始 TypeScript 代码中定义的全部功能。

2.2 通过 Rollup 工具打包 TypeScript 项目

本节将介绍 Rollup 工具，以及通过 Rollup 工具打包 TypeScript 项目的方法。

2.2.1 Rollup 工具介绍

Rollup 是一款 JavaScript 模块的打包工具，可将多个小的代码片段编译为完整的库或应用。Rollup 工具与传统的 CommonJS 和 AMD 类非标准化的解决方案不同，其使用的是 ES6 版本 JavaScript 语言中的模块标准，全新的 ES 模块可以让开发人员自由地、无缝地按需使用库中有用的单个函数。Rollup 工具的这个特性能够保证开发人员随心所欲地使用 JavaScript 模块函数，最大程度地发挥 JavaScript 语言的开发灵活性。

一般情况下，开发人员如果能将项目应用拆分为一个个较小的模块，开发工作就能变得更容易。在开发大型项目应用时，都会按照业务逻辑或功能模块等方式进行拆分，更小的模块可以显著地降低开发过程中所遇到问题的复杂程度，也可以避免代码出现异常的情况。然而，JavaScript 语言的最初创造者并未考虑到上述情况（时代局限性），这导致了在早期开发过程中出现了很多问题。

幸运的是，随着 ES6 版本 JavaScript 语言的推出，为开发人员提供了 import 和 export 语法功能（ES6 Module）。该语法功能可以实现在多个脚本中共享函数和数据。虽然 import 和 export 语法已经成为 ES6 的事实标准，但是目前 Node.js 尚未支持该标准。

Rollup 工具的出现确保了开发人员可以放心地使用 import 和 export 语法来编写代码，并编译为当前被广泛支持的 CommonJS、AMD 或 IIFE 等多种代码格式。CommonJS、AMD、IIFE、ESM、UMD 的具体输出格式介绍如下。

- CommonJS：Node.js 默认的模块规范，可以通过 webpack 工具来加载。
- AMD：通过 RequireJS 来加载。
- IIFE：自执行函数，可以通过<script>标签来加载。
- ESM：ES6 Module 标准规范，可以通过 webpack 工具和 Rollup 工具来加载。
- UMD：兼容 IIFE、AMD、CJS 三种模块规范。

Rollup 工具除了能够让开发人员使用标准的 ES 模块，还可以对所用的代码进行静态分析，并将未实际使用的代码进行剔除。Rollup 工具的这一特性可以让开发人员放心地使用已有的工具和模块来创建应用，而不需要担心存在冗余的依赖和代码。

Rollup 工具官方网站如图 2.17 所示。

图 2.17　Rollup 工具官方网站

2.2.2　开发实战：通过 Rollup 工具打包 JavaScript 项目

本节将介绍通过 Rollup 工具打包 JavaScript 项目的具体操作方法，这里使用的是 Rollup 3.17 版本。

第 1 步：确认已经安装好 Node.js 开发环境和 npm 工具（此处不再赘述）。

第 2 步：通过命令行终端创建一个 Rollup 项目目录 rollup-js，并在该目录下创建两个子目录 src 和 dist。其中，目录 src 用于存放源码文件，目录 dist 用于存放通过 Rollup 工具输出的 Bundle 文件。

在命令行终端中执行 "npm init" 命令，完成初始化项目并创建 package.json 配置文件。

第 3 步：通过命令行终端安装 Rollup 工具模块及相关插件，具体命令如下。

```
npm install --save-dev rollup                    // Rollup 工具
npm install --save-dev rollup-plugin-terser      // Rollup 代码压缩工具
```

第 4 步：在目录 src 中新建几个 JavaScript 代码文件，用于测试 Rollup 工具的打包功能。

【例 2.4】测试 Rollup 工具打包 JavaScript 代码模块的应用（1）。

该应用的源代码如下。

```
---------------------- path : ch02/rollup-js/src/main.js -------------------
1  /**
2   * main entry function.
3   */
4  import { sayHelloTo } from './modules/hello';
5  import { sayByeTo } from './modules/bye';
6
7  const resHello = sayHelloTo('king');
8  console.log(resHello);
9  const resBye = sayByeTo('king');
10 console.log(resBye);
```

上述代码说明如下。

在第 4 行和第 5 行代码中，通过 import 关键字导入了两个子模块 sayHelloTo 和 sayByeTo。

在第 7～10 行代码中，调用方法 sayHelloTo()和 sayByeTo()输出两行文本信息。

【例 2.5】测试 Rollup 工具打包 JavaScript 代码模块的应用（2）。

该应用的源代码如下。

```
---------------------- path : ch02/rollup-js/src/modules/hello.js ---------
1  /**
2   * Says hello function.
3   */
4  export function sayHelloTo(name) {
5      const toSay = `Hello, ${name}!`;
6      // TODO: return
7      return toSay;
8  }
```

上述代码说明如下。

在第 4～8 行代码中，定义了子模块 sayHelloTo，传递了一个参数 name，并通过 export 关键字导出了该子模块。

在第 5～7 行代码中，通过参数 name 定义了一行文本信息，作为该子模块的返回值。

【例 2.6】测试 Rollup 工具打包 JavaScript 代码模块的应用（3）。

该应用的源代码如下。

```
---------------------- path : ch02/rollup-js/src/modules/buy.js -----------
1  /**
2   * Says goodbye function.
3   */
4  export function sayByeTo(name) {
5      const toSay = `See you, ${name}!`;
6      // TODO: return
```

```
7        return toSay;
8    }
```

上述代码说明如下。

在第 4～8 行代码中，定义了子模块 sayByeTo，传递了一个参数 name，并通过 export 关键字导出了该子模块。

在第 5～7 行代码中，通过参数 name 定义了一行文本信息，作为该子模块的返回值。

第 5 步：这是关键的一步，在 rollup-js 项目根目录下新建 rollup.config.js 配置文件，并添加 Rollup 工具的相关配置信息，具体如图 2.18 所示。

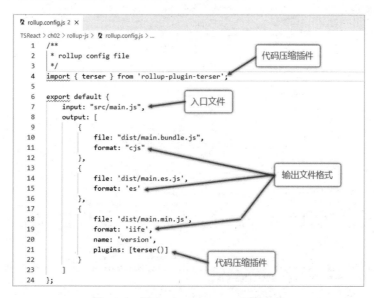

图 2.18　新建 rollup.config.js 配置文件

如图 2.18 所示，rollup.config.js 配置文件通过 export 关键字导出了一组配置信息，input 字段中定义了应用的入口文件 src/main.js，output 字段中定义了一组应用输出文件路径及对应的文件格式 CJS、es 和 IIFE。其中，文件格式 IIFE 使用了代码压缩插件的方法 terser()。

配置好 rollup.config.js 配置文件后，需要将 rollup 配置加入 rollup-js 项目的 package.json 配置文件的 scripts 字段，具体如图 2.19 所示。

如图 2.19 所示，dev 编译选项中定义了使用 Rollup 工具编译为开发版，build 编译选项中定义了使用 Rollup 工具编译为生产版。

第 6 步：通过 "npm run dev" 命令执行打包 JavaScript 代码模块的操作，具体如图 2.20 所示。

如图 2.20 所示，命令行终端中给出的提示信息表明通过 Rollup 工具打包 JavaScript 代码模块的操作成功完成了。

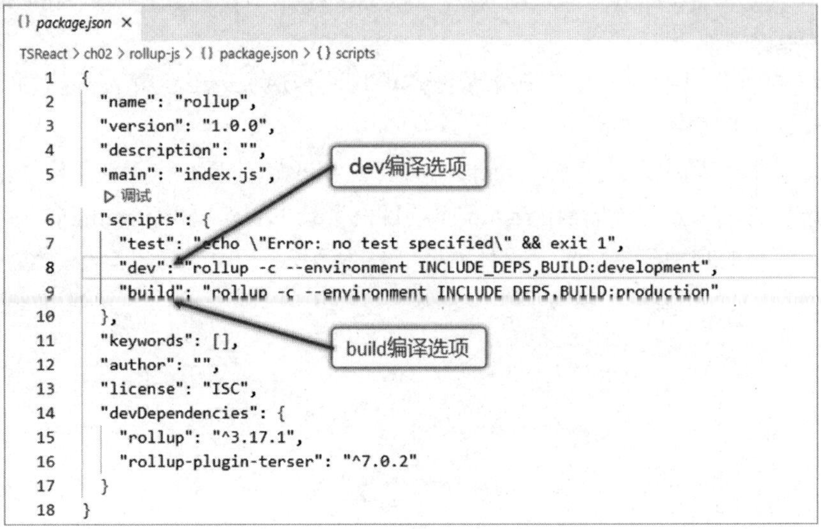

图 2.19　编辑 package.json 配置文件

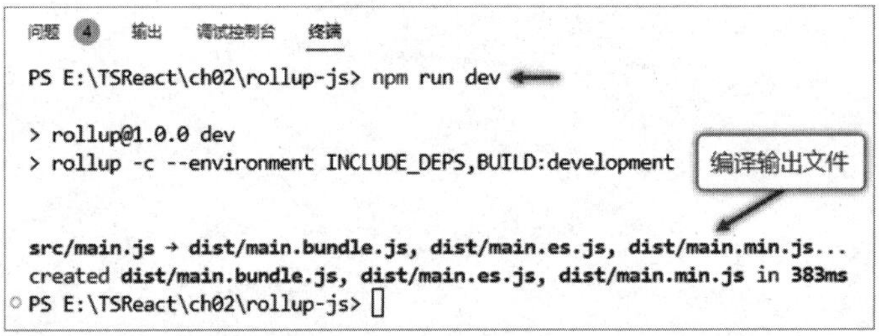

图 2.20　通过"npm run dev"命令执行打包 JavaScript 代码模块的操作

第 7 步：查看目录 dist 中生成的 JavaScript 代码模块文件，具体如图 2.21、图 2.22 和图 2.23 所示。

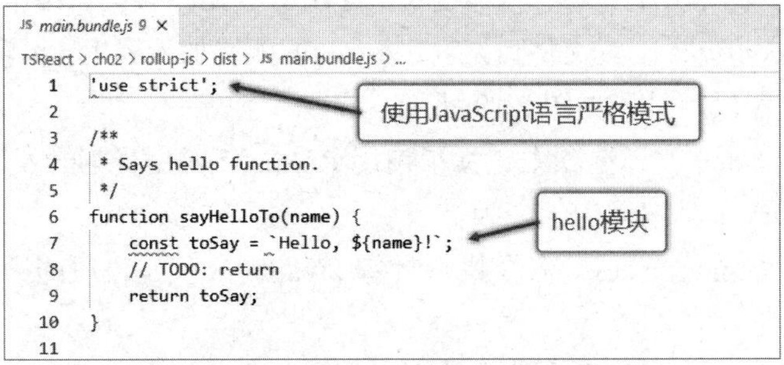

图 2.21　查看目录 dist 中生成的代码模块 main.bundle.js

```
12    /**
13     * Says goodbye function.
14     */
15    function sayByeTo(name) {
16        const toSay = `See you, ${name}!`;      ← bye模块
17        // TODO: return
18        return toSay;
19    }
20
21    /**
22     * main entry function.
23     */
24
25    const resHello = sayHelloTo('king');         ← 应用入口main
26    console.log(resHello);
27    const resBye = sayByeTo('king');
28    console.log(resBye);
```

图 2.21　查看目录 dist 中生成的代码模块 main.bundle.js（续）

```
JS main.es.js 6  ×
TSReact > ch02 > rollup-js > dist > JS main.es.js > ...
 1    /**
 2     * Says hello function.
 3     */
 4    function sayHelloTo(name) {
 5        const toSay = `Hello, ${name}!`;
 6        // TODO: return
 7        return toSay;
 8    }
 9
10    /**
11     * Says goodbye function.
12     */
13    function sayByeTo(name) {
14        const toSay = `See you, ${name}!`;
15        // TODO: return
16        return toSay;
17    }
18
19    /**
20     * main entry function.
21     */
22
23    const resHello = sayHelloTo('king');
24    console.log(resHello);
25    const resBye = sayByeTo('king');
26    console.log(resBye);
```

图 2.22　查看目录 dist 中生成的代码模块 mian.es.js

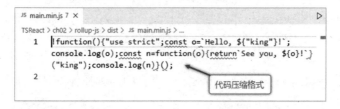

图 2.23　查看目录 dist 中生成的代码模块 mian.min.js

如图 2.21 所示，代码模块 main.bundle.js 将应用入口 main（main.js）和子模块（hello.js 和 bye.js）打包在一起了，同时添加了使用 JavaScript 语言严格模式的关键字 use strict。

如图 2.22 所示，代码模块 main.es.js 与 main.bundle.js 相同，但没有添加使用 JavaScript 语言严格模式的关键字 use strict。

如图 2.23 所示，代码模块 main.min.js 将 JavaScript 代码进行了压缩，是通过 rollup-plugin-terser 插件实现的。

第 8 步：在命令行终端中测试一下以上 3 个 JavaScript 代码模块，具体如图 2.24 所示。

图 2.24　在命令行终端中的测试结果（1）

如图 2.24 所示，3 种文件格式（CJS、es 和 IIFE）的 JavaScript 代码模块全部输出了正确的运算结果。

2.2.3　开发实战：通过 Rollup 工具打包 TypeScript 项目

本节将尝试通过 TypeScript 代码重构一下上面的 JavaScript 应用，并通过 Rollup 工具输出多种文件格式的代码模块。

第 1 步：编写 TypeScript 代码需要安装语言开发包并创建相关 ts（tsconfig.json）配置文件，具体命令如下。

```
npm install --save-dev typescript        // TypeScript 语言开发包
tsc --int                                 // 创建 tsconfig.json 配置文件
```

第 2 步：安装 Rollup 工具模块及相关插件，具体命令如下。

```
npm install --save-dev rollup                    // Rollup 打包工具
npm install --save-dev rollup-plugin-terser      // Rollup 代码压缩工具
npm install --save-dev rollup-plugin-clear       // Rollup 插件清理工具
```

第 3 步：安装 Rollup 工具关联 TypeScript 语言的相关插件，具体命令如下。

```
// Rollup 工具处理 TypeScript 语言插件
npm install --save-dev rollup-plugin-typescript
```

第 4 步：这是关键的一步，在 rollup-ts 项目根目录下新建 rollup.config.js 配置文件，并添加 Rollup 工具相关的配置信息，具体如图 2.25 所示。

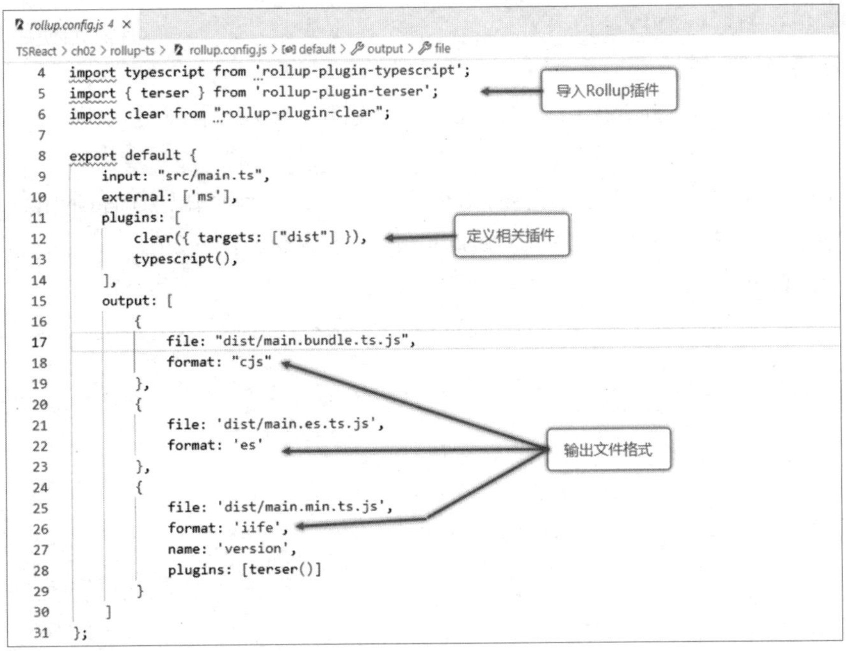

图 2.25　新建 rollup.config.js 配置文件

如图 2.25 所示，rollup.config.js 配置文件先通过 import 关键字导入了一组 Rollup 插件，再通过 export 关键字导出了一组配置信息。其中，input 字段中定义了应用的入口文件 src/main.ts，output 字段中定义了一组应用输出文件路径及对应的文件格式 CJS、es 和 IIFE。其中，文件格式 IIFE 使用了代码压缩插件的方法 terser()。

配置好 rollup.config.js 配置文件后，需要将 rollup 配置加入 rollup-ts 项目的 package.json 配置文件的 scripts 字段，具体如图 2.19 所示。

第 5 步：在目录 src 中新建几个 TypeScript 代码文件，用于测试 Rollup 工具的打包功能。

【例 2.7】测试 Rollup 工具打包 TypeScript 代码模块的应用（1）。

该应用的源代码如下。

```
----------------------- path : ch02/rollup-ts/src/main.ts ------------------
1  /**
2   * main entry function.
3   */
4  import { sayHelloTo } from './modules/hello';
5  import { sayByeTo } from './modules/bye';
6
7  const resHello: string = sayHelloTo('king');
8  console.log(resHello);
9  const resBye: string = sayByeTo('king');
```

```
10   console.log(resBye);
```

上述代码说明如下。

在第 4 行和第 5 行代码中,通过 import 关键字导入了两个子模块 sayHelloTo 和 sayByeTo。

在第 7~10 行代码中,调用方法 sayHelloTo()和 sayByeTo()输出两行文本信息。

【例 2.8】测试 Rollup 工具打包 TypeScript 代码模块的应用（2）。

该应用的源代码如下。

```
--------------------- path : ch02/rollup-ts/src/modules/hello.ts ---------
1   /**
2    * Says hello function.
3    */
4   export function sayHelloTo(name: string) {
5       const toSay = `Hello, ${name}!`;
6       // TODO: return
7       return toSay;
8   }
```

上述代码说明如下。

在第 4~8 行代码中,定义了子模块 sayHelloTo,传递了一个字符串类型参数 name,并通过 export 关键字导出了该子模块。

在第 5~7 行代码中,通过参数 name 定义了一行文本信息,作为该子模块的返回值。

【例 2.9】测试 Rollup 工具打包 TypeScript 代码模块的应用（3）。

该应用的源代码如下。

```
--------------------- path : ch02/rollup-ts/src/modules/buy.ts -----------
1   /**
2    * Says goodbye function.
3    */
4   export function sayByeTo(name: string) {
5       const toSay = `See you, ${name}!`;
6       // TODO: return
7       return toSay;
8   }
```

上述代码说明如下。

在第 4~8 行代码中,定义了子模块 sayByeTo,传递了一个字符串类型参数 name,并通过 export 关键字导出了该子模块。

在第 5~7 行代码中,通过参数 name 定义了一行文本信息,作为该子模块的返回值。

第 6 步:通过 "npm run dev" 命令执行打包 TypeScript 代码模块的操作,具体如图 2.26所示。

图 2.26　通过"npm run dev"命令执行打包 TypeScript 代码模块的操作

如图 2.26 所示，命令行终端中给出的提示信息表明通过 Rollup 工具打包 TypeScript 代码模块的操作成功完成了。

第 7 步：查看目录 dist 中生成的 TypeScript 代码模块文件，具体如图 2.27、图 2.28 和图 2.29 所示。

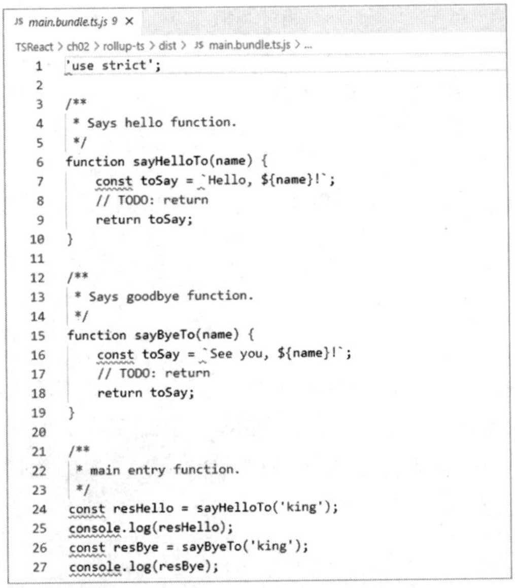

```
JS main.bundle.ts.js 9 ×
TSReact > ch02 > rollup-ts > dist > JS main.bundle.ts.js > ...
  1  'use strict';
  2
  3  /**
  4   * Says hello function.
  5   */
  6  function sayHelloTo(name) {
  7      const toSay = `Hello, ${name}!`;
  8      // TODO: return
  9      return toSay;
 10  }
 11
 12  /**
 13   * Says goodbye function.
 14   */
 15  function sayByeTo(name) {
 16      const toSay = `See you, ${name}!`;
 17      // TODO: return
 18      return toSay;
 19  }
 20
 21  /**
 22   * main entry function.
 23   */
 24  const resHello = sayHelloTo('king');
 25  console.log(resHello);
 26  const resBye = sayByeTo('king');
 27  console.log(resBye);
```

图 2.27　查看目录 dist 中生成的代码
模块 main.bundle.ts.js

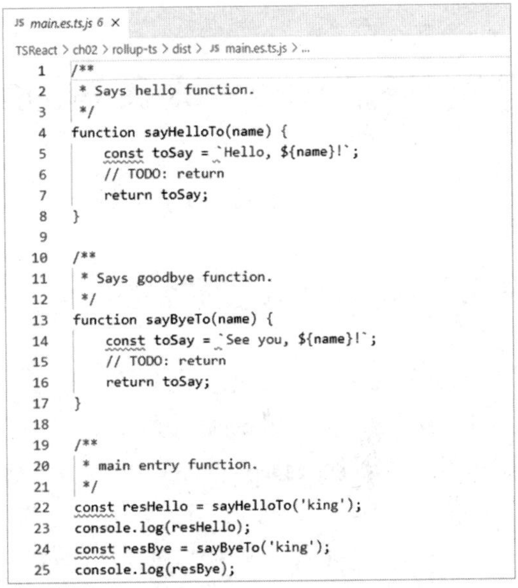

```
JS main.es.ts.js 6 ×
TSReact > ch02 > rollup-ts > dist > JS main.es.ts.js > ...
  1  /**
  2   * Says hello function.
  3   */
  4  function sayHelloTo(name) {
  5      const toSay = `Hello, ${name}!`;
  6      // TODO: return
  7      return toSay;
  8  }
  9
 10  /**
 11   * Says goodbye function.
 12   */
 13  function sayByeTo(name) {
 14      const toSay = `See you, ${name}!`;
 15      // TODO: return
 16      return toSay;
 17  }
 18
 19  /**
 20   * main entry function.
 21   */
 22  const resHello = sayHelloTo('king');
 23  console.log(resHello);
 24  const resBye = sayByeTo('king');
 25  console.log(resBye);
```

图 2.28　查看目录 dist 中生成的代码
模块 mian.es.ts.js

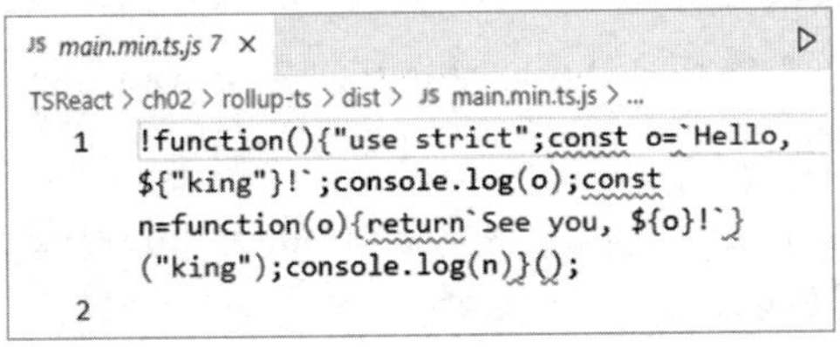

```
JS main.min.ts.js 7 ×
TSReact > ch02 > rollup-ts > dist > JS main.min.ts.js > ...
  1  !function(){"use strict";const o=`Hello,
     ${"king"}!`;console.log(o);const
     n=function(o){return `See you, ${o}!`}
     ("king");console.log(n)}();
  2
```

图 2.29　查看目录 dist 中生成的代码模块 mian.min.ts.js

第 8 步：在命令行终端中测试一下以上 3 个 TypeScript 代码模块，具体如图 2.30 所示。

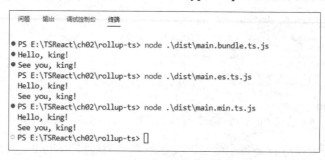

图 2.30　在命令行终端中测试结果

如图 2.30 所示，3 种文件格式（CJS、es 和 IIFE）的 TypeScript 代码模块全部输出了正确的运算结果。

2.3　通过 webpack 工具构建 TypeScript 项目

本节将介绍 webpack 工具，以及通过 webpack 工具构建 TypeScript 项目的方法。

2.3.1　webpack 工具介绍

webpack 是用于 Web 应用程序（基于 JavaScript、TypeScript 等前端语言）的静态模块打包工具。当使用 webpack 工具处理 Web 应用程序时，会首先在内部从一个或多个入口点构建一个依赖图（Dependency Graph），然后应用中所需的每个模块组合成一个或多个 Bundle（均为静态资源），用于展示 Web 应用程序内容。

webpack 工具中一些核心概念的简单介绍如下。

- 入口（Entry）：入口起点（Entry Point），指示 webpack 工具应该使用哪个模块来作为构建内部依赖图的开始。入口的默认值是 ./src/index.js。通过在 webpack configuration 中手动配置属性 entry 可以指定一个或多个不同的入口。
- 出口（Output）：出口终点（Output Point），指示 webpack 工具输出所创建的 Bundle 的位置，以及如何命名这些文件。出口的默认值是./dist/main.js，其他生成文件均默认放在./dist 文件夹中。通过在 webpack configuration 中手动配置属性 output 可以配置自定义的处理过程。
- Loader：因为 webpack 工具只能理解 JavaScript 或 JSON 格式的文件，所以可以通过

Loader 让 webpack 工具能够处理其他类型的文件，并将这些文件转换为有效的模块以供应用程序使用，以及添加到依赖图中。

- 插件（Plugin）：相比于 Loader 用于转换某些类型的模块，插件则可以用于执行范围更广的任务。这些任务具体包括打包优化、资源管理、环境变量注入等。想要使用一个插件，只需通过方法 require()加载该插件，并把该插件添加到 webpack configuration 中的参数数组 plugins 中。
- 模式（Mode）：应用开发模式。通过选择 development、production 或 none 中的一个，设置 webpack configuration 中的参数 mode。参数 mode 的默认值为 production。
- 浏览器兼容性（Browser Compatibility）：webpack 工具支持所有符合 ES5 标准规范的浏览器(不支持 IE8 及以下版本的)。webpack 工具的方法 import()和 require.ensure()必须通过 Promise 功能来实现。如果想要支持旧版本浏览器，则在使用这些表达式之前加载 polyfill。
- 环境（Environment）：webpack 5 版本运行于 Node.js v10.13.0 之后的版本。

webpack 工具官方网站如图 2.31 所示。

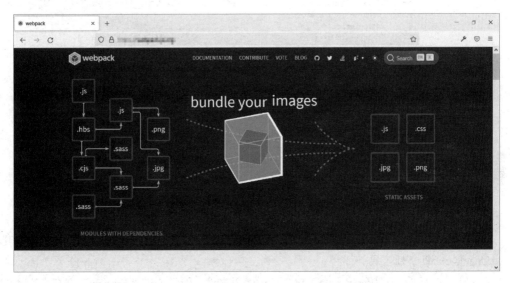

图 2.31　webpack 工具官方网站

2.3.2　开发实战：通过 webpack 工具构建 JavaScript 项目

本节将介绍应用 webpack 工具构建 JavaScript 项目的具体操作方法，这里使用的是 webpack 5 版本。

第 1 步：确认已经安装好 Node.js 开发环境和 npm 模块（此处不再赘述）。

第 2 步：通过命令行终端创建一个 webpack 项目目录 webpack-ts，并在该目录下创建两个子目录 src 和 dist。其中，目录 src 用于存放源码文件，目录 dist 用于存放通过 webpack 工具输出的 Bundle 文件。

第 3 步：通过在命令行终端中执行"npm init"命令，完成初始化项目并创建 package.json 配置文件。

第 4 步：通过命令行终端安装 webpack 工具所需的 webpack-cli 命令行工具（webpack 工具自身的命令行工具）和 webpack 工具的核心模块，具体命令如下。

```
npm install -save-dev webpack-cli webpack
```

指定参数--save-dev 的安装项，会记录在 package.json 配置文件的 devDependencies 字段中，具体如图 2.32 所示。

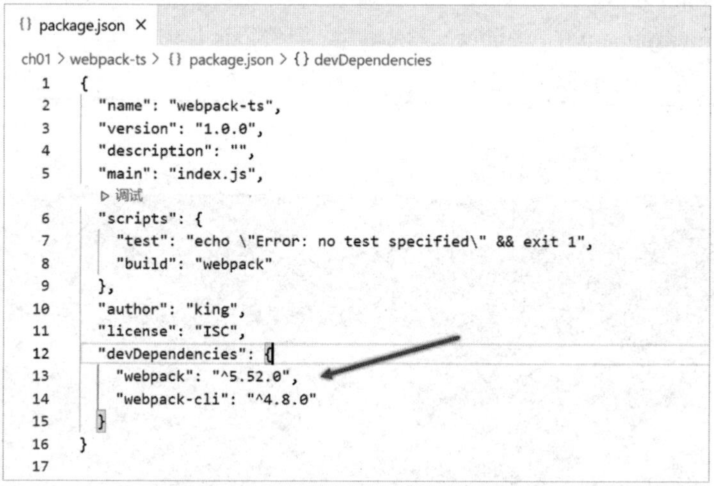

```
{} package.json ×

ch01 > webpack-ts > {} package.json > {} devDependencies
  1  {
  2    "name": "webpack-ts",
  3    "version": "1.0.0",
  4    "description": "",
  5    "main": "index.js",
     ▷ 调试
  6    "scripts": {
  7      "test": "echo \"Error: no test specified\" && exit 1",
  8      "build": "webpack"
  9    },
 10    "author": "king",
 11    "license": "ISC",
 12    "devDependencies": {
 13      "webpack": "^5.52.0",
 14      "webpack-cli": "^4.8.0"
 15    }
 16  }
 17
```

图 2.32　更新后的 package.json 配置文件

如图 2.32 所示，devDependencies 字段中记录了刚刚安装的 webpack 工具的核心模块和 webpack-cli 命令行工具。

第 5 步：在目录 src 中新建一个 JavaScript 代码文件，用于测试 webpack 工具的打包功能。

【例 2.10】测试 webpack 工具打包 JavaScript 代码文件功能的应用。

该应用先定义了一条文本信息，再将其动态添加到 HTML 页面的段落<p>元素中，并进行显示，其源代码如下。

```
---------------------- path : ch02/webpack-ts/src/index.js ----------------
1 // TODO: define variable
2 var s = "Hello, this is Webpack app.";
```

```
3
4   // TODO: print
5   console.log(s);
6
7   // document operation
8   document.getElementsByTagName('p')[0].innerText = s;
```

上述代码说明如下。

在第 2 行代码中，定义了一个变量 s，并初始化为一段文本信息。

在第 8 行代码中，将变量 s 的内容动态添加到段落<p>元素中。

第 6 步：在目录 dist 中新建一个 HTML 页面文件（index.html），具体如下。

【例 2.11】Web 应用中的 HTML 页面文件。

该 HTML 页面文件中定义了一个段落<p>元素，其源代码如下。

```
--------------------- path : ch02/webpack-ts/html/index.html -------------
1   <!DOCTYPE html>
2   <html>
3   <head>
4   <meta charset="utf-8">
5   <title>Webpack Web App</title>
6   </head>
7   <body>
8
9       <h3>Webpack Web App</h3>
10
11      <p></p>
12
13  </body>
14  <script type="text/javascript" src="bundle.js"></script>
15  </html>
```

在上述代码中，第 11 行代码定义了一个空的段落<p>元素，后续将通过 JavaScript 代码添加段落内容。

第 7 步：这是关键一步，在目录 webpack-ts 下新建 webpack.config.js 配置文件，并添加 webpack 工具的相关配置信息，具体如图 2.33 所示。

如图 2.33 所示，webpack.config.js 配置文件通过 module.exports 导出一组配置信息，属性 entry 中定义了应用入口（'./src/index.js'），属性 output 中定义了应用出口（'bundle.js'）。

配置好 webpack.config.js 配置文件后，需要将 webpack 配置加入项目的 package.json 配置文件的 scripts 字段，具体如图 2.34 所示。

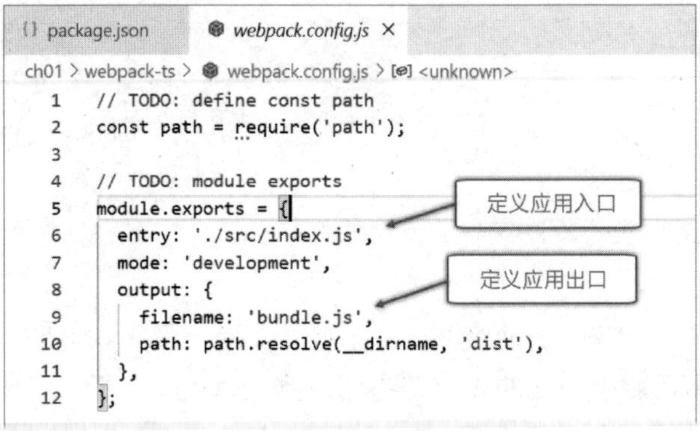

```
{} package.json      ● webpack.config.js  ×
ch01 > webpack-ts > ● webpack.config.js > [e] <unknown>
   1    // TODO: define const path
   2    const path = require('path');
   3
   4    // TODO: module exports
   5    module.exports = {
   6      entry: './src/index.js',
   7      mode: 'development',
   8      output: {
   9        filename: 'bundle.js',
  10        path: path.resolve(__dirname, 'dist'),
  11      },
  12    };
```

图 2.33 新建 webpack.config.js 配置文件

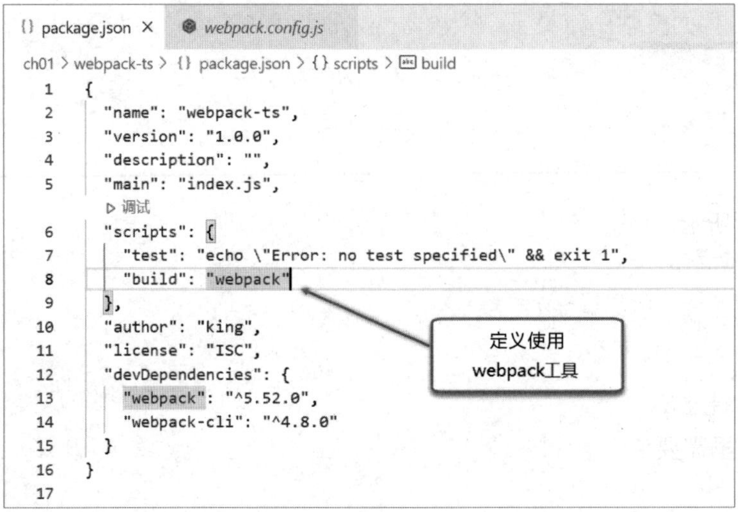

```
{} package.json  ×   ● webpack.config.js
ch01 > webpack-ts > {} package.json > {} scripts > ▣ build
   1    {
   2      "name": "webpack-ts",
   3      "version": "1.0.0",
   4      "description": "",
   5      "main": "index.js",
        ▷ 调试
   6      "scripts": {
   7        "test": "echo \"Error: no test specified\" && exit 1",
   8        "build": "webpack"
   9      },
  10      "author": "king",
  11      "license": "ISC",
  12      "devDependencies": {
  13        "webpack": "^5.52.0",
  14        "webpack-cli": "^4.8.0"
  15      }
  16    }
  17
```

图 2.34 编辑 package.json 配置文件

如图 2.34 所示，在属性 build 中定义了使用 webpack 工具。这样，就可以通过"npm run build"命令执行打包 Web 应用的操作了，具体如图 2.35 所示。

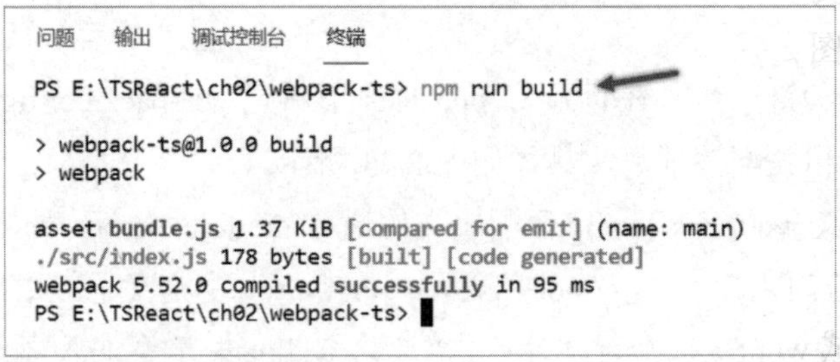

```
问题    输出    调试控制台    终端
PS E:\TSReact\ch02\webpack-ts> npm run build

> webpack-ts@1.0.0 build
> webpack

asset bundle.js 1.37 KiB [compared for emit] (name: main)
./src/index.js 178 bytes [built] [code generated]
webpack 5.52.0 compiled successfully in 95 ms
PS E:\TSReact\ch02\webpack-ts>
```

图 2.35 通过"npm run build"命令执行打包 Web 应用的操作（1）

如图 2.35 所示，命令行终端中给出的提示信息表明通过 webpack 工具打包 Web 应用的操作成功完成了。

第 8 步：查看目录 dist 中生成的 HTML 页面文件和 JavaScript 代码文件，具体如图 2.36 所示。

如图 2.36 所示，目录 dist 中显示了通过 webpack 工具打包生成的 JavaScript 代码文件 bundle.js。

第 9 步：通过 Firefox 浏览器打开 HTML 页面文件 index.html，具体如图 2.37 所示。

图 2.36　查看目录 dist 中生成的文件（1）　　　图 2.37　通过浏览器打开 HTML 页面文件（1）

如图 2.37 所示，页面中显示了通过 JavaScript 代码文件 index.js 动态生成的文本信息。

2.3.3　开发实战：通过 webpack 工具构建 TypeScript 项目

本节尝试通过 TypeScript 代码重构一下 2.3.2 节中的 Web 应用，并通过 webpack 工具构建项目。这里需要借助 webpack 工具官方提供的 ts-loader 插件，具体可以参考其官方网站的内容。

第 1 步：安装 typescript 模块和 ts-loader 插件，详细命令如下。

```
npm install --save-dev typescript ts-loader
```

安装好 typescript 模块和 ts-loader 插件之后，需要先手动添加一个 tsconfig.json 配置文件（具体操作见前文），并在 webpack.config.js 配置文件中添加处理 TypeScript 代码的相关配置信息，具体如图 2.38 所示。

如图 2.38 所示，webpack 工具先直接从./src/index.ts 进入，再通过 ts-loader 加载所有的.ts 格式文件，并且输出一个 bundle-ts.js 目标文件。

第 2 步：在目录 src 中新建一个 TypeScript 代码文件，用于替换原来的 JavaScript 代码文件的功能。

【例 2.12】测试 webpack 工具打包 TypeScript 代码文件功能的应用。

该应用先定义一条文本信息，再将其动态添加到 HTML 页面的段落<p>元素中进行显示，其源代码如下。

```
----------------------- path : ch02/webpack-ts/src/index.ts ----------------
1  // TODO: define variable
2  var s: string = "Hello, this is Webpack app (by TypeScript).";
3
4  // TODO: print
5  console.log(s);
6
7  // document operation
8  document.getElementsByTagName('p')[0].innerText = s.toString();
```

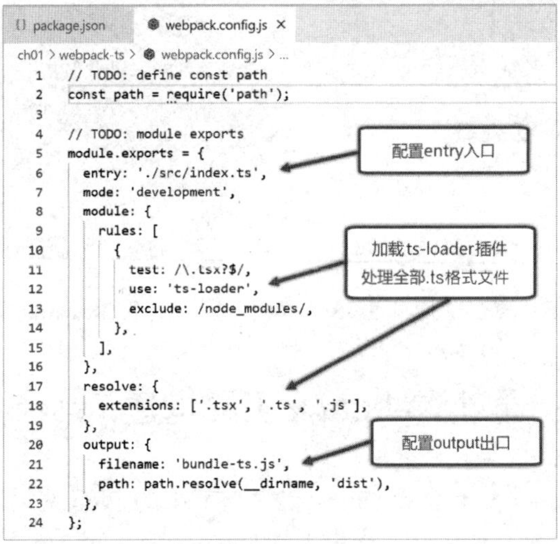

图 2.38　修改 webpack.config.js 配置文件处理 TypeScript 功能

上述代码说明如下。

在第 2 行代码中，定义了一个字符串类型变量 s，并初始化为一段文本信息。

在第 8 行代码中，将变量 s 的内容动态添加到段落<p>元素中。

第 3 步：通过 "npm run build" 命令执行打包 Web 应用的操作，具体如图 2.39 所示。

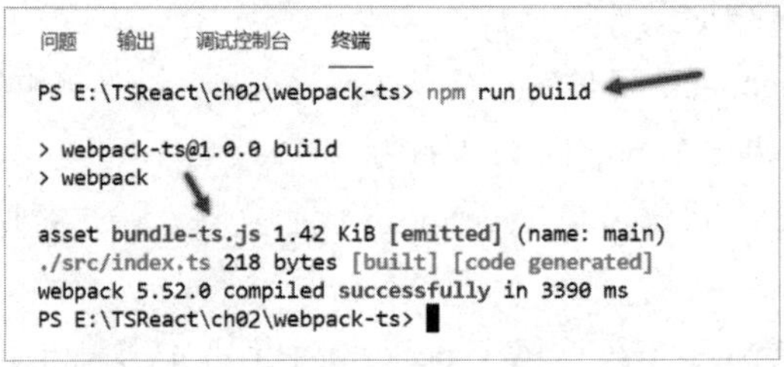

图 2.39　通过 "npm run build" 命令执行打包 Web 应用的操作（2）

如图 2.39 所示，命令行终端中给出的提示信息表明通过 webpack 工具打包 Web 应用的操作成功完成了。

第 4 步：查看目录 dist 中生成的 HTML 页面文件和 JavaScript 代码文件，具体如图 2.40 所示。

如图 2.40 所示，目录 dist 中显示了通过 webpack 工具打包生成的 JavaScript 代码文件 bundle-ts.js。

第 5 步：通过 Firefox 浏览器打开 HTML 页面文件 index.html，具体如图 2.41 所示。

图 2.40　查看目录 dist 中生成的文件（2）　　图 2.41　通过浏览器打开 HTML 页面文件（2）

如图 2.41 所示，页面中显示了通过 TypeScript 代码文件 index.ts 动态生成的文本信息。

2.4　小结

本章主要介绍了 TypeScript 项目的开发与配置，包括通过 Babel 编译工具编译、Rollup 工具打包和 webpack 工具构建 TypeScript 项目的实战应用。

第 3 章　TypeScript 语言基础进阶

TypeScript 是一种为 JavaScript 语言添加功能扩展特性的编程语言，增加了基础类型、接口、类、函数、泛型和枚举等。TypeScript 语言的新特性让前端脚本编程语言焕发出新的活力，为大型 Web 项目开发提供了坚实的基础。

本章主要涉及的知识点如下。

- TypeScript 语法基础。
- TypeScript 基础类型。
- TypeScript 接口。
- TypeScript 类。
- TypeScript 函数。
- TypeScript 泛型。
- TypeScript 枚举。

3.1　TypeScript 语法基础

本节介绍 TypeScript 语法基础，包括变量声明、变量作用域、变量提升、let 关键字、块级作用域、常量声明及解构赋值等，这些均是编写 TypeScript 代码的必要基础。

3.1.1　变量声明、变量作用域与变量提升

在 JavaScript 语法规则中，是通过 var 关键字来声明和定义变量的。TypeScript 语法沿用了 JavaScript 语法的规则，同样可以使用 var 关键字来声明和定义变量。TypeScript 变量命名的基本规则如下。

- 变量名中可以包含数字和字母。
- 除 "_" 符号和 "$" 符号之外，变量名中不能包含其他特殊字符（包括空格）。
- 变量名不能以数字开头。

在声明 TypeScript 变量时，可以直接沿用 JavaScript 方式，也可以采用 TypeScript

方式。

JavaScript 方式如下。

```
var [变量名] = 值;            // 如果未进行变量初始化，则变量默认为 undefined
```

TypeScript 方式如下。

```
var [变量名] : [类型] = 值;   // 如果未进行变量初始化，则变量默认为 undefined
```

TypeScript 方式需要指定变量的类型，变量名与类型之间使用符号 ":" 进行分隔，这与传统 JavaScript 方式不同。正因为如此，TypeScript 被称为强类型的编程语言。如果在 TypeScript 代码中采用 JavaScript 方式，则该变量的类型可以是 Any 类型的。

TypeScript 语法还支持通过 var 关键字声明的变量和函数具有变量提升（Hoisting）特性，这点与 JavaScript 语法规则相同。所谓变量提升，是指函数和变量的声明都被提升到函数的顶部。也就是说，TypeScript 变量可以先使用再声明。

3.1.2　开发实战：TypeScript 变量类型声明应用

TypeScript 语言支持 JavaScript 语言的所有语法和语义，通过作为 JavaScript 的超集 TypeScript 语言还提供了一些额外的功能（如强类型、类型检测、类型推断等）。

下面编写一个 TypeScript 变量类型声明的应用，以测试 TypeScript 变量为强类型的特性。

【例 3.1】TypeScript 变量类型声明的应用。

该应用的源代码如下。

```
---------------------- path : ch03/gram-rules/src/variables.ts ------------
1  /**
2   * TypeScript - Varaible Type
3   */
4
5  // TODO: define variable i by js method
6  var i;
7  console.log("i = " + i);
8  console.log("typeof i is '" + typeof i + "'");
9  i = "TypeScript";
10 console.log("i = " + i);
11 console.log("typeof i is '" + typeof i + "'");
12 // TODO: define variable s by ts method
13 var s:string = "TypeScript";
14 console.log("s = " + s);
```

```
15  console.log("typeof s is '" + typeof s + "'");
16  s = 123;
17  console.log("s = " + s);
18  console.log("typeof s is '" + typeof s + "'");
```

上述代码说明如下。

在第 6 行代码中，通过 JavaScript 方式声明了变量 i，但未进行初始化。

在第 9 行代码中，为变量 i 赋值了一个字符串。

在第 8 行和第 11 行代码中，通过 typeof 关键字判断了变量 i 的类型。

在第 13 行代码中，通过 TypeScript 方式声明了字符串变量 s，并初始化为一个字符串。

在第 16 行代码中，尝试将变量 s 修改为整型数值。

在第 15 行和第 18 行代码中，通过 typeof 关键字判断了变量 i 的类型。

下面首先将第 16～18 行代码添加注释标签停止执行，然后通过"babel"命令将 TypeScript 代码编译为 JavaScript 代码，最后执行编译好的 JavaScript 代码，具体如图 3.1 所示。

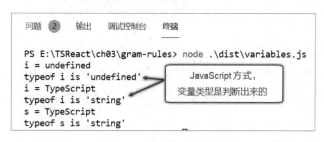

图 3.1　TypeScript 变量类型声明的应用（1）

如图 3.1 所示，通过 JavaScript 方式声明的变量 i 未初始化时为未定义类型，但在赋值后其类型会保持与所赋值类型一致。

将第 16～18 行代码的注释标签去掉，再次编译一次上述 TypeScript 代码，具体如图 3.2 所示。

图 3.2　TypeScript 变量类型声明的应用（2）

如图 3.2 所示，通过 TypeScript 方式声明的变量 s，在尝试重新将其赋值为其他类型后，编译器会提示编译错误，这点恰恰说明 TypeScript 变量是强类型的。

3.1.3　开发实战：TypeScript 变量作用域应用

在 TypeScript 语法规则中，通过 var 关键字声明的变量具有全局作用域和函数作用域的区别，这点等同于 JavaScript 语法规则。具体来讲，就是全局变量可以在函数作用域内被访问，而局部变量是不能在全局作用域内被访问的。

下面编写一个 TypeScript 变量作用域的应用，介绍通过 var 关键字声明全局变量与局部变量之间的区别。

【例 3.2】TypeScript 变量作用域的应用。

该应用分别通过 var 关键字声明了一个全局变量和一个函数内的局部变量，并测试变量作用域的功能，其源代码如下。

```
----------------------- path : ch03/gram-rules/src/varscope.ts -------------
1  /*
2   * variables action scope
3   */
4
5  // TODO: define global variable
6  var s:string = "Global Variable s";
7  // TODO: function - call global variable
8  function funcScope() {
9      // TODO: define local variable ss by global variable s
10     var ss:string = "Local Variable ss by " + s;
11     console.log(ss); // TODO: print local variable s
12 }
13 funcScope();
14 // TODO: try to call local variable ss
15 // console.log(ss);
```

上述代码说明如下。

在第 6 行代码中，通过 TypeScript 方式声明了一个字符串类型全局变量 s。

在第 8～12 行代码中，声明了一个函数 funcScope。

在第 10 行代码中，声明了一个局部变量 ss，并尝试在函数（funcScope）作用域内调用全局变量 s 来进行初始化。

在第 13 行代码中，调用了函数 funcScope。

在第 15 行代码（全局作用域）中，尝试调用函数作用域内定义的局部变量 ss，但是该行代码需要先通过注释标签停止执行，否则无法通过编译。

下面测试一下这段 TypeScript 应用代码，具体如图 3.3 所示。

如图 3.3 所示，在函数作用域内，局部变量 ss 成功通过全局变量 s 进行了初始化。

将第 15 行代码的注释标签去掉，再次编译上述 TypeScript 代码，具体如图 3.4 所示。

图 3.3　TypeScript 变量作用域的应用（1）　　图 3.4　TypeScript 变量作用域的应用（2）

如图 3.4 所示，当第 15 行代码尝试在全局作用域中调用第 10 行代码中定义的局部变量 ss 时，TypeScript 编译器会提示无法找到变量 ss。这点恰恰说明函数作用域内的变量对于全局是不可见的。

3.1.4　开发实战：TypeScript 变量提升应用

下面编写一个 TypeScript 变量提升的应用，测试一下 TypeScript 变量提升的特性。

【例 3.3】TypeScript 变量提升的应用（1）。

该应用将变量声明放在了变量调用之后，以测试变量提升的特性，其源代码如下。

```
---------------------- path : ch03/gram-rules/src/varhosting.ts -----------
1  /*
2   * variables hosting
3   */
4
5  console.log(s);
6  var s:string = "Variables Hosting";
7  console.log(s);
```

上述代码说明如下。

在第 6 行代码中，通过 TypeScript 方式声明了一个字符串类型全局变量 s。

在第 5 行代码（变量声明之前）和第 7 行代码（变量声明之后）中，分别调用了该全局变量 s。

下面测试一下这段 TypeScript 应用代码，具体如图 3.5 所示。

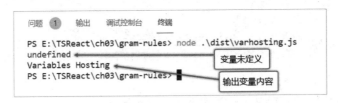

图 3.5　TypeScript 变量提升的应用

如图 3.5 所示，虽然第 5 行代码在输出全局变量 s 时该变量并未声明，但编译运行后，程序并未报错，而仅仅是提示变量未定义。这是 TypeScript 语法中变量提升的特性在发挥作用，此时【例 3.3】中的代码等同于【例 3.4】中的代码。

【例 3.4】TypeScript 变量提升的应用（2）。

该应用的源代码如下。

```
1  /*
2   * variables hosting
3   */
4  var s:string;
5  console.log(s);
6  s = "Variables Hosting";
7  console.log(s);
```

在上述代码中，第 4 行代码先声明了变量 s，但未进行初始化；在第 6 行代码中才为变量 s 赋值了具体内容。所以，第 5 行代码会提示变量未定义，第 7 行代码会正常输出变量 s 的内容。

3.1.5　开发实战：TypeScript 函数提升应用

变量提升的特性也可以在函数声明中得到实现，下面先看一个 TypeScript 函数提升的应用，以测试函数提升的特性。

【例 3.5】TypeScript 函数提升的应用。

该应用将函数声明与定义放在了代码的最后，而将函数调用放在了声明之前，其源代码如下。

```
---------------------- path : ch03/gram-rules/src/varhosting.ts -----------
1  /*
2   * function hosting 1
3   */
4
```

```
5   console.log(funcHosting1);
6   funcHosting1();
7   function funcHosting1() {
8       console.log("Function Hosting 1");
9   }
```

上述代码说明如下。

在第 7～9 行代码中，定义了一个函数 funcHosting1。

在第 5 行代码（函数声明之前）中，输出了函数名称。

在第 6 行代码（函数声明之前）中，调用了函数 funcHosting1。

下面测试一下这段 TypeScript 应用代码，具体如图 3.6 所示。

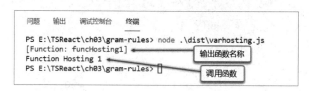

图 3.6 TypeScript 函数提升的应用

如图 3.6 所示，虽然函数 funcHosting1 的声明放在了代码的最后，但无论是第 5 行代码中的调用函数名称，还是第 6 行代码中的调用函数，均获得了正确的输出，这说明函数提升的特性发挥了作用，函数 funcHosting1 声明会先被解析器读取并执行。

下面再看另一个 TypeScript 匿名函数提升的应用，以测试匿名函数提升的特性。

【例 3.6】TypeScript 匿名函数提升的应用。

该应用同样将函数的声明放在了代码的最后，但此处使用了匿名函数的定义方式，其源代码如下。

```
----------------------- path : ch03/gram-rules/src/varhosting.ts -----------
1   /*
2    * function hosting 2
3    */
4
5   funcHosting2();
6   var funcHosting2 = function() {
7       console.log("Function Hosting 2");
8   }
```

上述代码说明如下。

在第 6～8 行代码中，通过 var 关键字声明了一个匿名函数 funcHosting2。

在第 5 行代码（函数声明之前）中，调用了函数 funcHosting2。

下面测试一下这段 TypeScript 应用代码，具体如图 3.7 所示。

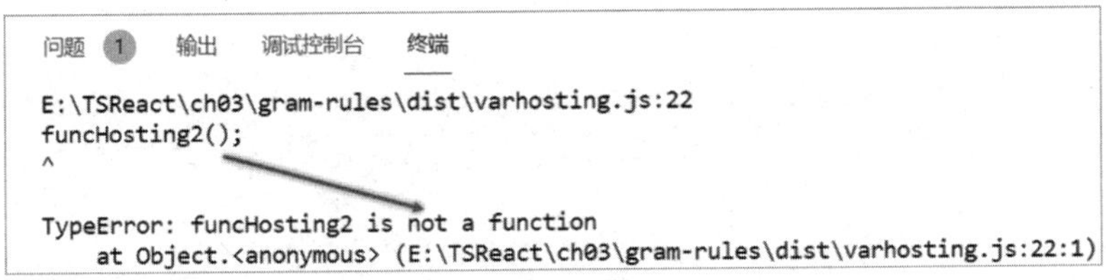

图 3.7　TypeScript 匿名函数提升的应用

如图 3.7 所示，通过 var 关键字声明的匿名函数 funcHosting2 没有得到函数提升的特性，提示信息显示 funcHosting2 不是一个有效的函数。

前面分别介绍了变量提升和函数提升这两个特性，如果代码中同时出现变量提升和函数提升的情况，程序会如何处理呢？

关于这一点，JavaScript 语法规则给出了明确的解释，即"函数提升优先于变量提升"。因为 TypeScript 语法继承自 JavaScript 语法，所以 TypeScript 语法也遵循上述规则。也就是说，JavaScript 解析器在加载数据时会先读取函数声明再读取变量声明。

下面看一个 TypeScript 变量提升和函数提升结合的应用，以测试一下函数提升和变量提升共同的特性。

【例 3.7】TypeScript 函数提升和变量提升结合的应用。

该应用的源代码如下。

```
---------------------- path : ch03/gram-rules/src/varhosting.ts -----------
1  /*
2   * variable&function hosting
3   */
4
5  var_func_hosting();
6  var v:string = "Variable Hosting";
7  function var_func_hosting() {
8      console.log("Function Hosting: call v");
9      console.log(v);
10 }
11 var_func_hosting();
```

上述代码说明如下。

在第 6 行代码中，通过 var 关键字声明了一个全局变量 v，并进行了初始化。

在第 7～10 行代码中，定义了一个函数 var_func_hosting。

在第 9 行代码中，尝试调用全局变量 v。

在第 5 行和第 11 行代码中，调用了函数 var_func_hosting。

下面测试一下这段 TypeScript 应用代码，具体如图 3.8 所示。

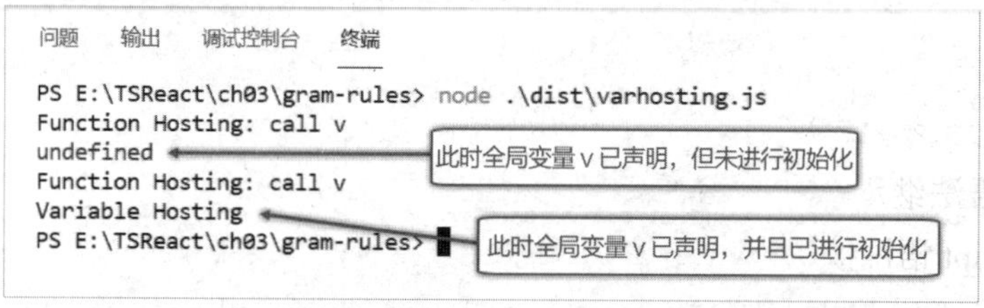

图 3.8　TypeScript 函数提升和变量提升结合的应用

如图 3.8 所示，在第一次调用函数 var_func_hosting 时，全局变量 v 已声明，但未进行初始化，但在第二次调用函数 var_func_hosting 时，全局变量 v 已声明，并且已进行初始化。

根据函数提升和变量提升相结合的特性，【例 3.7】中的代码可以等同于【例 3.8】中的代码。

【例 3.8】TypeScript 函数提升和变量提升结合应用的等效代码。

```
---------------------- path : ch03/gram-rules/src/varhosting.ts -----------
1  /*
2   * variable&function hosting
3   */
4
5  function var_func_hosting() {
6      console.log("Function Hosting: call v");
7      console.log(v);
8  }
9  var v;
10 var_func_hosting();
11 v = "Variable Hosting";
12 var_func_hosting();
```

上述代码说明如下。

在第 5～8 行代码中，相当于将函数 var_func_hosting 的声明"提升"到了代码顶端。

在第 9 行代码中，相当于通过 var 关键字声明了全局变量 v，但未进行初始化（原始初始化的位置在第 11 行代码中）。

因此，当第 10 行代码调用函数 var_func_hosting 时，函数解析是正常的，但调用全局变量 v 没有得到有效的数据；当第 12 行代码再次调用函数 var_func_hosting 时，调用全局变量 v 得到了有效的数据。

感兴趣的读者可以使用 TypeScript 解析器自行测试一下【例 3.8】中的代码，验证一下与【例 3.7】的结果是否一致。

3.1.6　let 关键字与块级作用域

在传统 JavaScript 语法规则中，有定义全局作用域、函数作用域的概念，但没有定义块级作用域的概念。不过，在最新的 ES6 语法规则中，增加并定义了块级作用域的概念。因为 TypeScript 语法继承自最新的 ES6 语法，所以 TypeScript 也拥有块级作用域的概念。

在 TypeScript 语法规则中，块级作用域使用花括号"{}"来定义。if 语句和 for 循环语句里面的花括号"{}"也属于块级作用域。

那么，let 关键字与 var 关键字在使用上有什么区别呢？下面简单介绍一下这两种关键字在使用上的区别。

- 通过 var 关键字声明的变量没有块级作用域的概念，这些变量能跨块级作用域进行访问，但不能跨函数作用域进行访问。
- 通过 let 关键字声明的变量只能在块级作用域内进行访问，而不能跨块级作用域和函数作用域进行访问。
- 通过 var 关键字声明的变量具有变量提升的特性，而通过 let 关键字声明的变量不具有变量提升的特性。

3.1.7　开发实战：let 关键字与块级作用域

在 ES6 语法规则中增加的 let 关键字，主要是为了解决 var 关键字在变量捕获过程中的不可控问题。相信大多数 JavaScript 开发人员都遇到过下面这个不可控代码，即通过函数 setTimeout 延时输出数字序列。

【例 3.9】TypeScript 延时输出数字序列的应用。

该应用通过函数 setTimeout 尝试延时输出数字序列，先测试以 var 声明方式在变量捕获时的不可控性，再测试以 let 声明方式和块级作用域相结合，解决变量捕获不可控问题，其源代码如下。

```
---------------------- path : ch03/gram-rules/src/letblockscope.ts --------
1  /*
2   * let & Block-Scope
3   */
4
5  // TODO: print number(var): 0 ~ 2
6  console.log("setTimeout print number by var:");
7  for(var i = 0; i < 3; i++) {
8      setTimeout(function() {
```

```
9          console.log(i);
10      }, 1000 * i);
11 }
12 // TODO: print number(let): 0 ~ 2
13 console.log("setTimeout print number by let:");
14 for(let j = 0; j < 3; j++) {
15      setTimeout(function() {
16          console.log(j);
17      }, 1000 * j);
18 }
```

上述代码说明如下。

在第 7~11 行代码定义的 for 循环语句中，通过 var 关键字声明的自变量 i 的区间为 0~2。

在第 8~10 行代码中，调用了函数 setTimeout。该函数内设置了 1000ms 的延时，尝试在每次延时后依次输出数字 0~2，实际的输出结果却是大相径庭的。

在第 14~18 行代码定义的 for 循环语句中，通过 let 关键字声明的自变量 j 的区间为 0~2。

在第 15~17 行代码中，调用了函数 setTimeout。该函数内设置了 1000ms 的延时，尝试在每次延时后依次输出数字 0~2。

下面测试一下这段 TypeScript 应用代码，具体如图 3.9 所示。

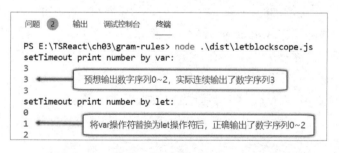

图 3.9　TypeScript 延时输出数字序列的应用

如图 3.9 所示，在通过函数 setTimeout 进行延时时，由于通过 var 关键字声明的自变量 i 的作用域为整个 for 循环语句，在函数 setTimeout 延时完成前，自变量 i 已经通过自加（++）运算符累加到了 3，因此当函数 setTimeout 延时完成后，会连续输出 3 个数字 3。

在 for 循环语句中将 var 关键字替换为 let 关键字后，通过函数 setTimeout 进行延时得到了正确输出的数字序列 0~2，这是因为通过 let 关键字声明的变量，仅仅在其对应的块级作用域内有效，所以自变量 i 的数值在每次自加后会保存在其相对应的块级作用域内，自然输出的结果是正确的数字序列 0～2。

3.1.8　const 关键字的常量声明

在最新的 ES6 语法规则中，还增加了一个 let 关键字的孪生兄弟——const 关键字。因为 TypeScript 语法继承自最新的 ES6 语法，所以 TypeScript 也拥有 const 关键字。

在 TypeScript 语法规则中，const 关键字与 let 关键字类似，但其主要用于声明常量。简单来讲，const 关键字与 let 关键字具有相同的作用域规则，但通过 const 关键字声明的变量不能被重新赋值。请读者注意，这里所讲的通过 const 关键字声明的变量不能被重新赋值，是因为该变量所引用的值是不可变的。所以，通过 const 关键字声明的变量必须同时进行初始化，一旦初始化完成赋值就固定指向其引用值了。

现在我们了解了 TypeScript 语法规则中有两个关键字 let 和 const，那么如何更合理地区分和使用这两个声明关键字呢？这里推荐使用最小特权原则，即所有变量除了需要后期修改的，都应该使用 const 关键字进行声明。

3.1.9　开发实战：const 关键字的常量声明应用

首先，编写一个通过 const 关键字声明常量并尝试对常量进行重新赋值的 TypeScript 应用。

【例 3.10】const 关键字的常量声明的应用。

该应用的源代码如下。

```
---------------------- path : ch03/gram-rules/src/constscope.ts ----------
1  /*
2   * cosnt declare & re-define
3   */
4
5  // TODO: declare const c
6  const c:number = 1;
7  console.log("c = " + c);
8  // TODO: re-define const c
9  c = 2;  // error
```

上述代码说明如下。

在第 6 行代码中，通过 const 关键字声明了一个常量 c，并进行了初始化。

在第 9 行代码中，尝试对常量 c 进行重新赋值（这里为 2）。

然后，测试一下这段 TypeScript 应用代码，具体如图 3.10 所示。

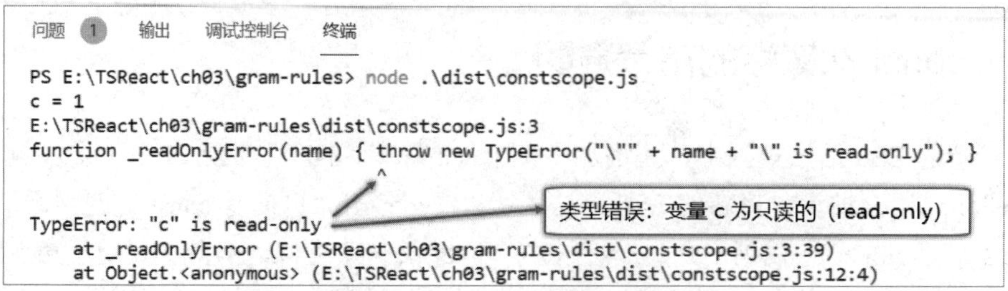

图 3.10　const 关键字的常量声明的应用

如图 3.10 所示，在尝试对常量 c 进行重新赋值后，编译器抛出了类型错误异常，提示变量 c 为只读的（read-only），也就是常量是不可以被重新赋值的。

3.1.10　开发实战：const 关键字的常量作用域应用

首先，编写一个在块级作用域中使用 const 关键字声明常量，并分别尝试在全局作用域和块级作用域中调用常量的 TypeScript 应用。

【例 3.11】const 关键字的常量作用域的应用。

该应用的源代码如下。

```
-------------------- path : ch03/gram-rules/src/constscope.ts -----------
1  /*
2   * cosnt and var's Scope
3   */
4
5  // TODO: define block-scope
6  {
7      var i:number = 1;
8      console.log("i = " + i);
9      const ccc:number = 333;
10     console.log("ccc = " + ccc);
11 }
12 // TODO: print i, ccc
13 console.log("i = " + i);
14 console.log("ccc = " + ccc);
```

上述代码说明如下。

在第 6～11 行代码中，定义了一个块级作用域，在该块级作用域内通过 var 关键字声明了变量 i，通过 const 关键字声明了常量 ccc，并进行初始化。

在第 13 行和第 14 行代码中，尝试在块级作用域外部访问变量 i 和常量 ccc。
然后，测试一下这段 TypeScript 应用代码，具体如图 3.11 所示。

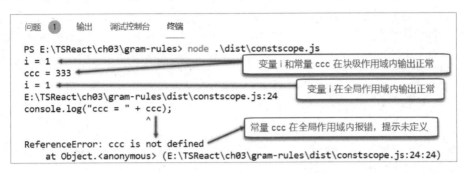

图 3.11　const 关键字的常量作用域的应用

如图 3.11 所示，在块级作用域内通过 var 关键字声明的变量 i，在全局作用域内也是可以访问的，但是在块级作用域内通过 const 关键字声明的常量 ccc，在全局作用域内是未定义的。

3.1.11　开发实战：const 关键字的常量对象应用

下面编写一个使用 const 关键字声明常量对象，并尝试通过直接修改该对象和该对象属性两种方式来修改常量对象的 TypeScript 应用。

【例 3.12】const 关键字的常量对象的应用。

该应用的源代码如下。

```
--------------------- path : ch03/gram-rules/src/constscope.ts -----------
1  /*
2   * cosnt object and modify object's property
3   */
4
5  // TODO: define const object
6  const userinfo = {
7      name: "king",
8      age: 26,
9      gender: "male"
10 }
11 console.log(userinfo);
12 // TODO: modify object directly
13 userinfo = {
14     name: "cici",
```

```
15      age: 8,
16      gender: "female"
17  }
18  console.log(userinfo);
19  // TODO: modify object's property
20  // userinfo.name = "tina";
21  // userinfo.age = 18;
22  // userinfo.gender = "female";
23  // console.log(userinfo);
```

上述代码说明如下。

在第 6~10 行代码中，通过 const 关键字声明了一个常量对象 userinfo，并对该对象中的 3 个属性进行了初始化。

在第 13~17 行代码中，尝试直接修改该常量对象 userinfo。

在第 20~23 行代码（需要先添加注释标签停止执行）中，尝试修改该常量对象 userinfo 的每个属性来修改该常量对象。

下面测试一下这段 TypeScript 代码，具体如图 3.12 所示。

图 3.12   const 关键字的常量对象的应用（1）

如图 3.12 所示，如果尝试直接修改常量对象 userinfo，编译器会抛出类型错误异常，提示常量对象 userinfo 是只读的。

下面先给报错的第 13~17 行代码添加注释标签（停止执行），再将第 20~23 行代码的注释标签去掉（恢复执行），尝试通过修改对象 userinfo 属性的方式来修改该常量对象。

下面测试一下这段 TypeScript 应用代码，具体如图 3.13 所示。

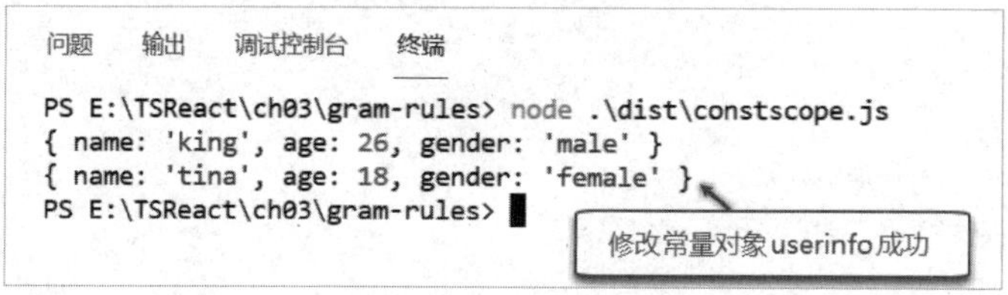

```
问题    输出    调试控制台    终端

PS E:\TSReact\ch03\gram-rules> node .\dist\constscope.js
{ name: 'king', age: 26, gender: 'male' }
{ name: 'tina', age: 18, gender: 'female' }
PS E:\TSReact\ch03\gram-rules> 
```
修改常量对象 userinfo 成功

图 3.13   const 关键字的常量对象的应用（2）

如图 3.13 所示，通过修改对象属性的方式来修改常量对象 userinfo 的操作是可行的。

这段应用代码说明 TypeScript 语言的常量对象与常量还是有所区别的。虽然无法直接修改常量对象，但是可以通过修改对象属性的方式来修改常量对象。

3.1.12　解构赋值

最新的 ES6 语法规则中增加了一个解构（Destructuring）功能，方便对变量和对象进行赋值。所谓解构，是指先通过结构化的方式来分解变量或对象，再一一对应来重新构造新的变量或对象。因为 TypeScript 语法继承自最新的 ES6 语法，所以 TypeScript 也拥有解构功能。

TypeScript 解构赋值有数组解构、对象属性解构和函数参数解构这几种赋值方式。其中，最简单也是最常用的就是数组解构赋值。数组解构赋值可以简化变量赋值的操作，有顺序赋值、交换赋值和异构赋值几种方式。

使用解构赋值功能可以很简便地把数组的值或对象的属性赋值给单独的变量。数组和对象（Object）的作用是把一些值组合打包在一起，而解构类似于把数组中的值或对象的属性解包。

3.1.13　开发实战：TypeScript 数组解构赋值应用

下面编写一个使用数组解构实现顺序赋值、交换赋值和异构赋值的 TypeScript 应用。

【例 3.13】TypeScript 数组解构赋值的应用。

该应用的源代码如下。

```
---------------------- path : ch03/gram-rules/src/deconstruct.ts ----------
1  /*
2   * variable deconstruct
3   */
4
5  // TODO: deconstruct total
6  let arr1 = [1, 2];
7  let [first, second] = arr1;
8  console.log("init variables:");
9  console.log("first: " + first); // outputs 1
10 console.log("second: " + second); // outputs 2
11 // TODO: swap variables
12 [first, second] = [second, first];
```

```
13  console.log("swap variables:");
14  console.log("first: " + first); // outputs 1
15  console.log("second: " + second); // outputs 2
16  // TODO: deconstruct part
17  console.log("deconstruct part:");
18  let arr2 = [1, 2, 3];
19  let [a] = arr2;
20  console.log("a: " + a); // outputs 1
21  // TODO: deconstruct rest
22  console.log("deconstruct rest:");
23  let arr3 = [1, 2, 3, 4, 5];
24  let [i, j, ...rest] = arr3;
25  console.log("i: " + i); // outputs 1
26  console.log("j: " + j); // outputs 1
27  console.log("rest: " + rest); // outputs 3, 4, 5
```

上述代码说明如下。

在第 6 行代码中，声明了第 1 个数组 arr1。

在第 7 行代码中，通过顺序赋值为变量 first 和 second 进行了赋值。

在第 12 行代码中，通过交换赋值将变量 first 和 second 的值进行了交换。

在第 18 行代码中，声明了第 2 个数组 arr2。

在第 19 行代码中，通过异构（部分变量）赋值为变量 a 进行了赋值，其值对应于数组 arr2 的第 1 项。

在第 23 行代码声明了第 3 个数组 arr3。

在第 24 行代码中，通过异构（剩余变量）赋值为变量 i、j 和 ...rest 进行了赋值，变量 i 的值对应于数组 arr3 的第 1 项，变量 j 的值对应于数组 arr3 的第 2 项，变量 ...rest 的值对应于数组 arr3 的剩余项。

下面测试一下这段 TypeScript 应用代码，具体如图 3.14 所示。

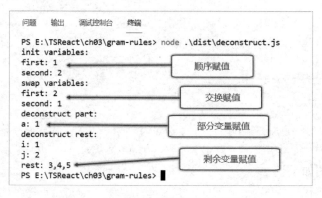

图 3.14 TypeScript 数组解构赋值的应用

　　如图 3.14 所示，顺序赋值、交换赋值、部分变量赋值和剩余变量赋值的操作，均取得了成功。

3.1.14　开发实战：TypeScript 对象解构赋值应用

　　对于对象属性的解构赋值，最常使用的是完整形式的对象属性解构，如果变量名与属性名相同，则可以简化为仅使用属性名的形式。对于使用完整形式的对象属性解构，还支持对变量进行重命名。

　　下面编写一个使用对象属性解构（完整形式、简化形式和重命名形式）实现变量赋值的 TypeScript 应用。

　　【例 3.14】TypeScript 对象属性解构赋值的应用。

　　该应用的源代码如下。

```
---------------------- path : ch03/gram-rules/src/deconstruct.ts ----------
1  /*
2   * object deconstruct
3   */
4
5  // TODO: define object
6  let oUserinfo = {
7      uname: "king",
8      age: 26,
9      gender: "male"
10 };
11 // TODO: object deconstruct
12 let { uname:uname, age:age, gender:gender } = oUserinfo;
13 // TODO: object abbr deconstruct
14 let { uname, age, gender } = oUserinfo;
15 console.log("uname:" + uname);
16 console.log("age:" + age);
17 console.log("gender:" + gender);
18 // TODO: object rename deconstruct
19 let { uname:x, age:y, gender:z } = oUserinfo;
20 console.log("x:" + x);
21 console.log("y:" + y);
22 console.log("z:" + z);
```

　　上述代码说明如下。

　　在第 6～10 行代码中，声明了一个对象 oUserinfo，并进行了初始化。

在第 12 行代码中，通过对象属性解构（完整形式）为变量 uname、age 和 gender 进行了赋值。

在第 14 行代码（需要先添加注释标签停止执行）中，通过对象属性解构（简化形式）为变量 uname、age 和 gender 进行了赋值。

在第 19 行代码中，通过对象属性解构（重命名形式）为变量 x、y 和 z 进行了赋值。

下面测试一下这段 TypeScript 应用代码，具体如图 3.15 所示。

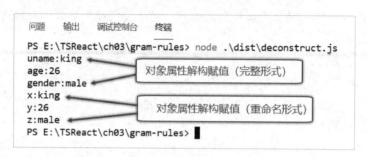

图 3.15　TypeScript 对象属性解构赋值的应用

如图 3.15 所示，通过对象属性解构（完整形式和重命名形式）为变量进行赋值的操作，均取得了成功。对于简化形式的对象属性解构赋值，读者可以先给第 12 行代码添加注释标签，再将第 14 行代码的注释标签去掉，自行进行测试。

3.1.15　开发实战：TypeScript 函数参数解构赋值应用

下面编写一个使用函数参数解构实现变量赋值的 TypeScript 应用。

【例 3.15】TypeScript 函数参数解构赋值的应用。

该应用的源代码如下。

```
----------------------- path : ch03/gram-rules/src/deconstruct.ts ----------
1  /*
2   * function parameters deconstruct
3   */
4
5  // TODO: define tUserinfo type
6  type tUserinfo = {
7      uname: string,
8      age: number,
9      gender: string
10 }
11 // TODO: declare tUserinfo object
```

```
12  const user: tUserinfo = {
13      uname: "cici",
14      age: 8,
15      gender: "female"
16  }
17  // TODO: define function
18  function funcDeconstruct({uname, age, gender} : tUserinfo) {
19      console.log("uname:" + uname);
20      console.log("age:" + age);
21      console.log("gender:" + gender);
22  }
23  // TODO: call function
24  funcDeconstruct(user);
25  // TODO: define function
26  function funcXDeconstruct({uname: x, age: y, gender: z} : tUserinfo) {
27      console.log("x:" + x);
28      console.log("y:" + y);
29      console.log("z:" + z);
30  }
31  // TODO: call function
32  funcXDeconstruct(user);
```

上述代码说明如下。

在第 6～10 行代码中，声明了一个自定义类型 tUserinfo。该类型包含 3 个属性 uname、age 和 gender。

在第 12～16 行代码中，声明了一个自定义类型 tUserinfo 的对象 user，并进行了初始化。

在第 18～22 行代码定义的函数 funcDeconstruct 中，声明了参数是一个自定义类型 tUserinfo 的对象。该对象内部定义了与属性名相同的 3 个变量 uname、age 和 gender。

在第 26～30 行代码定义的函数 funcXDeconstruct 中，同样声明了参数是一个自定义类型 tUserinfo 的对象。该对象内部通过属性名定义了 3 个重命名的变量 x、y 和 z。

下面测试一下这段 TypeScript 应用代码，具体如图 3.16 所示。

图 3.16　TypeScript 函数参数解构赋值的应用

如图 3.16 所示，通过函数解构为变量 uname、age 和 gender 进行赋值，以及通过函数解构为重命名变量 x、y 和 z 进行赋值，均取得了预期的结果。

3.2　TypeScript 基础类型

TypeScript 语言主要包括布尔（Boolean）、数字（Number）、字符串（String）、数组（Array）、元组（Tuple）、枚举（Enum）、Any、Void、Null、Undefined、联合（Union）几种基础类型，这是在全部 JavaScript 语言类型的基础上进行了一定的扩充，这些类型是 TypeScript 语法构成的重要基础。

3.2.1　布尔类型、数字类型与字符串类型

在 TypeScript 语言的基础类型中，布尔类型、数字类型和字符串类型是最基本、最简单的 3 种类型。

简单来讲，TypeScript 语言的布尔类型是"true | false"这对布尔值。在 TypeScript 语法中，布尔类型定义为"boolean"，这与 JavaScript 语法保持一致。

TypeScript 语言的数字类型全部是浮点数，这也与 JavaScript 语言也一致。在 TypeScript 语法中，数字类型包括十进制字面量和十六进制字面量，以及 ES6 语法中新引入的二进制和八进制等字面量。

在任何一门编程语言中，字符串类型都是基础类型，TypeScript 语言的字符串类型用来表示文本数据，使用双引号（"）或单引号（'）来引用标识。因为 TypeScript 语法继承自最新的 ES6 语法规则，所以 TypeScript 语法也支持使用模板字符串来定义多行文本和内嵌表达式。在 TypeScript 代码中使用模板字符串需要使用反引号（`）来引用标识，并且以"${ expression(表达式) }"这种形式来嵌入表达式。

3.2.2　开发实战：遍历字符串应用

下面编写一个使用布尔类型变量作为逻辑判断、使用字符串类型常量作为模板字符串，以及使用数字类型变量作为计数器，实现遍历字符串的 TypeScript 应用。

【例 3.16】TypeScript 遍历字符串的应用。

该应用的源代码如下。

```
----------------------- path : ch03/gram-types/src/bnstype.ts --------------
 1  /**
 2   * Boolean|Number|String Type
 3   */
 4
 5  // TODO: declare boolean
 6  var bIsOk:boolean = true;
 7  // TODO: define string info
 8  const strInfo:string = "Hello";
 9  // TODO: define number length
10  var iLen:number = strInfo.length;
11  console.log(`${strInfo} 's length is ${iLen}.`);
12  // TODO: iterator character in string
13  var i = 0;
14  while(bIsOk) {
15      if(i < iLen) {
16          console.log(strInfo.charAt(i++));
17      } else {
18          console.log(`${strInfo} charAt() all!`);
19          bIsOk = false;
20      }
21  }
```

上述代码说明如下。

在第 6 行代码中，声明了一个布尔类型变量 bIsOk，并初始化为 "true"。

在第 8 行代码中，声明了一个字符串类型常量 strInfo，并初始化为 "Hello"。

在第 10 行代码中，声明了一个数字类型变量 iLen，并初始化为常量 strInfo 的长度。

在第 11 行代码中，使用模板字符串输出了一行常量 strInfo 的长度信息。

在第 14~21 行代码中，通过 while 循环语句迭代常量 strInfo 中的每个字符，并使用变量 bIsOk 的值作为结束迭代的依据。

下面测试一下这段 TypeScript 应用代码，具体如图 3.17 所示。

如图 3.17 所示，成功获取了常量 strInfo 的长度，并通过迭代方法得到了该常量中的每个字符。

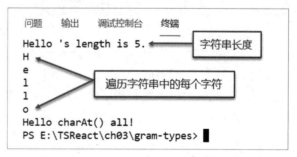

图 3.17　TypeScript 遍历字符串的应用

3.2.3　数组与元组类型

TypeScript 语言可以像 JavaScript 语言一样操作数组类型，支持常规的数组操作方法。TypeScript 语法有两种方式用来声明和定义数组，具体如下。

第一种方式是在元素类型后面使用符号"[]"，表示由此类型元素组成的一个数组。下面是声明一个数字类型数组的例子。

```
let arr: number[] = [1, 2, 3];
```

第二种方式是使用数组泛型"Array<元素类型>"，表示由此类型元素组成的一个数组。例如，上面的例子可以改写为如下形式。

```
let arr: Array<number> = [1, 2, 3];
```

TypeScript 语法中还新增了一种元组类型，可以实现不同类型元素的组合。元组类型被设计出来很可能是受到了数据集合的启发。我们都知道传统数组类型中的数据类型都必须相同，但如果想将不同类型的数据存储在一起，则元组类型可以实现这个功能。

元组类型允许表示一个已知元素数量和类型的数组，以及存储不同类型的元素。例如，在元组中包括不同类型（如数字类型、字符串类型、Any 类型等）的数据，可以描述复杂的元素。

元组类型支持元素操作，包括 push()（添加）和 pop()（删除）两种方法。这两种方法的具体说明如下。

- 方法 push()：向元组中添加元素，添加在最后面。
- 方法 pop()：从元组中移除元素（最后一个），并返回移除的元素。

元组类型还支持直接修改元素数据的操作，类似于直接修改数组项的方式。

3.2.4　开发实战：数组操作应用

下面编写一个使用数组类型的 TypeScript 应用。

【例 3.17】TypeScript 数组类型的应用。

该应用测试数组声明和初始化、数组复制和数组迭代输出等操作，其源代码如下。

```
---------------------- path : ch03/gram-types/src/arraytype.ts ------------
1 /**
2  * Array Type
3  */
4
5 // TODO: Declare Array Number
```

```
 6  let arr: number[] = new Array(10);
 7  for(let i=0; i<arr.length; i++) {
 8      arr[i] = i + 1;
 9  }
10  // TODO: copy array
11  let arrNum: Array<number> = arr;
12  // TODO: print array number
13  for(let j in arrNum) {
14      console.log("arrNum[" + j + "]: " + arrNum[j]);
15  }
```

上述代码说明如下。

在第 6～9 行代码中，声明了一个数字类型数组变量 arr，并通过 for 循环语句进行了初始化。

在第 11 行代码中，通过数组泛型方式声明了另一个数字类型数组变量 arrNum，并赋值为刚刚定义的数组变量 arr。

在第 13～15 行代码中，通过 for 循环语句迭代输出了数组变量 arrNum 中的内容。

下面测试一下这段 TypeScript 应用代码，具体如图 3.18 所示。

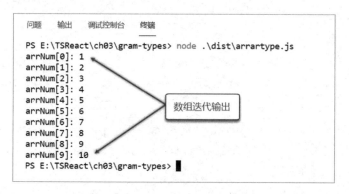

图 3.18　TypeScript 数组类型的应用

如图 3.18 所示，命令行终端迭代输出了数组变量 arrNum 中的内容。

3.2.5　开发实战：元组操作应用

下面编写一个声明、访问和操作元组类型变量的 TypeScript 应用。

【例 3.18】声明、访问和操作元组类型变量的应用。

该应用的源代码如下。

```
-------------------- path : ch03/gram-types/src/tupletype.ts ------------
1  /**
2   * Tuple Type
3   */
4
5  // TODO: Declare a Tuple variable.
6  var tuple_log: [string, number, string];
7  tuple_log = ["I am", 26, "years old."];
8  console.log("Original tuple: " + tuple_log);
9  // TODO: Declare a String variable.
10 var log: string = "log:";
11 for(let i=0; i<tuple_log.length; i++) {
12     log += " " + tuple_log[i].toString();
13 }
14 console.log(log);
15 // TODO: Tuple push() & pop()
16 log = "log:";
17 tuple_log.pop();
18 tuple_log.push("today.");
19 for(let j=0; j<tuple_log.length; j++) {
20     log += " " + tuple_log[j].toString();
21 }
22 console.log(log);
23 // TODO: Tuple update
24 tuple_log[0] = "Tina is";
25 tuple_log[1] = 18;
26 tuple_log[2] = ("years old.");
27 log = "log:";
28 for(let k=0; k<tuple_log.length; k++) {
29     log += " " + tuple_log[k].toString();
30 }
31 console.log(log);
```

上述代码说明如下。

在第 6 行和第 7 行代码中，声明了一个包含 3 个数据项的元组类型变量 tuple_log，分别为字符串类型、数字类型、字符串类型，同时进行了初始化。

在第 8 行代码中，直接输出了变量 tuple_log 中的内容。

在第 11～13 行代码中，通过 for 循环语句迭代变量 tuple_log 并将该变量拼接为一个字符串 log。

在第 17 行和第 18 行代码中，分别通过方法 pop() 和 push() 对变量 tuple_log 进行了删除和添加操作，改变了其内容。

在第 24～26 行代码中，通过直接修改变量 tuple_log 中的每个数据项，实现了更新变量 tuple_log 内容的操作。

下面测试一下这段 TypeScript 应用代码，具体如图 3.19 所示。

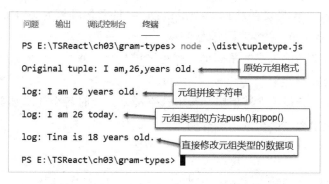

图 3.19　声明、访问和操作元组类型变量的应用

如图 3.19 所示，直接输出元组类型变量会在每个数据项之间添加上逗号符号。在通过元组类型的方法 pop() 进行操作时，删除的是一个元组的数据项。另外，直接修改元组类型变量中的数据项的操作会更简单、直接。

3.2.6　枚举类型

TypeScript 语法中新增的枚举类型用于定义数值的集合，是对 JavaScript 标准数据类型的一个补充。在 TypeScript 语法中使用枚举类型，可以为一组数值添加友好的名字（别名）。

TypeScript 枚举类型中最常用的就是数字枚举类型。在默认情况下，数字枚举类型变量从 0 开始编号。例如：

```
enum Direction {
    Up,
    Down,
    Left,
    Right,
}
```

此时，Direction.Up 的数值为 0，Direction.Down 的数值为 1，Direction.Left 的数值为 2，Direction.Right 的数值为 3。

TypeScript 语法还支持为枚举类型指定成员的数值。例如：

```
enum Direction {
```

```
    Up = 1,
    Down,
    Left,
    Right,
}
```

此时，Direction.Up 的数值为 1，Direction.Down 的数值顺延为 2，Direction.Left 的数值顺延为 3，Direction.Right 的数值顺延为 4。

使用数字枚举类型的方法非常简单，就是通过枚举的属性来访问枚举成员，或者通过枚举的名字来访问枚举类型。

TypeScript 枚举类型还支持使用字符串枚举类型，此时每个成员都必须用字符串字面量或另外一个字符串枚举类型成员进行初始化。例如：

```
enum Direction {
    Up = "UP",
    Down = "DOWN",
    Left = "LEFT",
    Right = "RIGHT",
}
```

此时，Direction.Up 的值为"UP"，Direction.Down 的值为"DOWN"，Direction.Left 的值为"LEFT"，Direction.Right 的值为"RIGHT"。

3.2.7　开发实战：枚举类型应用

下面编写一个声明、访问枚举类型变量的 TypeScript 应用。

【例 3.19】声明与访问枚举类型变量的应用。

该应用的源代码如下。

```
--------------------- path : ch03/gram-types/src/enumtype.ts -------------
1   /**
2    * Enum Type
3    */
4
5   // TODO: Declare Enum Type
6   enum Direction0 {
7       Up,
8       Down,
9       Left,
10      Right,
```

```
11  }
12  console.log("Print Number Direction0 : ");
13  console.log("Direction0.Up = " + Direction0.Up);
14  console.log("Direction0.Down = " + Direction0.Down);
15  console.log("Direction0.Left = " + Direction0.Left);
16  console.log("Direction0.Right = " + Direction0.Right);
17  // TODO: Declare Enum Type
18  enum Direction1 {
19      Up = 1,
20      Down,
21      Left,
22      Right,
23  }
24  console.log("Print Number Direction1 : ");
25  console.log("Direction1.Up = " + Direction1.Up);
26  console.log("Direction1.Down = " + Direction1.Down);
27  console.log("Direction1.Left = " + Direction1.Left);
28  console.log("Direction1.Right = " + Direction1.Right);
29  // TODO: Declare String Enum Type
30  enum Direction2 {
31      Up = "UP",
32      Down = "DOWN",
33      Left = "LEFT",
34      Right = "RIGHT",
35  }
36  console.log("Print String Direction2 : ");
37  console.log("Direction2.Up = " + Direction2.Up);
38  console.log("Direction2.Down = " + Direction2.Down);
39  console.log("Direction2.Left = " + Direction2.Left);
40  console.log("Direction2.Right = " + Direction2.Right);
```

上述代码说明如下。

在第 6～11 行代码中，声明了第 1 个数字枚举类型变量 Direction0，默认编号值从 0 开始。

在第 18～23 行代码中，声明了第 2 个数字枚举类型变量 Direction1，指定编号值从 1 开始。

在第 30～35 行代码中，声明了第 3 个字符串枚举类型变量 Direction2，为每个成员指定了相应的字面量。

下面测试一下这段 TypeScript 应用代码，具体如图 3.20 所示。

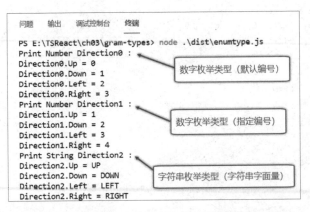

图 3.20　声明与访问枚举类型变量的应用

如图 3.20 所示，命令行终端中依次输出了数字枚举类型（默认编号）、数字枚举类型（指定编号）和字符串枚举类型（字符串字面量）变量中的内容。

3.2.8　Any 类型

TypeScript 语法中新增的 Any 类型体现了其设计理念的先进之处，这是 JavaScript 语法所不具备的功能。所谓 Any 类型，是指任意类型，当在编程阶段还无法确定某个变量的类型时，可以将其定义为 Any 类型。

使用 Any 类型的好处是，当遇到一些可能来自表单的用户输入、动态页面的返回值，或者第三方代码库返回的对象的情况时，开发人员不希望类型检查器对这些值进行检查，而希望直接让这些值通过编译阶段的检查，此时就可以使用 Any 类型来标记这些变量或对象。

另外，当对现有代码进行改写时，Any 类型也十分有用，因为其允许在编译时可选择地包含或移除类型检查。还有，当开发人员仅知道一部分数据的类型时，Any 类型可以发挥作用。

3.2.9　开发实战：Any 类型应用

下面编写一个声明、调用 Any 类型变量的 TypeScript 应用。

【例 3.20】声明、调用 Any 类型变量的应用。

该应用的源代码如下。

```
----------------------- path : ch03/gram-types/src/anytype.ts --------------
1  /**
2   * Any Type
```

```
3    */
4
5    // TODO: Declare Any Type and init number first
6    let anyone: any = 1;
7    console.log("anyone: " + anyone);
8    // TODO: change to digital number
9    anyone = 1.123456789;
10   console.log("anyone toFixed(6): " + anyone.toFixed(6));
11   console.log("anyone toFixed(): " + anyone.toFixed());
12   // TODO: Change to string now
13   anyone = "Hello, anyone!";
14   console.log("anyone toUpperCase(): " + anyone.toUpperCase());
15   console.log("anyone toLowerCase(): " + anyone.toLowerCase());
16   // TODO: Change to bool again
17   anyone = true;
18   if(anyone) {
19       console.log("anyone is true");
20   } else {
21       console.log("anyone is not true");
22   }
```

上述代码说明如下。

在第 6 行代码中，声明了 Any 类型变量 anyone，并初始化为数字类型。

在第 9～11 行代码中，先将变量 anyone 的值修改为小数，再通过调用数字类型的方法 toFixed()来保留小数位数。

在第 13～15 行代码中，先将变量 anyone 修改为字符串类型，再通过调用方法 toUpperCase()和方法 toLowerCase()来改变字符的大小写。

在第 17～22 行代码中，先将变量 anyone 修改为布尔类型，再通过 if 语句判断布尔值，并输出相应的信息。

下面测试一下这段 TypeScript 应用代码，具体如图 3.21 所示。

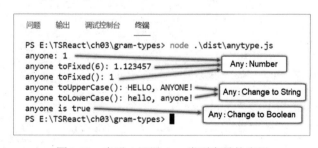

图 3.21　声明、调用 Any 类型变量的应用

如图 3.21 所示，命令行终端中依次输出了数字类型的 Any 类型、字符串类型的 Any 类型，以及布尔类型的 Any 类型的内容。

3.2.10 Void、Null 与 Undefined 类型

TypeScript 语法中定义的 Void 类型与 Any 类型相反，Any 类型用于表示任意类型，而 Void 类型则表示没有类型。

Void 类型通常用于没有任何返回值的函数中。Void 类型可以用于定义变量，不过该操作却没有任何实际意义（建议直接使用 Null 类型或 Undefined 类型）。

在 TypeScript 语法中，专门为 undefined 定义了 Undefined 类型，同时为 null（空）专门定义了 Null 类型。当一个变量声明后并未被初始化，此时该变量会被赋予 undefined，而当需要释放一个对象时，可以为该对象赋予 null。

3.2.11 开发实战：Void、Null 与 Undefined 类型应用

下面编写一个使用 Void、Null 与 Undefined 类型的 TypeScript 应用。

【例 3.21】使用 Void、Null 与 Undefined 类型的应用。

该应用的源代码如下。

```
---------------------- path : ch03/gram-types/src/vuntype.ts --------------
1   /**
2    * Void、Undefined & Null Type
3    */
4
5   // TODO: function return void
6   function funcVoid(): void {
7       console.log("Function return void.");
8   }
9   // TODO: get void value
10  let f = funcVoid();
11  console.log("f: " + f);
12  // TODO: declare undefined variable
13  let u;
14  // TODO:  return void == undefined ?
15  if(f == u) {
16      console.log("true");
17  } else {
```

```
18      console.log("false");
19  }
20  // TODO: declare an object
21  let o: any = {
22      user: "king",
23      age: 26
24  }
25  console.log("user: " + o.user);
26  console.log("age: " + o.age);
27  // TODO: let variable null
28  o = null;
29  console.log("o: " + o);
30  // console.log("user: " + o.user);
```

上述代码说明如下。

在第 6～8 行代码中，定义了一个返回类型为 Void 的函数 funcVoid。

在第 10 行代码中，定义了一个变量 f，并赋值为函数 funcVoid 的返回值。

在第 13 行代码中，定义了一个变量 u，并且未进行初始化。

在第 15～19 行代码中，通过 if 语句判断变量 f 与 u 是否逻辑相等，并根据判断结果选择相应的调试信息。

在第 21～24 行代码中，定义了一个 Any 类型的对象 o。

在第 28 行代码中，将对象 o 重新赋值为 null，相当于在内存中释放了该对象。

下面测试一下这段 TypeScript 应用代码，具体如图 3.22 所示。

图 3.22　使用 Void、Null 与 Undefined 类型的应用

图 3.22 说明如下。

变量 f 被赋值为 Void 类型函数 funcVoid 的返回值，其输出的结果为 undefined。

声明变量 u 后未对其进行初始化，则其值为 undefined。

在通过 if 语句判断变量 f 和变量 u 时，二者是逻辑相等（true）的；对象 o 在初始化后，又被赋值为 null，表示在内存中被清空并释放了。如果此时再将第 30 行代码中的注释标签去掉，尝试输出对象 o 的属性 user，则会提示报错信息。

3.2.12 联合类型

TypeScript 语法的强大之处在于，可以借助一种管道（ | ）方式来声明联合类型。所谓联合类型，是指可以将变量设置为多种类型，赋值时可以根据变量设置的类型进行赋值，详细格式如下。

```
type1 | type2 | … | typen
```

其中，type 可为任意一种合法类型。请读者注意，如果变量被赋值为 type 之外的类型，则编译器会报错。

另外，联合类型还可以作为函数参数使用。通过将函数参数设计为联合类型，可以实现类似于函数"重载"的功能。

3.2.13 开发实战：联合类型应用

下面编写一个声明、调用和作为函数参数使用联合类型的 TypeScript 应用。

【例 3.22】声明、调用和作为函数参数使用联合类型的应用。

该应用的源代码如下。

```
---------------------- path : ch03/gram-types/src/uniontype.ts ------------
1  /**
2   * Union Type
3   */
4
5  // TODO: use union type in function parameters
6  function funcUnion(args: string|number) {
7     if(typeof args == "string") {
8        console.log("args: " + args);
9     } else {
10       for(let i=0; i<args; i++) {
11          console.log("args: " + i);
12       }
13    }
14 }
15 // TODO: declare an union variable
16 var un: string|number;
17 console.log("Call funcUnion by string args.");
```

```
18  un = "Union type is string.";
19  funcUnion(un);   // TODO: string type
20  console.log("Call funcUnion by number(>0) args.");
21  un = 3;
22  funcUnion(un);   // TODO: number type
```

上述代码说明如下。

在第 6～14 行代码中，声明了一个函数 funcUnion，并将其参数 args 定义为一个包括字符串类型和数字类型的联合类型。

在第 7～13 行代码中，通过 if 语句判断了参数 args 的类型并执行相应的操作。

在第 16 行代码中，声明了一个联合类型变量 un，并初始化为字符串类型和数字类型。

在第 18 行和第 19 行代码中，先将变量 un 定义为字符串类型，再作为函数参数传递给函数 funcUnion。

在第 21 行和第 22 行代码中，先将变量 un 定义为数字类型，使其再次作为函数参数传递给函数 funcUnion。

下面测试一下这段 TypeScript 应用代码，具体如图 3.23 所示。

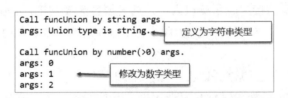

图 3.23　声明、调用和作为函数参数使用联合类型的应用

如图 3.23 所示，第 19 行代码在调用函数 funcUnion 时使用了字符串类型参数；第 22 行代码在调用函数 funcUnion 时使用了数字类型参数；命令行终端中依次输出了联合类型变量 un 中的内容，分别为字符串类型和数字类型，两次函数调用均输出了预期的结果。

3.3　TypeScript 接口

TypeScript 语法在设计上沿用了类似于 C++和 Java 这类面向对象的高级语言的思想，实现了很多面向对象编程语言的特性。本节主要介绍一下 TypeScript 接口的相关内容。

3.3.1　接口类型与接口继承

在面向对象编程的设计思想中，接口（Interface）是一种规范的定义，定义了行为和动作的规范。例如，在 C++和 Java 这类面向对象的高级程序设计语言中，均实现了较为完整的接口设计规范。

　　TypeScript 接口在设计上类似于 Java 语言的接口，提供了限制与规范代码的功能。接口不用关心具体的实现细节，只需定义好相关的方法与属性，具体的实现是放在类中完成的。

　　TypeScript 接口的使用与 C++、Java 语言的类似，基本语法格式如下。

```
interface 接口名称 {
    声明属性...
    声明函数方法...

    ...
}
```

　　TypeScript 接口按照实现类别可以分为属性类型接口、函数类型接口、可索引类型接口、类类型接口和混合类型接口 5 种。

1．属性类型接口

　　TypeScript 属性类型接口表示接口内部是通过属性来实现的。TypeScript 属性类型接口具有很实际的应用价值，当需要在函数中传递较为复杂的参数类型时，属性类型接口能很好地发挥作用。

　　属性类型接口主要包括常规属性、可选属性和只读属性 3 类。如果不想传递该接口的全部属性，则可以在声明接口时定义可选属性，具体操作方法是在定义属性时在属性名结尾加上符号"?"。如果想将属性定义为不可更改的，则可以通过在属性名前使用"readonly"来定义只读特性。只读属性只能在创建接口对象时初始化一次，之后就不能进行修改或赋值了。

2．函数类型接口

　　TypeScript 接口除了能够描述具有属性的普通对象，还可以描述函数类型。为了使用接口表示函数类型，需要先给接口定义一个调用签名。函数类型接口类似于一个只有参数列表和返回值类型的函数定义，其中参数列表中的每个参数都需要名称和类型。

3．可索引类型接口

　　TypeScript 接口还可以实现一种被称为"可索引"的类型，用来描述那些能够"通过索引得到"的类型。可索引类型接口与函数类型接口类似，其有一个索引签名用来描述对象索引的类型，以及相应的索引返回值类型。

　　TypeScript 支持两种类型索引签名：数字类型索引和字符串类型索引。数字类型索引和字符串类型索引具体语法格式如下。

```
interface 接口名称 {
  [index: number]: string;        // 数字类型索引
  [index: string]: string;        // 字符串类型索引，索引值为字符串类型
  [index: string]: number;        // 字符串类型索引，索引值为数字类型
}
```

4. 类类型接口

TypeScript 接口还可以通过类来强制实现符合某些规范的接口规则，这个接口可以定义为类类型接口。在类类型接口中，可以抽象地描述一些属性和方法，这与 C++接口或 Java 接口类似。

5. 混合类型接口

TypeScript 语法还支持声明混合类型接口，具体操作方法是只要定义混合属性类型、函数类型和类类型的 TypeScript 接口，在接口对象上就可以同时调用接口函数和接口类方法，以及额外的接口属性。

TypeScript 接口还可以相互继承，这点与类继承相似。所谓继承，是指可以实现从一个接口中复制成员到另一个接口中。这个设计是为了将复杂接口划分为不同功能模块，这样可以灵活地实现模块的可重用功能。

TypeScript 接口也具有单个接口继承自多个接口的功能，这样可以创建多个接口的合成接口。

3.3.2　开发实战：基于属性类型接口设计实现用户信息应用

为了演示使用 TypeScript 属性类型接口，下面设计实现一个输出用户信息（用户名、年龄和性别）的应用。用户信息分别应用常规属性、可选属性和只读属性进行设计实现。

【例 3.23】使用属性接口设计实现输出用户信息的应用。

该应用的源代码如下。

```
----------- path : ch03/gram-interface/src/userinfo-interface.ts -----------
1  /**
2   * Userinfo by interface
3   */
4
5  // TODO: Declare an interface
6  interface IUserinfo {
7      name: string,
8      age?: number,
9      readonly gender: boolean
```

```
10  }
11  // TODO: Define a function to print userinfo
12  function funcIUserinfo(ui: IUserinfo) {
13      if(ui.gender) {
14          console.log(ui.name + " is a boy, " + "and he's is " + ui.age +
".");
15      } else {
16          console.log(ui.name + " is a girl, " + "and she's is " + ui.age +
".");
17      }
18  }
19  // TODO: declare an IUserinfo's const
20  const ui_king: IUserinfo = {
21      name: "king",
22      age: 26,
23      gender: true
24  }
25  // TODO: call funcUserinfo
26  console.log("IUserinfo: king");
27  funcIUserinfo(ui_king);
28  // TODO: declare an IUserinfo's const
29  const ui_tina: IUserinfo = {
30      name: "tina",
31      gender: false
32  }
33  // TODO: call funcUserinfo
34  console.log("IUserinfo: tina");
35  funcIUserinfo(ui_tina);
36  // ui_tina.gender = true;
37  // funcIUserinfo(ui_tina);
```

上述代码说明如下。

在第 6～10 行代码中，声明了一个用户信息的接口 IUserinfo，并在该接口中定义了 3 个属性，分别为常规属性（姓名：name）、可选属性（年龄：age）和只读属性（性别：gender）。

在第 12～18 行代码中，定义了一个函数 funcIUserinfo，该函数包含一个接口 IUserinfo 类型的参数 ui，并通过 if 语句判断用户的性别，根据性别判断的结果输出相应的提示信息。

在第 20～24 行代码中，创建了接口 IUserinfo 的第 1 个实例 ui_king，并初始化了该接口的 3 个参数。

在第 27 行代码中，调用函数 funcIUserinfo 测试了实例 ui_king。

在第 29～32 行代码中，创建了接口 IUserinfo 的第 2 个实例 ui_tina，并初始化了该接口的 2 个参数 name 和 gender，没有初始化可选属性 age。

在第 35 行代码中，调用函数 funcIUserinfo 测试了实例 ui_tina。

在第 36 行和第 37 行代码中，尝试通过实例 ui_tina 显式地修改只读属性 gender 的属性值，并调用函数 funcIUserinfo 进行了测试。

注意：第 36 行和第 37 行代码需要先添加注释标签停止执行，否则 TypeScript 编译器会报错。

下面测试一下这段 TypeScript 应用代码（停止第 36 行和第 37 行代码的执行），具体如图 3.24 所示。

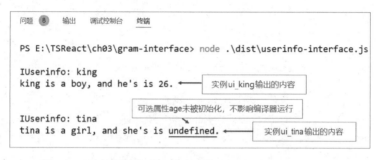

图 3.24　使用属性接口设计实现输出用户信息的应用（1）

如图 3.24 所示，在创建接口实例时，未初始化可选属性，TypeScript 编译器能够识别出来并正常进行编译。

下面继续测试一下这段 TypeScript 应用代码（恢复第 36 行和第 37 行代码的执行），具体如图 3.25 所示。

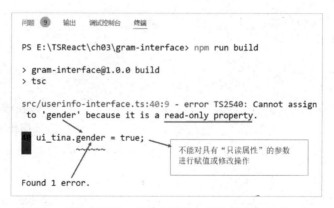

图 3.25　使用属性接口设计实现输出用户信息的应用（2）

如图 3.25 所示，当尝试修改具有"只读属性"的参数值后，TypeScript 编译器会提示相应的错误信息（不能对只读属性的参数进行修改）。

3.3.3 开发实战：基于函数类型接口设计实现算术四则运算应用

为了演示使用 TypeScript 函数类型接口，下面设计实现一个简单的算术四则运算的应用。

【例 3.24】使用函数类型接口设计实现算术四则运算的应用。

该应用的源代码如下。

```typescript
-------------- path : ch03/gram-interface/src/func-interface.ts -------------
1  /**
2   * function interface
3   */
4
5  // TODO: Declare an interface
6  interface IArithmetic {
7      (x: number, y: number, s: string): number;
8  }
9  // TODO: define an interface function
10 let funcArithmetic: TArithmetic;
11 funcArithmetic = function(x: number, y: number, s: string): number {
12     let r: number;
13     switch (s) {
14        case "add":
15            r = x + y;
16            break;
17        case "minus":
18            r = x - y;
19            break;
20        case "times":
21            r = x * y;
22            break;
23        case "divide":
24            r = x / y;
25            break;
26        default:
27            r = 0;
28            break;
29     }
30     return r;
31 }
32 // TODO: call funcArithmetic and test
33 console.log("6 + 3 = " + funcArithmetic(6, 3, "add"));
34 console.log("6 - 3 = " + funcArithmetic(6, 3, "minus"));
```

```
35 console.log("6 * 3 = " + funcArithmetic(6, 3, "times"));
36 console.log("6 / 3 = " + funcArithmetic(6, 3, "divide"));
```

上述代码说明如下。

在第 6~8 行代码中，声明了一个函数类型接口 IArithmetic。

在第 7 行代码中，定义了函数的参数和返回值类型。函数的参数包含运算数 x、y 和运算符号 s，函数的返回值类型为数字类型。这样，就可以像使用其他接口一样使用这个函数类型的接口了。

在第 10 行代码中，定义了接口（IArithmetic）类型的函数名称 funcArithmetic。

在第 11~31 行代码中，实现了函数 funcArithmetic 的算术运算功能。

在第 33~36 行代码中，调用了函数 funcArithmetic 并实现了简单的加、减、乘、除四则运算。

下面测试一下这段 TypeScript 应用代码，具体如图 3.26 所示。

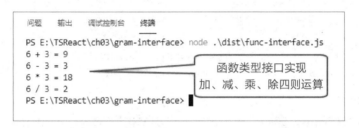

图 3.26　使用函数类型接口设计实现算术四则运算的应用

3.3.4　开发实战：基于可索引类型接口设计实现字符串数组类型应用

TypeScript 数字索引类型接口非常适用于实现最基本的字符串数组类型。请看下面的应用。

【例 3.25】使用可索引类型接口设计实现字符串数组类型的应用。

该应用的源代码如下。

```
-------------- path : ch03/gram-interface/src/index-interface.ts -----------
1 /**
2  * index interface
3  */
4
5 // TODO: Declare an interface
6 interface INumIndexArray {
7     [index: number]: string;
8 }
```

```
 9  // TODO: define a string array by interface
10  let myNumArr: INumIndexArray;
11  myNumArr = ["king", "tina", "cici"];
12  // // TODO: foreach string array
13  for(let i in myNumArr) {
14      console.log(myNumArr[i]);
15  }
16  // TODO: Declare an interface
17  interface IStrNumIndexArray {
10      [index: string]: string|number;
19  }
20  // TODO: define a string array by interface
21  let myStrNumArr: IStrNumIndexArray;
22  myStrNumArr = {"width":"32px", "height":"32px", "length":8};
23  // TODO: print string array
24  console.log("Image Size:");
25  console.log("width is " + myStrNumArr["width"]);
26  console.log("height is " + myStrNumArr["height"]);
27  console.log("length is " + myStrNumArr["length"]);
```

上述代码说明如下。

在第 6～8 行代码中，声明了一个数字索引类型接口 INumIndexArray。

在第 10 行和第 11 行代码中，定义了接口（INumIndexArray）类型的变量 myNumArr，并初始化为一个字符串数组。

在第 13～15 行代码中，通过 for 循环语句遍历了该字符串数组。注意：遍历时所使用的索引值为数字类型。

在第 17～19 行代码中，声明了一个字符串索引类型接口 IStrNumIndexArray。

在第 21 行和第 22 行代码中，定义了接口（IStrNumIndexArray）类型的对象 myStrNumArr，并初始化为一个混合类型字符串和数字对象。实际上，该对象可以被视为一个字典类型对象，用于描述简单的图像规格。

在第 25～27 行代码中，调用对象 myStrNumArr 的属性名来获取相应的属性值。

下面测试一下这段 TypeScript 应用代码，具体如图 3.27 所示。

如图 3.27 所示，通过数字索引类型接口实现了字符串数组的功能，通过字符串索引类型接口实现了描述图像规格的功能，其中属性 width 和属性 height 被定义为字符串类型，属性 length 被定义为数字类型。由此可见，对 TypeScript 字符串索引类型接口而言，非常适合设计实现字典（Dictionary）类型。

图 3.27 使用可索引类型接口设计实现字符串数组类型的应用

3.3.5 开发实战：基于类类型接口设计实现日期时间应用

TypeScript 类类型接口可以实现一个完整的功能模块，是开发大型应用程序的架构基础。下面通过一个简单的日期应用介绍如何使用 TypeScript 类类型接口。

【例 3.26】使用类类型接口设计实现日期时间的应用。

该应用的源代码如下。

```
------------- path : ch03/gram-interface/src/clazz-dt-interface.ts ---------
1  /**
2   * class interface
3   */
4
5  // TODO: Declare an interface
6  interface ITimeDate {
7      curTime: Date;
8      setTime(cur: Date): void;
9      getTime(): Date;
10 }
11 // TODO: class implements to interface
12 class CTime implements ITimeDate {
13     curTime: Date;
14     // TODO: constructor
15     constructor(cur: Date) {
16         this.curTime = cur;
17     }
18     // TODO: setTime method
19     setTime(cur: Date): void {
20         this.curTime = cur;
21     };
22     // TODO: getTime method
23     getTime(): Date {
```

```
24        let curTime: Date;
25        if(this.curTime) {
26            curTime = this.curTime;
27        } else {
28            curTime = new Date();
29        }
30        // TODO: return new date
31        return curTime;
32    };
33 }
34 // TODO: CTime class usage   init & get time
35 let ct: CTime = new CTime(new Date());
36 console.log("Now is " + ct.getTime());
37 // TODO: CTime class usage - set new time
38 let newTime: Date = new Date('2021/12/31 00:00:00');
39 ct.setTime(newTime);
40 console.log("New time is " + ct.getTime());
```

上述代码说明如下。

在第 6～10 行代码中，声明了一个日期时间功能的类类型接口 ITimeDate，其中包括一个 Date 类型属性 curTime 和一组设定（setTime()）和获取（getTime()）时间的方法。

在第 12～33 行代码中，定义了一个实现接口 ITimeDate 的类 CTime，首先通过类的构造方法 constructor()初始化了接口属性，然后实现了接口中声明的一组方法 setTime()和 getTime()。

在第 34～40 行代码中，通过类 CTime 的实例 ct 进行了日期时间功能的相关操作。

下面测试一下这段 TypeScript 应用代码，具体如图 3.28 所示。

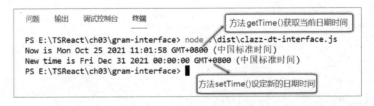

图 3.28　使用类类型接口设计实现日期时间的应用

如图 3.28 所示，通过类类型接口实现了设定和获取日期时间的功能。

3.3.6　开发实战：基于单接口继承设计实现计算周长的应用

TypeScript 单接口继承功能可以设计实现一个复杂功能模块的拆分，这也是开发大型应用程序的架构基础。

下面通过 TypeScript 单接口继承设计实现一个计算正方形周长的应用。

【例 3.27】使用单接口继承设计实现计算正方形周长的应用。

该应用的源代码如下。

```
--------- path : ch03/gram-interface/src/clazz-shape-interface.ts ----------
1  /**
2   * class interface
3   */
4
5  // TODO: Declare an interface
6  interface IShape {
7      girth: number;
8  }
9  // TODO: Extends an interface
10 interface ISquare extends IShape {
11     shapeType: string;
12     getGirth(): number;
13 }
14 // TODO: class implements to interface
15 class CSquare implements ISquare {
16     shapeType: string;
17     girth: number;
18     // TODO: constructor
19     constructor(sideLength: number) {
20         this.shapeType = "Square";
21         this.girth = 4 * sideLength;
22     }
23     // TODO: implements method
24     getGirth(): number {
25         return this.girth;
26     }
27 }
28 // TODO: CSquare class usage - init & get girth
29 let cs: CSquare = new CSquare(6);
30   console.log(cs.shapeType + " sideLength is 6, then girth is " +
cs.getGirth() + ".");
```

上述代码说明如下。

在第 6～8 行代码中，声明了一个表示几何图形的抽象接口 IShape，其中包括一个表示图形周长的属性 girth。

在第 10～13 行代码中，声明了一个继承自抽象接口 IShape 的接口 ISquare，用来描述正方形。

在第 12 行代码中，定义了一个获取正方形周长的方法 getGirth()。

在第 15～27 行代码中，定义了一个实现接口 ISquare 的类 CSquare，首先通过类的构造方法 constructor()初始化了接口属性，然后具体实现了接口中声明的方法 getGirth()。

在第 29 行和第 30 行代码中，通过类 CSquare 的实例 cs 进行了获取正方形周长的相关操作。

下面测试一下这段 TypeScript 应用代码，具体如图 3.29 所示。

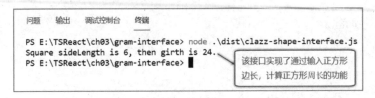

图 3.29　使用单接口继承设计实现计算正方形周长的应用

如图 3.29 所示，通过接口继承功能实现了根据正方形边长计算正方形周长的功能。

3.3.7　开发实战：基于多接口继承设计实现计算周长和面积的应用

前一个应用是通过单接口继承实现的，其实 TypeScript 多接口继承功能更常用。

下面将【例 3.27】进行改进，通过 TypeScript 多接口继承设计实现同时计算正方形周长和面积的应用。

【例 3.28】使用多接口继承设计实现计算正方形周长和面积的应用。

该应用的源代码如下。

```
----------- path : ch03/gram-interface/src/clazz-area-interface.ts ---------
1  /**
2   * class interface
3   */
4
5  // TODO: Declare an interface
6  interface IGirth {
7      girth: number;
8  }
9  // TODO: Declare an interface
10 interface IArea {
11     area: number;
```

```
12  }
13  // TODO: Extends an interface
14  interface ISquareB extends IArea, IGirth {
15      shapeType: string;
16      getArea(): number;
17      getGirth(): number;
18  }
19  // TODO: class implements to interface
20  class CSquareB implements ISquareB {
21      shapeType: string;
22      area: number;
23      girth: number;
24      // TODO: constructor
25      constructor(sideLength: number) {
26          this.shapeType = "Square";
27          this.girth = 4 * sideLength;
28          this.area = sideLength * sideLength;
29      }
30      // TODO: implements method
31      getArea(): number {
32          return this.area;
33      }
34      // TODO: implements method
35      getGirth(): number {
36          return this.girth;
37      }
38  }
39  // TODO: CSquareB class usage - init & get girth & area
40  let csB: CSquareB = new CSquareB(6);
41  console.log(csB.shapeType + " sideLength is 6, then girth is " +
    csB.getGirth() + ".");
42  console.log(csB.shapeType + " sideLength is 6, then area is " +
    csB.getArea() + ".");
```

上述代码说明如下。

在第 6～8 行代码中，声明了一个表示几何图形周长的抽象接口 IGirth，其中包括一个表示图形周长的属性 girth。

在第 10～12 行代码中，声明了一个表示几何图形面积的抽象接口 IArea，其中包括一个表示图形面积的属性 area。

在第 14～18 行代码中，声明了一个同时继承自抽象接口 IGirth 和 IArea 的接口

ISquareB，用来描述正方形。

在第 16 行和第 17 行代码中，分别定义了获取正方形周长和面积的方法 getArea()和 getGirth()。

在第 20～38 行代码中，定义了一个实现接口 ISquareB 的类 CSquareB，首先通过类的构造方法 constructor()初始化了接口属性，然后具体实现了接口中声明的方法 getArea()和 getGirth()。

在第 41 行和第 42 行代码中，通过类 CSquareB 的实例 csB 进行了获取正方形周长和面积的相关操作。

下面测试一下这段 TypeScript 应用代码，具体如图 3.30 所示。

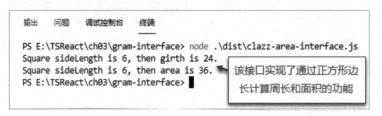

图 3.30   使用多接口继承设计实现计算正方形周长和面积的应用

如图 3.30 所示，通过多接口继承功能实现了根据正方形边长计算周长和面积的功能。

3.3.8   开发实战：基于混合类型接口设计实现计数器应用

JavaScript 是一款较为灵活的动态编程语言，支持非常丰富的类型定义。TypeScript 语言同样可以通过声明混合类型接口实现该特性。

下面通过 TypeScript 混合类型接口设计实现一个具有计数器（初始化、累加、调整步长和重置）功能的应用。

【例 3.29】使用混合类型接口设计实现计数器功能的应用。

该应用的源代码如下。

```
------------ path : ch03/gram-interface/src/mixed-interface.ts -------------
1 /**
2  * mixed interface
3  */
4
5 // TODO: Declare a mixed interface
6 interface ICounter {
7    // function interface
8    (s: string): void;
```

```typescript
 9      // property interface
10      current: number;
11      interval: number;
12      // class interface
13      count(): void;
14      setInterval(i: number): void;
15      reset(): void;
16  }
17  // TODO: define a mixed interface function
18  function getCounter(): ICounter {
19      // TODO: manual constructor
20      let counter = <ICounter>function(s: string): void {
21          console.log(s);
22      }
23      // TODO: init counter's properties
24      counter.current = 0;
25      counter.interval = 1;
26      // TODO: define counter's count method
27      counter.count = function() {
28          counter.current += counter.interval;
29          console.log("Now current count is " + c.current + ".");
30      }
31      // TODO: define counter's setting interval method
32      counter.setInterval = function(i: number) {
33          counter.interval = i;
34          console.log("Now interval changes to " + counter.interval + ".");
35      }
36      // TODO: define counter's resetting method
37      counter.reset = function() {
38          console.log("Now current count resets to 0.");
39          counter.current = 0;
40      }
41      // TODO: return counter object
42      return counter;
43  }
44  // TODO: init ICounter object & usage
45  let c = getCounter();
46  c("Counter TypeScript App:");
47  c.count();
48  c.setInterval(5);
49  c.count();
```

```
50  c.reset();
51  c.setInterval(1);
52  c.count();
```

上述代码说明如下。

在第 6～16 行代码中，声明了一个模拟计数器的混合类型抽象接口 ICounter，其中混合了属性类型、函数类型和类类型接口这几种方式。

在第 18～43 行代码中，声明了一个实现抽象接口 ICounter 的方法 getCounter()，模拟了实现构造接口对象功能的构造函数，初始化了抽象接口 ICounter 的属性（当前计数值和步长），定义了抽象接口 ICounter 的方法（累加、设定步长和重置）。

在第 45～52 行代码中，通过抽象接口 ICounter 的实例 c 进行了计数器功能的相关操作。

下面测试一下这段 TypeScript 应用代码，具体如图 3.31 所示。

图 3.31　使用混合类型接口设计实现计数器功能的应用

如图 3.31 所示，通过混合类型接口实现了计数器的初始化、累加、设定步长和重置的功能。

3.4　TypeScript 类

TypeScript 语法在设计上增加了类（Class）的概念，其借鉴了类似于 C++和 Java 这类高级语言的思想，这是 JavaScript 语言所不具备的。本节将介绍 TypeScript 类的相关内容。

3.4.1　类与类继承

类是面向对象编程的基础与核心，传统 JavaScript 语法中是没有类这个概念的。资深的

JavaScript 程序开发人员会使用基于原型（Prototype）的继承方式，模拟实现类的可重用组件功能。

为了解决上述问题，从 ES6 标准规范开始增加了对类语法特性的支持，传统 JavaScript 程序开发人员就可以像 Java 程序开发人员一样使用基于类的面向对象编程方式了。

如前文所述，TypeScript 语法是基于 ES6 标准规范构建的，自然也拥有 TypeScript 类的语法特性。在实际开发中，TypeScript 类的面向对象编程特性是构建大型 Web 项目应用的重要基础。

类的继承特性是面向对象编程的精髓所在，TypeScript 类中最常用的面向对象模式就是通过继承来扩展基类的功能。类继承通过 extends 关键字来实现，子类继承父类时会继承父类中的属性和方法。

由于子类是由父类派生而成的，因此子类又被称为派生类，而父类又被称为超类。类的称呼不是重点，重点是要理解父类与子类或超类与派生类之间的"上下级"逻辑关系。

3.4.2　公共、私有与保护修饰符

相信绝大多数的读者都学习过 C++或 Java 这类高级编程语言，也一定了解类的继承具有公共（pubilc）、保护（protected）和私有（private）这几种方式。一般情况下，公共继承使用 public 修饰符来表示，保护继承使用 protected 修饰符来表示，私有继承使用 private 修饰符来表示，这些是基本的知识点。

在 TypeScript 语法中，类也定义了以上 3 种继承方式，但与 C++或 Java 语言有些不同。在前面的应用代码中，TypeScript 类的成员属性和成员方法均没有使用上述修饰符，这是因为 TypeScript 语法默认不使用修饰符时，属性和方法是公共继承的，对象实例完全可以自由访问这些成员。当然，可以明确使用 public 来标识，这可以根据个人风格来选择，但如果想标识某个类成员为保护或私有继承的，则必须明确使用修饰符。

关于公共继承，读者可以参考前面的应用代码，这里介绍私有继承。在 TypeScript 语法中，当类成员被标识为 private 时，则该类成员就不能在声明自己的类的外部进行访问，也不能被该类的子类继承。

3.4.3　开发实战：设计实现存取器应用

在 TypeScript 类语法中，支持通过 getters/setters 存取器方式来执行对类成员的访问操

作，这种方式能帮助开发人员有效地控制对类成员的访问。在 TypeScript 类中，设计存取器需要使用 get（获取）和 set（存储）修饰符来定义。

下面介绍一个在 TypeScript 类中使用 getters/setters 存取器来执行对属性成员的操作的应用。

【例 3.30】在 TypeScript 类中使用存取器的应用。

该应用的源代码如下。

```
---------- path : ch03/gram-clazz/src/getters-setters-clazz.ts ------------
1   /**
2    * class getters/setters
3    */
4
5   // TODO: Declare a class with getters/setters
6   class CGetSet {
7       // TODO: properties
8       private _name: string;
9       constructor(theName: string) {
10          this._name = theName.trim();
11      }
12      // TODO: getters
13      get Name(): string {
14          return this._name;
15      }
16      // TODO: setters
17      set Name(theName: string) {
18          theName = theName.trim();
19          if(theName && theName.length) {
20              this._name = theName;
21          } else {
22              console.log("Err - string is empty.");
23          }
24      }
25  }
26  // TODO: create CReadonly's instance & usage
27  let gs = new CGetSet(" Get&Set ");
28  console.log(gs.Name);
29  gs.Name = " reset Get&Set ";
30  console.log(gs.Name);
```

上述代码说明如下。

在第 6～25 行代码中，通过 class 关键字声明了一个类 CGetSet。

在第 8 行代码中，定义了一个字符串类型的私有属性_name，并在构造方法中进行了初始化。

在第 13～15 行代码中，通过 get 修饰符定义了属性（_name）存取器的方法 get()。

第 17～24 行代码中，通过 set 修饰符定义了属性存取器的方法 set()。

下面测试一下这段 TypeScript 应用代码，具体如图 3.32 所示。

图 3.32　在 TypeScript 类中使用存取器的应用

如图 3.32 所示，在通过存取器操作属性成员后，类属性的使用就更加方便灵活了。

3.5　TypeScript 函数

函数是一切程序设计语言的基础，虽然 TypeScript 语法中已经支持了对接口和类的使用，但函数仍然是具体定义行为的地方。本节具体介绍在 TypeScript 语法中使用函数的几个特殊之处。

3.5.1　函数基础

在 TypeScript 语法中，一般要求函数具有类型，这一点与 JavaScript 语法略有区别。因此，书写 TypeScript 函数的正确方式是为每个参数添加类型，并且为函数本身添加返回值类型。由于 TypeScript 编译器能够根据返回语句自动推断返回值类型，因此也可以省略定义函数类型。

在 TypeScript 函数语法中，函数参数主要包括默认参数、可选参数和剩余参数几种类型，这里详细介绍这几类函数参数的含义。

1．默认参数

所谓默认参数，是指为函数参数提供一个默认值，这点与 JavaScript 函数语法基本一致。在调用 TypeScript 函数时，对于定义了默认值的参数，如果没有为该参数传递值或 undefined，就会将默认值作为参数初始化值来使用。当然，如果为定义了默认值的参数传递新值，就会使用新值作为该参数初始化值（相当于重新进行赋值）。

2. 可选参数

对可选参数而言，除了可以为参数定义默认值，还支持定义可选参数的功能。在 JavaScript 函数语法中，每个参数都是可选的（可定义，也可不定义），在没定义参数值时，其值就是 undefined。这也体现了 JavaScript 语法极大的灵活性，不过 TypeScript 语法不允许如此随意。如果想在 TypeScript 函数中实现可选参数，只有在参数名后紧跟着修饰符 "?"，才能表示该参数是一个可选参数。

3. 剩余参数

默认参数和可选参数都只能表示一个参数，而如果需要在函数中同时操作多个参数，或者根本不知道会有多少个参数传递进来时，该如何操作呢？

学习过 JavaScript 语言的读者可能知道剩余参数的概念，在函数中使用 arguments 关键字可以遍历所有传入的参数。TypeScript 函数语法也支持使用剩余参数，把剩余参数集合到一个数组变量中，具体定义时需要在剩余参数前（无空格）添加上 "…" 修饰符。

剩余参数能被当作个数不限的可选参数来界定，也就是可以没有参数，也可以有任意个参数。TypeScript 编译器会创建剩余参数的数组变量，变量名就是…修饰符后面定义的名字。在函数体内使用剩余参数时要注意，数组变量前不需要加…修饰符。

TypeScript 语法同样支持匿名函数，不过与 JavaScript 匿名函数略有区别。其中最主要的区别是由函数类型带来的，因为 TypeScript 函数是具有类型的，同样其匿名函数也需要指定类型。

另外，最新的 ES6 标准规范中新增了箭头函数（Arrow Function）的用法。在代码中使用箭头函数既方便实用，又解决了 this 关键字指向模糊的语法问题，可谓是一举两全。

TypeScript 函数语法自然也拥有箭头函数功能。同时，在使用 TypeScript 箭头函数时，还支持通过为编译器设置--noImplicitThis 编译选项，提示使用 this 关键字是否出现警告或发生错误的功能。

3.5.2　开发实战：函数类型应用

下面编写一个在 TypeScript 函数中定义和省略函数类型，以测试函数类型的应用。

【例 3.31】TypeScript 函数类型的应用。

该应用的源代码如下。

```
------------------ path : ch03/gram-func/src/type-func.ts -----------------
1  /**
2   * function type
3   */
4
5  // TODO: ts function with type
6  function addT(x: number, y:number): number {
7      return x + y;
8  }
9  console.log("addT(1, 2) = " + addT(1, 2));
10 // TODO: ts function without type
11 function add(x: number, y:number) {
12     return x + y;
13 }
14 console.log("add(1, 2) = " + add(1, 2));
```

上述代码说明如下。

在第 6~8 行代码中，通过 function 关键字定义了一个具有完整函数类型的函数 addT。

在第 11~13 行代码中，通过 function 关键字定义了一个省略函数类型的函数 add。

下面测试一下这段 TypeScript 应用代码，具体如图 3.33 所示。

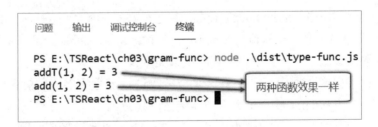

图 3.33　TypeScript 函数类型的应用

如图 3.33 所示，第 1 个函数 addT 具有完整函数类型的定义，而第 2 个函数 add 省略了函数类型的定义，但二者的输出结果完全一致。主要原因是第 2 个函数 add 虽然省略了函数类型的定义，但可以通过返回值（算数运算语句）推断出函数类型。当然，建议读者按照完整函数类型的形式书写函数，这样不仅代码美观，还可以避免代码出错。

3.5.3 开发实战：函数参数应用

下面编写一个同时使用默认参数、可选参数和剩余参数的 TypeScript 函数应用。

【例 3.32】TypeScript 函数参数的应用。

该应用的源代码如下。

```
------------------- path : ch03/gram-func/src/params-func.ts --------------
1  /**
2   * function parameters
3   */
4
5  // TODO: ts function with rest parameters
6  function funcUser(
7     firstName: string = "king",
8     lastName?: string,
9     ...restInfo: string[]): string {
10        return "User Info: " + firstName + " " + lastName + " " +
restInfo.join(" ");
11  }
12  // TODO: call function
13  console.log(funcUser());
14  console.log(funcUser("Tina", "Wang"));
15  console.log(funcUser(undefined, undefined, "male", "26"));
```

上述代码说明如下。

在第 6~11 行代码中，通过 function 关键字定义了一个函数 funcUser。其中，第 1 个参数 firstName 为默认参数（默认值为 king），第 2 个参数 lastName?为可选参数，第 3 个参数...restInfo 为剩余参数（参数类型为字符串数组类型）。

在第 10 行代码中，返回了一个将这 3 个参数进行组合的字符串信息，其中剩余参数...restInfo 是通过方法 join()将每个数组项连接在一起的。

在第 13~15 行代码中，通过调用 3 次函数 funcUser 来测试默认参数、可选参数和剩余参数的使用效果。

下面测试一下这段 TypeScript 应用代码，具体如图 3.34 所示。

图 3.34 的说明如下。

在第 1 次调用函数 funcUser 时，没有定义这 3 个参数。此时，第 1 个默认参数使用默认值 king，第 2 个可选参数输出 undefined。

在第 2 次调用函数 funcUser 时，定义了 2 个参数。此时，第 1 个参数值（undefined）

会被当作默认参数来使用，从而覆盖该参数的默认值，第 2 个参数值则被当作可选参数来使用。

在第 3 次调用函数 funcUser 时，定义了 4 个参数。此时，第 1 个参数值 undefined 起到了占位（默认参数）的作用，因此输出了默认参数的默认值 king；第 2 个参数值（undefined）同样起到了占位（可选参数）的作用，因此可选参数直接输出了 undefined；第 3 个参数值和第 4 个参数值被当作剩余参数来处理，通过方法 join() 拼接成了一个字符串。

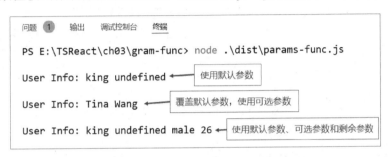

图 3.34　TypeScript 函数参数的应用

3.5.4　开发实战：匿名函数应用

下面编写一个通过 TypeScript 常规函数和 TypeScript 匿名函数实现相同加法运算的应用。

【例 3.33】TypeScript 匿名函数的应用。

该应用的源代码如下。

```
-------------- path : ch03/gram-func/src/anonymous-func.ts -------------------
1   /**
2    * function anonymous
3    */
4
5   // TODO: ts function with type
6   function addA(x: number, y:number): number {
7       return x + y;
8   }
9   console.log("addA(1, 2) = " + addA(1, 2));
10  // TODO: ts anonymous function
11  let myAddA = function(x: number, y:number): number { return x + y; }
12  /* let myAddA: (x: number, y: number) => number =
13     function(x: number, y: number): number { return x + y; }; */
14  console.log("myAddA(1, 2) = " + myAddA(1, 2));
```

上述代码说明如下。

在第 6～8 行代码中，通过 function 关键字定义了一个具有完整函数类型的常规函数 addA。

在第 11 行代码中，通过匿名函数方式定义了一个与函数 addA 功能完全一样的匿名函数，并保存为函数变量 myAddA。另外，被注销的第 12 行和第 13 行代码是匿名函数的完整规范书写方式，后面会详细介绍。

下面测试一下这段 TypeScript 应用代码，具体如图 3.35 所示。

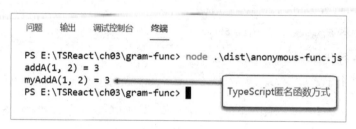

图 3.35　TypeScript 匿名函数的应用

如图 3.35 所示，通过匿名函数 myAddA 实现了与常规函数 addA 同样的功能。

另外，【例 3.33】中第 11 行代码所定义的匿名函数，不是 TypeScript 语法要求的规范书写方式。关于 TypeScript 匿名函数 myAddA 的完整规范书写方式，请读者参考被注销的第 12 行和第 13 行代码。实际上，函数变量 myAddA 也需要定义类型。感兴趣的读者可以将第 12 行和第 13 行代码的注释标签去掉，测试一下其与第 11 行代码中定义的匿名函数的功能是否一致。

3.5.5　开发实战：箭头函数与 this 关键字应用

下面编写一个在 TypeScript 函数中使用 this 关键字的应用，以测使用 this 关键字出现指向错误的情况。

【例 3.34】在 TypeScript 函数中 this 关键字的应用。

该应用的源代码如下。

```
------------------ path : ch03/gram-func/src/arrow-func.ts ------------------
1  /**
2   * arrow function && this
3   */
4
5  // TODO: ts function with this keyword
6  let userinfo = {
```

```
7       uname: "king",
8       printInfo: function() {
9           return function() {
10              return { name: this.uname};
11          }
12      }
13  }
14  // TODO: call function
15  let ui = userinfo.printInfo();
16  console.log("User name is " + ui().name);
```

上述代码说明如下。

在第 6～13 行代码中，定义了一个对象 userinfo。

在第 8～12 行代码中，定义了一个函数 printInfo。该函数返回一个函数对象，函数对象通过 this 关键字调用了属性 uname。我们原本的设计目标是先通过 this 关键字获取对象 userinfo，再调用该对象的属性 uname，从而取得字符串 king。

下面测试一下这段 TypeScript 应用代码，具体如图 3.36 所示。

如图 3.36 所示，在通过 this 关键字调用属性 uname 时没有取得字符串 king，而是提示 undefined，这样的结果说明了第 10 行代码所使用 this 关键字发生了指向性错误。

那么问题出在哪里呢？我们为 tsc 编译器设置--noImplicitThis 标记后再次编译一下该应用代码，具体如图 3.37 所示。

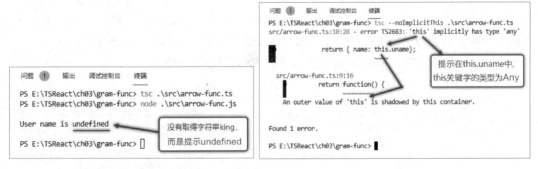

图 3.36　在 TypeScript 函数中使用 this
关键字的应用（1）

图 3.37　在 TypeScript 函数中使用 this
关键字的应用（2）

如图 3.37 所示，为 tsc 编译器设置--noImplicitThis 标记后，编译信息提示 this 关键字的类型为 Any 的错误。

为了解决上面这个问题，我们可以在函数被返回时就绑定好正确的 this 关键字，具体方法是将函数表达式替换为 ES6 标准规范中的箭头函数语法形式。箭头函数能保存函数创建时的 this 值，而不是调用时的值。

下面演示在 TypeScript 箭头函数使用 this 关键字的应用，以测试使用 this 关键字来避免指向错误的情况。

【例 3.35】在 TypeScript 箭头函数中使用 this 关键字的应用。

该应用的源代码如下。

```
--------------- path : ch03/gram-func/src/arrow-func.ts -------------------
1  /**
2   * arrow function && this
3   */
4
5  // TODO: ts function with this keyword
6  let userinfo = {
7      uname: "king",
8      printInfo: function() {
9          return () => {
10             return { name: this.uname};
11         }
12     }
13 }
14 // TODO: call function
15 let ui = userinfo.printInfo();
16 console.log("User name is " + ui().name);
```

在上述代码中，第 9～11 行代码定义的返回函数就是通过箭头函数的形式实现的。我们可以测试一下第 10 行代码中的 this 关键字是否成功获得了对象 userinfo。

下面测试一下这段 TypeScript 应用代码，具体如图 3.38 所示。

图 3.38　在 TypeScript 箭头函数中使用 this 关键字的应用

如图 3.38 所示，在使用箭头函数的情况下，通过 this 关键字调用属性 uname 时取得了字符串 king。

3.6　TypeScript 泛型

在 C++和 Java 这类高级编程语言中，支持使用泛型来创建可重用的组件。TypeScript 语言自然也引入了泛型的概念，这点明显强于 JavaScript 语言。本节主要介绍 TypeScript 泛型（Generics）的相关知识。

3.6.1　泛型基础

在高级编程语言的设计思想中，不仅要定义好规范统一的、性能良好的 API 接口，还要着重考虑代码的可重用性。于是，组件（Component）这种可重用模块的概念就应运而生了。

组件不仅要适用于一种数据类型，还要适用于多种数据类型；不仅要考虑支持当前的数据类型，还要考虑支持将来扩展的数据类型。这正是开发大型的、复杂的软件应用系统的重要基础之一。

于是，C++和 Java 这类高级编程语言有了"泛型"的概念，通过泛型来创建可重用的组件。TypeScript 语言与 C++和 Java 这类高级编程语言类似，同样支持泛型这个特性。

泛型是一种参数化类型，一般用来处理多个不同类型参数的方法，也就是通过传入通用的数据类型将多个方法合并成一个。定义函数或方法的参数是形参，而在调用此函数或方法时传递的参数值是实参。将类型参数化可以达到代码复用、提高代码通用性的目的。

在 TypeScript 语法规范中，泛型操作的数据类型根据传入的类型实参来确定。泛型可以用在函数方法、接口和类中，分别被称为泛型方法、泛型接口和泛型类。泛型在 TypeScript 语言中的应用可以提高代码复用性、通用性和性能。

3.6.2　开发实战：泛型函数应用

TypeScript 与 C++和 Java 这类高级编程语言类似，支持使用泛型来创建可重用的组件。一个组件可以支持多种类型的数据。TypeScript 泛型同样使用"类型变量<T>"的写法，"<T>"是一种特殊的变量，只表示类型，而不表示值。

【例 3.36】TypeScript 泛型函数的应用。

该应用演示通过"类型变量<T>"来定义泛型函数，实现回显（Echo）输入信息的操作，其源代码如下。

```
-------------- path : ch03/gram-generics/src/echo-generics.ts --------------
1  /**
2   * generics - echo
3   */
4
5  // TODO: generics func echo
6  function echo<T>(arg: T): T {
7      return arg;
8  }
9  // TODO: call generics func
10 console.log("echo<number>(): " + echo<number>(123));
11 console.log("echo<string>(): " + echo<string>("echo"));
12 console.log("echo(): " + echo(123));
13 console.log("echo(): " + echo("echo"));
```

上述代码说明如下。

在第 6~8 行代码中，定义了一个泛型函数 echo<T>，参数（arg）类型为变量 T。

在第 7 行代码中，直接返回该参数。

下面测试一下这段 TypeScript 应用代码，具体如图 3.39 所示。

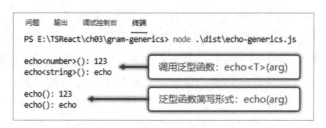

图 3.39　TypeScript 泛型函数的应用

如图 3.39 所示，第 10 行和第 11 行代码调用泛型函数 echo<T>实现了回显操作；第 12 行和第 13 行代码调用泛型函数 echo<T>的简写形式同样实现了回显操作，其原理基于"类型推断"由 TypeScript 编译器自动识别数据类型。

3.6.3　开发实战：泛型变量应用

在 TypeScript 语法规范中，当基于泛型概念创建泛型函数时，编译器要求函数体必须正确使用这个通用的类型变量<T>。为什么这么讲呢？这是因为类型变量<T>可以被理解为一个抽象的概念，不像具体的数字、字符串或 Any 类型一样拥有自身的一些特性。

下面再看一下【例 3.36】中定义的泛型函数，如果希望通过属性 length 来获取参数 arg

的长度，则需要将代码改写为【例 3.37】的形式。

【例 3.37】TypeScript 泛型变量的应用（1）。

该应用的源代码如下。

```
--------------- path : ch03/gram-generics/src/var-generics.ts ------------
1  /**
2   * generics - variables
3   */
4
5  // TODO: func variable generics
6  function echo_generics<T>(arg: T): T {
7      console.log("arg's length: " + arg.length);
8      return arg;
9  }
10 // TODO: call func
11 echo_generics<number>(123);
12 echo_generics<string>("echo");
```

上述代码说明如下。

在第 6～9 行代码中，定义了一个泛型函数 echo_generics。

在第 7 行代码中，尝试通过属性 length 来获取参数 arg 的长度。

在第 8 行代码中，直接返回了参数 arg。

下面测试一下这段 TypeScript 应用代码，具体如图 3.40 所示。

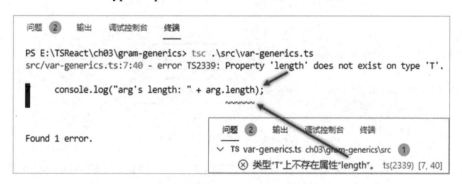

图 3.40　TypeScript 泛型变量的应用（1）

如图 3.40 所示，第 7 行代码在尝试通过属性 length 来获取参数 arg 的长度的操作中，提示类型<T>中不存在属性 length。

我们可能会想到数组类型有长度属性，如果将类型<T>转换为数组形式来表达，应该就可以使用属性 length 了。为了实现上述效果，可以将【例 3.37】改写为【例 3.38】的形式。

【例 3.38】TypeScript 泛型变量的应用（2）。

该应用的源代码如下。

```
--------------- path : ch03/gram-generics/src/var-generics.ts --------------
1  /**
2   * generics - variables
3   */
4
5  // TODO: func variable generics
6  function echo_var_generics<T>(arg: T[]): T[] {
7      console.log("arg's length: " + arg.length);
8      return arg;
9  }
10 // TODO: call func
11 console.log(echo_var_generics<number>([1, 2, 3]));
12 console.log(echo_var_generics<string>(["echo", "length"]));
```

上述代码说明如下。

在第 6～9 行代码中，定义了一个泛型函数 echo_var_generics，参数 arg 定义为类型<T>的数组形式 T[ ]。

在第 7 行代码中，尝试通过属性 length 来获取参数 arg 的长度。

在第 8 行代码中，直接返回了参数 arg。

下面测试一下这段 TypeScript 应用代码，具体如图 3.41 所示。

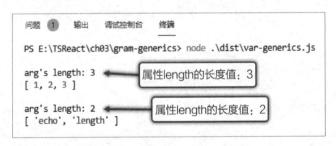

图 3.41　TypeScript 泛型变量的应用（2）

如图 3.41 所示，在将类型<T>以数组形式 T[ ]使用后，参数 arg 的属性 length 就可以正常使用了。

【例 3.38】中的泛型函数是不是很眼熟呢？是的，这基本就是我们在高级程序设计语言中经常使用的通用泛型函数形式。由于大多数的高级程序设计语言均支持数组基本类型，因此可以将【例 3.38】中的泛型函数写成【例 3.39】的形式。

【例 3.39】TypeScript 泛型变量的应用（3）。

该应用的源代码如下。

```
--------------- path : ch03/gram-generics/src/var-generics.ts -------------
 1  /**
 2   * generics - variables
 3   */
 4
 5  // TODO: func variable generics
 6  function echo_array_generics<T>(arg: Array<T>): Array<T> {
 7      console.log("arg's length: " + arg.length);
 8      return arg;
 9  }
10  // TODO: call func
11  console.log(echo_array_generics<number>([1, 2, 3, 4, 5]));
12  console.log(echo_array_generics<string>(["echo", "array", "length"]));
```

上述代码说明如下。

在第 6～9 行代码中，定义了一个泛型函数 echo_array_generics，参数 arg 定义为类型 <T>的数组形式 Array<T>。

在第 7 行代码中，尝试通过属性 length 来获取参数 arg 的长度。

在第 8 行代码中，直接返回了参数 arg。

下面测试一下这段 TypeScript 应用代码，具体如图 3.42 所示。

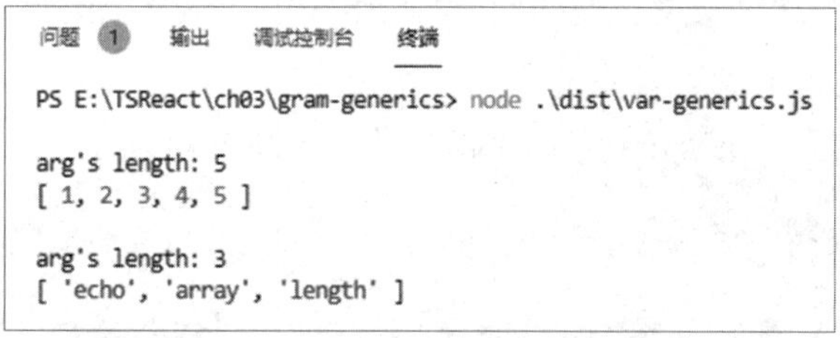

图 3.42　TypeScript 泛型变量的应用（3）

如图 3.42 所示，在使用规范的类型<T>的数组形式 Array<T>后，参数 arg 的属性 length 可以正常使用了，代码也变得更美观了。

3.6.4　开发实战：泛型类型应用

前面我们逐步完成了创建通用泛型函数的过程，其可以适用于不同类型的函数。那么，在本节继续研究泛型函数本身的类型，以及使用泛型类型。

其实泛型函数的类型与非泛型函数的类型在本质上是一样的，只需在函数类型的前面增加一个类型参数的定义。请看下面的应用。

【例 3.40】使用泛型类型定义泛型函数的应用（1）。

该应用的源代码如下。

```
---------------- path : ch03/gram-generics/src/type-generics.ts ------------
1   /**
2    * generics - type
3    */
4
5   // TODO: generics function type
6   function echo_type<T>(arg: T): T {
7       return arg;
8   }
9   // TODO: define generics type
10  let arrow_echo_type: <T>(arg: T) => T = echo_type;
11  // TODO: call func
12  console.log(arrow_echo_type("arrow_echo_type()"));
```

上述代码说明如下。

在第 6~8 行代码中，定义了一个泛型函数 echo_type。

在第 7 行代码中，直接返回了传入的参数。

在第 10 行代码中，通过泛型类型<T>(arg: T)定义了一个泛型函数变量 arrow_echo_type，并指定为泛型函数 echo_type。

下面测试一下这段 TypeScript 应用代码，具体如图 3.43 所示。

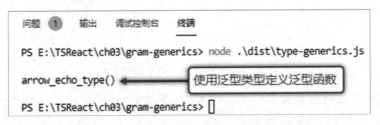

图 3.43　使用泛型类型定义泛型函数的应用（1）

如图 3.43 所示，通过泛型类型<T>(arg: T)定义了泛型函数 echo_type，完成了与【例 3.36】中定义的通用泛型函数 echo 一样的功能。

当然，我们也可以使用不同的泛型参数名，只需在参数数量上及使用方式上一一对应。下面将【例 3.40】中的第 10 行代码略作修改，具体如下。

【例 3.41】使用泛型类型定义泛型函数的应用（2）。

```
---------------- path : ch03/gram-generics/src/type-generics.ts ------------
1  /**
2   * generics - type
3   */
4
5  // TODO: generics function type
6  function echo_type<T>(arg: T): T {
7     return arg;
8  }
9  // TODO: define generics type
10 let arrow_echo_type: <U>(arg: U) => U = echo_type;
11 // TODO: call func
12 console.log(arrow_echo_type("arrow_echo_type()"));
```

在上述代码中，将第 10 行代码中的原始的类型<T>替换为类型<U>，其功能是完全一致的。

另外，我们可以使用具有调用签名的对象字面量来定义泛型函数。请看下面的应用。

【例 3.42】使用具有调用签名的对象字面量定义泛型类型的应用。

该应用的源代码如下。

```
---------------- path : ch03/gram-generics/src/type-generics.ts ------------
1  /**
2   * generics - type
3   */
4
5  // TODO: generics function type
6  function echo_type<T>(arg: T): T {
7     return arg;
8  }
9  // TODO: define generics type
10 let liter_echo_type: { <T>(arg: T): T } = echo_type;
11 // TODO: call func
12 console.log(liter_echo_type("liter_echo_type()"));
```

在上述代码中，第 10 行代码使用具有调用签名的对象字面量"{ <T>(arg: T): T }"来定义泛型函数 liter_echo_type。

下面测试一下这段 TypeScript 应用代码，具体如图 3.44 所示。

【例 3.42】中的定义方式很有实际意义，可以引导我们尝试编写一个泛型接口，请继续看下面的内容。

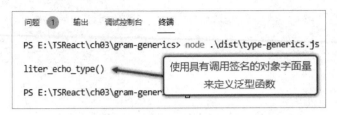

图 3.44　使用具有调用签名的对象字面量定义泛型类型的应用

3.6.5　开发实战：泛型接口应用

在【例 3.42】中，使用了具有调用签名的对象字面量"{ <T>(arg: T): T }"来定义泛型函数。其实，完全可以将对象字面量"{ <T>(arg: T): T }"单独封装为一个接口形式。请看下面的应用。

【例 3.43】通过对象字面量定义泛型接口的应用。

该应用的源代码如下。

```
-------------- path : ch03/gram-generics/src/interface-generics.ts ---------
1  /**
2   * generics - interface
3   */
4
5  // TODO: declare generics interface
6  interface IGenericsEcho {
7      <T>(arg: T): T;
8  }
9  // TODO: define generics function
10 function fn_echo_generics<T>(arg: T): T {
11     return arg;
12 }
13 // TODO: define generics variable
14 let echo_gen: IGenericsEcho = fn_echo_generics;
15 // TODO: call func
16 console.log(echo_gen("Defines generics func by interface."));
```

上述代码说明如下。

在第 6～8 行代码中，声明了一个接口 IGenericsEcho，通过对象字面量"<T>(arg: T): T"定义了泛型函数的类型。

在第 10～12 行代码中，定义了一个泛型函数 fn_echo_generics，参数 arg 定义为类型 T。

在第 11 行代码中，直接返回了参数 arg。

在第 14 行代码中，通过泛型接口 IGenericsEcho 和泛型函数 fn_echo_generics 定义了一个函数变量 echo_gen。

在第 16 行代码中，变量 echo_gen 被当作泛型函数来使用。

下面测试一下这段 TypeScript 应用代码，具体如图 3.45 所示。

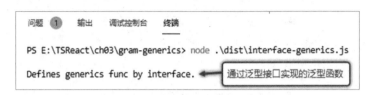

图 3.45　通过对象字面量定义泛型接口的应用

如图 3.45 所示，通过泛型接口 IGenericsEcho 实现的函数变量 echo_gen 同样完成了泛型函数的功能。

进一步在接口声明中直接加上类型<T>，写成真正的泛型接口形式。下面将【例 3.43】中的接口声明略做修改，具体如下。

【例 3.44】TypeScript 泛型接口的应用。

相关源代码如下。

```
-------------- path : ch03/gram-generics/src/interface-generics.ts ---------
1  /**
2   * generics - interface
3   */
4
5  // TODO: declare generics interface
6  interface IGenericsEcho<T> {
7      (arg: T): T;
8  }
9  // TODO: define generics function
10 function fn_echo_generics<T>(arg: T): T {
11     return arg;
12 }
13 // TODO: define generics variable
14 let echo_gen_num: IGenericsEcho<number> = fn_echo_generics;
15 let echo_gen_str: IGenericsEcho<string> = fn_echo_generics;
16 // TODO: call func
17 console.log(echo_gen_num(1234567890));
18 console.log(echo_gen_str("Defines generics func by interface."));
```

在上述代码中，第 6～8 行代码声明了一个泛型接口 IGenericsEcho<T>，接口类型为"(arg: T): T"。

同时，由于泛型接口 IGenericsEcho<T>具有类型<T>，因此第 14 行和第 15 行代码在使用该泛型接口定义函数变量 echo_gen_num 和 echo_gen_str 时，需要指定具体类型。

下面测试一下这段 TypeScript 应用代码，具体如图 3.46 所示。

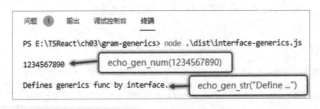

图 3.46　TypeScript 泛型接口的应用

如图 3.46 所示，在第 17 行和第 18 行代码调用函数变量 echo_gen_num 和 echo_gen_str 时，不需要加上类型<T>，就可以作为普通函数来使用。

3.6.6　开发实战：泛型类应用

本节介绍泛型类。泛型类的代码形式基本上与泛型接口的类似，首先直接使用类型<T>定义泛型类型，然后将类型<T>紧跟在类名称的后面声明。请看下面通过定义和使用泛型类实现模拟回显方法的应用。

【例 3.45】通过定义和使用泛型类实现模拟回显方法的应用。

该应用的源代码如下。

```
-------------- path : ch03/gram-generics/src/class-generics.ts -------------
1  /**
2   * generics - class
3   */
4
5  // TODO: declare generics class
6  class EchoGenerics<T> {
7     // member variables
8     private _m_arg: T;
9     // constructor
10    constructor(arg: T) {
11       this._m_arg = arg;
12    }
13    // member methods
14    public echo(): void {
15       console.log(this._m_arg);
16    }
```

```
17 }
18 // TODO: use generics class
19 let _g_echo_str = new EchoGenerics<string>("Hello, Generics Class.");
20 _g_echo.echo();
21 let _g_echo_num = new EchoGenerics<number>(1234567890);
22 _g_echo_num.echo();
```

上述代码说明如下。

在第 6~17 行代码中，定义了一个泛型类 EchoGenerics<T>，其参数类型为<T>。

在第 8 行代码中，定义了一个类型为<T>的私有成员变量_m_arg，用于保存回显信息。

在第 10~12 行代码中，实现了类的构造方法，将传入的回显信息保存在成员变量_m_arg 中。

在第 14~16 行代码中，定义了一个类的回显方法 echo()，用于模拟回显信息的操作。

在第 19 行代码中，创建了一个泛型类 EchoGenerics<string>的实例对象_g_echo_str，参数类型定义为字符串类型。

在第 20 行代码中，通过对象_g_echo 调用泛型类 EchoGenerics<string>的回显方法 echo()实现了回显操作。

在第 21 行代码中，创建了一个泛型类 EchoGenerics<number>的实例对象_g_echo_num，参数类型定义为数字类型。

在第 22 行代码中，通过对象_g_echo_num 调用泛型类 EchoGenerics<number>的回显方法 echo()实现了回显操作。

下面测试一下这段 TypeScript 应用代码，具体如图 3.47 所示。

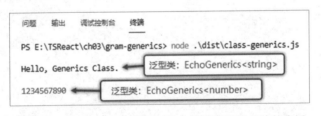

图 3.47　通过定义和使用泛型类实现模拟回显方法的应用

如图 3.47 所示，通过泛型类 EchoGenerics<T>实现了字符串类型（EchoGenerics<string>）和数字类型（EchoGenerics<number>）的回显信息功能的操作。

3.7　TypeScript 枚举

TypeScript 语法支持基于数字类型的和字符串类型的枚举功能，通过枚举可以定义一些带有名字的常量，用来清晰地表达设计意图或创建一组有所区别的用例。本节主要介绍一下 TypeScript 枚举的相关内容。

3.7.1 开发实战：数字枚举应用

在 TypeScript 语法中，数字枚举是最简单、最常见的一种使用方式，这点与大多数高级编程语言是一致的。

下面以直观的方式，编写一个定义和使用数字枚举的应用。

【例 3.46】定义和使用数字枚举的应用。

该应用的源代码如下。

```
------------------- path : ch03/gram-enum/src/number-enum.ts ----------------
1  /**
2   * Enum - number
3   */
4
5  // TODO: define enum
6  enum Direction0 {
7      Up,
8      Down,
9      Left,
10     Right
11 }
12 enum Direction1 {
13     Up = 1,
14     Down,
15     Left,
16     Right
17 }
18 // TODO: use enum
19 console.log("Direction0.Up = " + Direction0.Up);
20 console.log("Direction0.Down = " + Direction0.Down);
21 console.log("Direction0.Left = " + Direction0.Left);
22 console.log("Direction0.Right = " + Direction0.Right);
23 console.log("Direction1.Up = " + Direction1.Up);
24 console.log("Direction1.Down = " + Direction1.Down);
25 console.log("Direction1.Left = " + Direction1.Left);
26 console.log("Direction1.Right = " + Direction1.Right);
```

上述代码说明如下。

在第 6～11 行代码中，定义了第 1 个数字枚举变量 Direction0，并定义了 4 个枚举成员 Up、Down、Left 和 Right。

在第 12～17 行代码中，定义了第 2 个数字枚举变量 Direction1，并定义了相同的 4 个枚举成员 Up、Down、Left 和 Right。注意：数字枚举变量 Direction1 与数字枚举变量 Direction0 不同，枚举成员 Up 初始化为数值 1。

在第 19～26 行代码中，依次输出了这两个数字枚举变量的全部成员。

下面测试一下这段 TypeScript 应用代码，具体如图 3.48 所示。

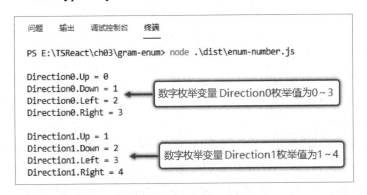

图 3.48　定义和使用数字枚举的应用

如图 3.48 所示，数字枚举变量 Direction0 因为没有对成员进行初始化，所以成员的默认取值从 0 开始依次自增加，而数字枚举变量 Direction1 因为对成员 Up 进行了初始化，所以成员的取值从 1 开始依次自增加。

我们可以在定义数字枚举变量时为每个成员初始化具体的值，但如果像【例 3.47】中的数字枚举变量 Direction1 那样，仅仅初始化第 1 个成员，则后面的成员取值会依次通过自增加的方式来获得。

3.7.2　开发实战：字符串枚举应用

在 TypeScript 语法中，字符串枚举虽没有数字枚举那样常用，却是最简单的一种枚举类型。在一个字符串枚举中，每个成员都必须用字符串字面量或另外一个字符串枚举成员进行初始化。

下面还是以直观的方式，编写一个定义和使用字符串枚举的应用。

【例 3.47】定义和使用字符串枚举的应用。

该应用的源代码如下。

------------------ path : ch03/gram-enum/src/string-enum.ts ---------------

```
1  /**
2   * Enum - string
3   */
4
5  // TODO: define enum
6  enum Choices {
7      Agree = "Agree It",
8      Disagree = "Say NO",
9      GiveUp = "Give Up"
10 }
11 // TODO: use enum
12 console.log("Do you support this idea : Agree, Disageree or Giveup?");
13 console.log("Tom's selection is '" + Choices.Agree + "'.");
14 console.log("Mary's selection is '" + Choices.Disagree + "'.");
15 console.log("Jack's selection is '" + Choices.GiveUp + "'.");
```

上述代码说明如下。

在第 6～10 行代码中，定义了一个字符串枚举变量 Choices，定义了 3 个枚举成员 Agree、Disagree 和 GiveUp，并分别初始化为不同的字符串字面量。

在第 13～15 行代码中，依次输出了枚举变量 Choices 中每个成员的信息。

下面测试一下这段 TypeScript 应用代码，具体如图 3.49 所示。

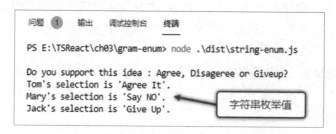

图 3.49 定义和使用字符串枚举的应用

如图 3.49 所示，字符串枚举变量 Choices 提供了在运行时具有意义的和可读的信息，完全可以独立于枚举成员的名称。由于字符串枚举没有自增加的功能，因此字符串枚举可以很好地实现序列化。

3.7.3 开发实战：常量和计算量的枚举应用

在 TypeScript 枚举语法中，每个枚举成员都必须有一个值，这个值可以是常量或计算量。那么，如何定义常量和计算量呢？

首先，介绍一下枚举成员被当作常量的几种情况。

- 作为枚举的第 1 个成员且没有进行初始化，这种情况下其被赋予常量 0。
- 作为枚举成员但没有进行初始化，其将依据前一个枚举成员的常量值（若无，则以此向前类推）进行自增加（+1）。
- 枚举成员的值可以依据已存在的常量表达式来获取。这些常量表达式可以通过引用常量字面量、已知的枚举成员常量表达式来获得，也可以通过一元运算符或二元运算符进行二次运算来获得。

然后，所有其他情况的枚举成员的值需要通过计算来获得。

下面通过一个简单的应用介绍一下常量和计算枚举的定义和使用方法。

【例 3.48】定义和使用常量及计算枚举的应用。

该应用的源代码如下。

```
---------------- path : ch03/gram-enum/src/const-enum.ts ------------------
1  /**
2   * Enum - constant
3   */
4
5  // TODO: define enum
6  enum FileAccess {
7     None,
8     Readonly = 1 << 1,
9     Writable = 1 << 2,
10    ReadWrite = Readonly | Writable,
11    All
12 }
13 // TODO: use enum
14 console.log("FileAccess.None = " + FileAccess.None);
15 console.log("FileAccess.Readonly = " + FileAccess.Readonly);
16 console.log("FileAccess.Writable = " + FileAccess.Writable);
17 console.log("FileAccess.ReadWrite = " + FileAccess.ReadWrite);
18 console.log("FileAccess.All = " + FileAccess.All);
```

上述代码说明如下。

在第 6～12 行代码中，定义了一个描述文件权限的枚举变量 FileAccess。其中，枚举成员 None 通过常量方式来获得值；枚举成员 Readonly 和 Writable 通过计算方式来获得值；枚举成员 ReadWrite 通过常量计算方式来获得值；枚举成员 All 通过常量自增加（+1）方式来获得值。

下面测试一下这段 TypeScript 应用代码，具体如图 3.50 所示。

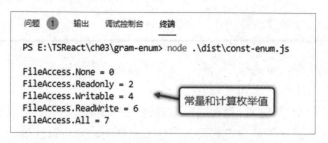

图 3.50　定义和使用常量及计算枚举的应用

　　如图 3.50 所示，枚举类型变量 FileAccess 的全部成员均通过各自的方式获得了相应的枚举值。

3.8　小结

　　本章主要介绍了 TypeScript 语言一些新特性，包括基础类型、接口、类、函数、泛型和枚举等。本章对每个重要的知识点均进行了详细的讲解，并通过开发实战的形式介绍了具体使用方法。

第 4 章 TypeScript 语法高级特性

本章介绍 TypeScript 语法的一些高级特性，包括类型推论、类型兼容性、高级类型、迭代器、生成器、模块、命名空间和装饰器等。通过本章的学习，读者会见识到 TypeScript 语言与 JavaScript 语言的不同之处。

本章主要涉及的知识点如下。

- TypeScript 类型推论。
- TypeScript 类型兼容性。
- TypeScript 高级类型。
- TypeScript 迭代器与生成器。
- TypeScript 模块与命名空间。
- TypeScript 装饰器。

4.1 TypeScript 类型推论

本节介绍 TypeScript 语法中的类型推论，主要介绍解析没有明确声明的 TypeScript 类型是如何被推断出来的。在 TypeScript 代码中，对于没有明确指出类型的变量，类型推论功能会帮助程序确认变量类型。

【例 4.1】TypeScript 类型推论的应用。

该应用的源代码如下。

```
-------------------- path : ch04/base-type /src/base-type.ts ----------------
1  /**
2   * Type - base
3   */
4
5  let x = 6;
6  console.log("x = 6 and judges x's type is " + typeof(x) + ".");
7  let s = "type";
8  console.log("s = 'type' and judges s's type is " + typeof(s) + ".");
9  let b = true;
10 console.log("b = true and judges b's type is " + typeof(b) + ".");
```

在上述代码中，在第 5 行、第 7 行和第 9 行代码中分别声明了 3 个变量 x、s 和 b，但是没有明确声明变量类型。相信读者根据初始化的数据，可以判断出这 3 个变量分别为数字类型、字符串类型和布尔类型。那么，TypeScript 编译器能不能推断出每个变量的类型呢？尝试在第 6 行、第 8 行和第 10 行代码中分别通过类型方法 typeof() 获取这 3 个变量的类型，看看 TypeScript 编译器能否完成任务。

下面先在命令行终端中通过 "Babel" 命令将 TypeScript 代码编译为 JavaScript 代码，再通过 "node" 命令执行 JavaScript 代码，具体如图 4.1 所示。

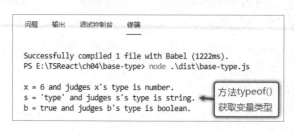

图 4.1　TypeScript 类型推论的应用

如图 4.1 所示，在通过 typeof() 方法判断变量 x、s 和 b 的类型后，结果与我们预期的是一致的，这说明 TypeScript 编译器具有类型推论功能。

4.2　TypeScript 类型兼容性

本节介绍 TypeScript 语法中的类型兼容性。类型兼容性用于确定一个类型是否能赋值给其他类型。

4.2.1　类型兼容性介绍

TypeScript 类型兼容性是基于结构类型的，这是因为 TypeScript 语法的类型系统是基于结构类型构建的，结构类型是一种只使用其成员来描述类型的方式。介绍 TypeScript 类型兼容性，离不开结构类型这个概念。

结构类型是与名义类型相比较而言的。在基于名义类型的类型系统中（如 Java 语言），数据类型的兼容性或等价性是通过明确的声明或类型的名称来决定的。结构类型系统与名义类型系统的不同之处是，结构类型系统是由基于类型的组成结构来决定的，并且不要求明确地声明类型。

TypeScript 结构类型系统的类型兼容性的基本规则是，如果类型 x 要兼容类型 y，那么类型 y 至少要具有与类型 x 相同的属性。

4.2.2　开发实战：对象类型正向兼容性测试应用

下面编写一个测试 TypeScript 对象类型正向兼容性的应用。

【例 4.2】测试 TypeScript 对象类型正向兼容性的应用。

该应用的源代码如下。

```
------ path : ch04/compatibility-type/src/intro-compatibility-type.ts ------
1  /**
2   * Type - compatibility
3   */
4
5  // TODO: define variables
6  let x = {
7     name: "king"
8  }
9  let xy = {
10    name: "king",
11    age: 26
12 }
13 // TODO: test type compatibility
14 console.log(x);
15 x = xy; // x is compatible to xy
16 console.log(x);
```

上述代码说明如下。

在第 5～8 行代码中，定义了第 1 个对象 x，其中包含一个字符串类型属性 name。

在第 9～12 行代码中，定义了第 2 个对象 xy，其中包含一个字符串类型属性 name 和一个数字类型属性 age。

在第 15 行代码中，通过将对象 xy 的值赋给对象 x 测试对象 x 的类型是否兼容对象 xy 的类型。

下面测试一下这段 TypeScript 应用代码，具体如图 4.2 所示。

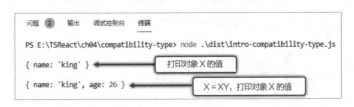

图 4.2　测试 TypeScript 对象类型正向兼容性的应用

如图 4.2 所示，对象 x 的值被对象 xy 赋值后，成功获取了对象 xy 的值，这表明对象 x 的类型兼容对象 xy 的类型。

4.2.3　开发实战：对象类型逆向兼容性测试应用

如果在【例 4.2】的第 15 行代码中，反过来将对象 x 的值赋值给对象 xy 后呢？下面编写一个测试 TypeScript 对象类型逆向兼容性的应用。

【例 4.3】测试 TypeScript 对象类型逆向兼容性的应用。

该应用的源代码如下。

```
------- path : ch04/compatibility-type/src/intro-compatibility-type.ts -----
1  /**
2   * Type - compatibility
3   */
4
5  // TODO: define variables
6  let x = {
7     name: "king"
8  }
9  let xy = {
10    name: "king",
11    age: 26
12 }
13 // TODO: test type compatibility
14 console.log(xy);
15 xy = x;
16 console.log(xy);
```

在上述代码中，第 15 行代码通过将对象 x 的值赋给对象 xy 测试对象 xy 是否兼容对象 x。

下面测试一下这段 TypeScript 应用代码，具体如图 4.3 所示。

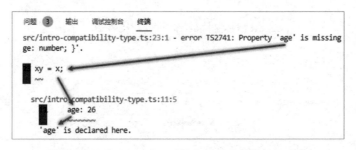

图 4.3　测试 TypeScript 对象类型逆向兼容性的应用

如图 4.3 所示，尝试将对象 x 的值赋值给对象 xy 后，调试信息提示对象 x 缺少相应的属性，这表明对象 xy 的类型不兼容对象 x 的类型。

4.2.4　开发实战：接口类型兼容性测试应用

类型兼容性不仅适用于对象，对于接口类型同样有效果。请看下面测试接口类型兼容性的应用。

【例 4.4】测试 TypeScript 接口类型兼容性的应用。

该应用的源代码如下。

```
------- path : ch04/compatibility-type/src/rule-compatibility-type.ts ------
1  /**
2   * Rule - compatibility
3   */
4
5  // TODO: declare an interface
6  interface INamed {
7      name: string;
8  }
9  // TODO: create an instance
10 let n: INamed;
11 // TODO: declare an obgject
12 let m = {
13     name: "king",
14     age: 26
15 }
16 // TODO: let n is compatible m
17 console.log(m);
18 n = m;
19 console.log(n);
```

上述代码说明如下。

在第 6～8 行代码中，定义了一个接口类型 INamed，其中包含一个字符串类型属性 name。

在第 10 行代码中，定义了一个接口类型 INamed 的对象 n。

在第 12～15 行代码中，定义了一个对象 m，其中包含一个字符串类型属性 name 和一个数字类型属性 age。

在第 18 行代码中，通过将对象 m 的值赋给接口对象 n 测试接口对象 n 是否兼容对象 m。

下面测试一下这段 TypeScript 应用代码，具体如图 4.4 所示。

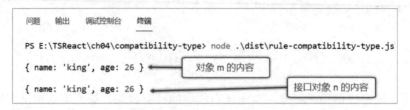

图 4.4　测试 TypeScript 接口类型兼容性的应用

如图 4.4 所示，接口对象 n 被对象 m 赋值后，成功获得了对象 m 的值，这表明接口对象 n 的类型兼容对象 m 的类型。

4.2.5　开发实战：类类型兼容性测试应用

接口类型支持类型兼容性，同样类类型也支持类型兼容性。请看下面测试类类型兼容性的应用。

【例 4.5】测试 TypeScript 类类型兼容性的应用。

该应用的源代码如下。

```
------ path : ch04/compatibility-type/src/class-compatibility-type.ts ------
1  /**
2   * Rule - compatibility
3   */
4
5  // TODO: declare an interface
6  interface INamed {
7      name: string;
8  }
9  // TODO: define a class
10 class Person {
11     name: string;
12     constructor(name: string) {
13         this.name = name;
14     }
15     print(): void {
16         console.log("property name: " + this.name);
17     }
18 }
19 // TODO: create an instance
```

```
20  let p = new Person("king"); // It's ok, because of structural typing
21  p.print();
22  let nn: INamed;
23  nn = new Person("cici");
24  nn.print();
```

上述代码说明如下。

在第 6～8 行代码中，定义了一个接口类型 INamed，其中包含一个字符串类型属性 name。

在第 10～18 行代码中，定义了一个类 Person，其中同样包含一个字符串类型属性 name（见第 11 行代码）。

在第 22 行代码中，定义了一个接口类型 INamed 的对象 nn。

在第 23 行代码中，通过类 Person 创建的接口 INamed 的对象实例 nn 测试接口对象 nn 的类型是否兼容类 Person 的类型。

下面测试一下这段 TypeScript 应用代码，具体如图 4.5 所示。

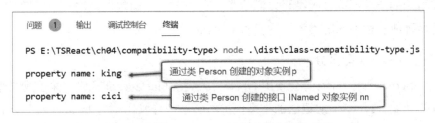

图 4.5　测试 TypeScript 类类型兼容性的应用

如图 4.5 所示，虽然类 Person 没有明确实现接口 INamed，但是第 23 行代码的操作还是成功地将类 Person 定义的方法 print()赋给了接口 INamed 的对象 nn，这是因为第 24 行代码调用方法 print()打印出了相应的调试信息。

TypeScript 语法的结构性子类型是依据 JavaScript 语法而设计的，因为 JavaScript 语法广泛支持匿名对象（如函数表达式和对象字面量）的使用，所以使用结构类型系统来描述这些类型比使用名义类型系统会更好。

4.3　TypeScript 高级类型

TypeScript 语法在类型使用上优于 JavaScript 语法的一个显著之处就是增加了一些高级类型的定义。本节详细介绍 TypeScript 高级类型。

4.3.1　高级类型基础

TypeScript 语言的高级类型主要包括交叉类型（Intersection Type）、联合类型（Union Type）、类型保护、类型区分、可选参数、可选属性、类型别名、字面量、可辨识的联合类型、索引（Index）类型和映射（Mapped）类型。这些高级类型的详细介绍如下。

1. 交叉类型

交叉类型是将多个类型合并为一个类型。交叉类型可以把现有的多种类型叠加（并集）到一起，成为一种新类型，并且该类型包含每个成员各自类型的特性。交叉类型大多用于混入（Mixins）类型或某些不适合典型面向对象模型的场景。

2. 联合类型

TypeScript 语法中还有一个与交叉类型有些类似的类型，被称为联合类型。虽然联合类型与交叉类型有不少关联，但是二者在使用方法上完全不同，联合类型表示变量或对象能取多种类型中的一种。联合类型可以满足类型有一定的不确定性，如一个变量或对象可以同时满足两种或多种不同的类型，这相当于增加了代码的灵活性。

3. 类型保护与类型区分

在 TypeScript 语法中，有时会使用 typeof 关键字和 instanceof 关键字来实现类型保护与类型区分的功能。TypeScript 语法的类型保护与类型区分操作源自 JavaScript 语法，只不过 JavaScript 语法的操作方法相对原始，而 TypeScript 语法实现了自动识别对象类型，以及类型保护的功能。

4. 可选参数与可选属性

在 TypeScript 语法中，函数支持可选参数，类支持可选属性。所谓可选，是指参数或属性在需要时可以赋值，不需要时也可以不赋值。可选参数和可选属性具有很实用的特性，在函数的参数数量或类的属性数量不确定时，可以发挥很大的作用。在具体定义时，在参数名和属性名后添加符号"?"即可。

5. 类型别名

在 TypeScript 语法中，类型别名会给一个类型起一个新的名字。注意：类型别名不是新建一个类型，而是创建一个"新名字"来引用原来的类型。类型别名可以用于原始类型、联合类型、元组类型，以及其他任何需要手写的类型。由于给原始类型起别名通常没什么实际作用，因此类型别名更多的应用场景是在联合类型的使用过程中。

6．字面量

字面量是 TypeScript 语言提供的一个准确变量。字面量一般包括字符串字面量和数字字面量。字符串字面量类型允许指定字符串必须的固定值，而数字字面量类型则允许指定数字必须的固定值。

7．可辨识的联合类型

在 TypeScript 语法中，支持合并基础类型、联合类型和类型别名等，创建一个"可辨识的联合类型"的高级模型。可辨识的联合类型在函数式编程中非常有用，代码逻辑会自动地辨识这些联合类型。

8．索引类型

只要在 TypeScript 语法中使用索引类型，编译器就可以检查那些使用动态属性名的代码。

9．映射类型

TypeScript 语法提供了一种全新的映射类型，通过映射类型可以实现基于原类型创建新类型的功能。在映射类型中，新类型会以相同的形式转换原类型中的每个属性，而通过映射类型可以实现只读（Readonly）类型、可选类型和空类型等形式的转换操作。

4.3.2　开发实战：交叉类型应用

交叉类型的使用方法很简单，就是通过与（&）操作符将需要交叉的类型串联在一起。下面编写一个使用交叉类型定义学生信息类型的应用。

【例 4.6】使用交叉类型定义学生信息类型的应用。

该应用的源代码如下。

```
----------- path : ch04/superior-types/src/intersection-type.ts ------------
1  /**
2   * intersection types
3   */
4
5  // TODO: declare user interface
6  interface IUser {
7      name: string,
8      gender: string,
9      age: number
10 }
```

```
11  // TODO: declare grade interface
12  interface IGrade {
13      grade: number,
14      class: number
15  }
16  // TODO: declare family interface
17  interface IFamily {
18      mother: string,
19      father: string,
20      telphone: number
21  }
22  // TODO: define intersection type
23  type stuinfo = IUser & IGrade & IFamily;
24  // TODO: define Student class
25  class Student {
26      stu: stuinfo;
27      constructor(stu: stuinfo) {
28          this.stu = stu;
29      }
30      print(): void {
31          console.log("Student's info:");
32          console.log(this.stu);
33      }
34      printName(): void {
35          console.log("Student's name is '" + this.stu.name + "'");
36      }
37  }
38  // TODO: use intersection type
39  const si: stuinfo = {
40      name: "cici",
41      gender: "girl",
42      age: 8,
43      grade: 3,
44      class: 7,
45      mother: "tina",
46      father: "king",
47      telphone: 8888888
48  }
49  // TODO: define class(Student) instance
50  let s = new Student(si);
51  s.print();
52  s.printName();
```

上述代码说明如下。

在第 6～10 行、第 12～15 行和第 17～21 行代码中，分别声明了 3 个接口类型 IUser、IGrade 和 IFamily，并在每个接口内定义了一些用于具体描述学生信息的属性。

在第 23 行代码中，通过集合接口类型 IUser & IGrade & IFamily 定义了一个交叉类型 stuinfo。

在第 25～37 行代码中，定义了一个学生类 Student。

在第 26 行代码中，定义了一个交叉类型 stuinfo 的属性 stu。

在第 30～33 行和第 34～36 行代码中，分别定义了 2 个方法 print()和 printName()，用于打印学生信息和学生姓名。

在第 39～48 行代码中，定义了一个交叉类型 stuinfo 的常量 si，并初始化了一个完整的学生信息。

在第 50～52 行代码中，定义了一个学生类 Student 的实例对象 s，并调用方法 print()和 printName()打印了学生信息。

下面测试一下这段 TypeScript 应用代码，具体如图 4.6 所示。

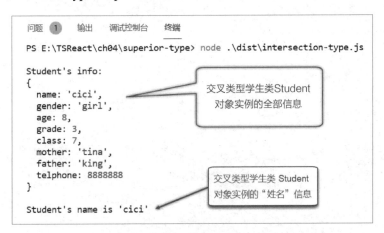

图 4.6　使用交叉类型定义学生信息类型的应用

如图 4.6 所示，通过定义交叉类型的方式，可以将 3 个接口类型 IUser、IGrade 和 IFamily 集合成一个新的类型 stuinfo，用于描述一个完整的学生信息。在具体使用过程中，可以访问交叉类型 stuinfo 的全部信息，也可以按属性名单独访问一项信息。

4.3.3　开发实战：联合类型应用

联合类型的使用方法很简单，即通过或（｜）操作符将需要联合的类型并联在一起。

下面编写一个使用变量联合类型定义多类型变量的应用。

【例 4.7】使用变量联合类型定义多类型变量的应用。

该应用的源代码如下。

```
--------- path : ch04/superior-types/src/union-variable-type.ts ------------
 1  /**
 2   * union types : variable
 3   */
 4
 5  // TODO: function print any
 6  function printAny(un: any) {
 7      console.log("un is " + un + ".");
 8      console.log("un's type is [" + typeof un + "].");
 9  }
10  // TODO: function print union
11  function printUnion(un: string|number) {
12      console.log("un is " + un + ".");
13      console.log("un's type is [" + typeof un + "].");
14  }
15  // TODO: define variables
16  let un: string|number;
17  un = "Union Types";
18  printAny(un);
19  printUnion(un);
20  un = 1;
21  printAny(un);
22  printUnion(un);
23  let b_un = true;
24  printAny(b_un);
25  // printUnion(b_un);
```

上述代码说明如下。

在第 6~9 行和第 11~14 行代码中,分别定义了两个类似的函数 printAny 和 printUnion。这两个函数的区别是传递参数的类型不同(Any 类型和联合类型)。

在第 16 行代码中,先声明了一个联合类型变量 un,具体包括字符串类型和数字类型。

在第 17 行和第 20 行代码中,分别为变量 un 初始化了字符串类型数据和数字类型数据,并依次传递给函数 printAny 和 printUnion 进行测试。

在第 23 行代码中,先声明了一个布尔类型变量 b_un,并初始化为 true。

在第 24 行和第 25 行代码中,将变量 b_un 传递给函数 printAny 和 printUnion 进行测试。请读者注意,需要先给第 25 行代码添加注释标签停止执行,否则 tsc 编译器会报错。

下面测试一下这段 TypeScript 应用代码，具体如图 4.7 所示。

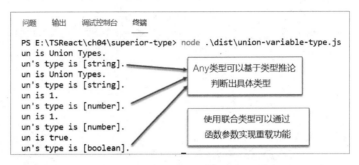

图 4.7　使用变量联合类型定义多类型变量的应用（1）

如图 4.7 所示，使用联合类型可以实现 Any 类型的功能。

但是，使用联合类型会比使用 Any 类型更加严谨，在某些特殊场景下可以避免无法预测的错误。现在将第 25 行代码中添加的注释标签去掉，恢复执行该行代码，具体如图 4.8 所示。

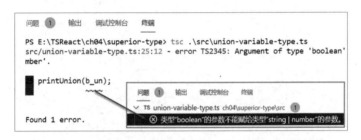

图 4.8　使用变量联合类型定义多类型变量的应用（2）

如图 4.8 所示，在使用联合类型时，如果传递的参数类型不在其定义类型的范围内，则 tsc 编译器会报错。

此外，如果一个对象是联合类型的，那么只能访问此联合类型的所有类型中所共有的成员。

下面编写一个使用对象联合类型测试访问共有成员的应用。

【例 4.8】使用对象联合类型测试访问共有成员的应用。

该应用的源代码如下。

```
--------------- path : ch04/superior-types/src/union-class-type.ts ---------
1 /**
2  * union types : interface && class
3  */
4
5 // TODO: declare interface
6 interface ITypeA {
```

```
7      funcA(): void;
8      funcZ(): void;
9  }
10 interface ITypeB {
11     funcB(): void;
12     funcZ(): void;
13 }
14 // TODO: implement interface
15 class ClzTypeA implements ITypeA {
16     funcA(): void {
17         console.log("funcA is running");
18     };
19     funcZ(): void {
20         console.log("ClzTypeA: funcZ is running");
21     };
22 }
23 class ClzTypeB implements ITypeB {
24     funcB(): void {
25         console.log("funcB is running");
26     };
27     funcZ(): void {
28         console.log("ClzTypeB: funcZ is running");
29     };
30 }
31 // TODO: get Type
32 function getTypeAB(type: number): ClzTypeA | ClzTypeB {
33     if (type === 1) {
34         return new ClzTypeA();
35     }
36     if (type === 2) {
37         return new ClzTypeB();
38     }
39     // TODO: throw err
40     throw new Error(`Excepted ClzTypeA or ClzTypeB, got ${type}`);
41 }
42 // TODO: define variable by ClzTypeA|ClzTypeB
43 let typeA = getTypeAB(1);
44 typeA.funcZ();   // okay
45 //typeA.funcA();   // err
46 // TODO: define variable by ClzTypeA|ClzTypeB
47 let typeB = getTypeAB(2);
48 typeB.funcZ();   // okay
49 //typeB.funcB();   // err
```

上述代码说明如下。

在第 6~9 行和第 10~13 行代码中，分别声明了两个接口 ITypeA 和 ITypeB。这两个接口中有两个方法，并且其中一个是同名的公共方法 funcZ()。

在第 15~22 行和第 23~30 行代码中，分别定义了两个类 ClzTypeA 和 ClzTypeB。类 ClzTypeA 实现了接口 ITypeA，而类 ClzTypeB 实现了接口 ITypeB。

在第 32~41 行代码中，定义了一个函数 getTypeAB，返回值类型为联合类型 ClzTypeA | ClzTypeB。该函数定义了一个数字类型参数，通过该参数的取值（1 或 2）来选择返回联合类型 ClzTypeA | ClzTypeB 的实例。

在第 43~49 行代码中，测试了函数 getTypeAB 的使用方法。请读者注意，需要先给第 45 行和第 49 行代码添加注释标签停止执行，否则 tsc 编译器会报错。

下面测试一下这段 TypeScript 应用代码，具体如图 4.9 所示。

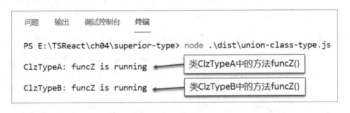

图 4.9　使用对象联合类型测试访问共有成员的应用（1）

如图 4.9 所示，通过联合类型 ClzTypeA | ClzTypeB 的实例调用公共方法 funcZ()，在执行上是完全没有问题的。

请读者注意，使用联合类型对象调用非公共方法会出现错误。现在将第 45 行和第 49 行代码中的注释标签去掉，恢复执行这两行代码，具体如图 4.10 所示。

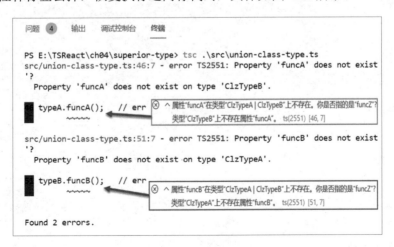

图 4.10　使用对象联合类型测试访问共有成员的应用（2）

如图 4.10 所示，错误信息提示方法 funcA()和 funcB()在联合类型 ClzTypeA | ClzTypeB 中不存在。

4.3.4　开发实战：typeof 关键字应用

对 TypeScript 语法中的 typeof 关键字而言，类型保护与类型区分只接受以下两种书写形式。

- typeof v === "typename"。
- typeof v !== "typename"。

其中，typename 必须是数字类型、字符串类型、布尔类型、或 symbol 类型。TypeScript 语法不会阻止使用其他字符串进行比较，代码是不会把表达式识别为类型保护与类型区分的。

下面编写一个使用 typeof 关键字实现类型保护与类型区分功能的应用。

【例 4.9】使用 typeof 关键字实现类型保护与类型区分功能的应用。

该应用的源代码如下。

```
-------------- path : ch04/superior-types/src/typeof-type.ts --------------
1  /**
2   * types : typeof
3   */
4
5  // TODO: func typeof string | number
6  function printAge(val: string | number): string | number {
7      if(typeof val === "string") {
8          return `My age is ${val}.`;
9      }
10     if(typeof val === "number") {
11         return `My age : ${val}.`;
12     }
13     throw new Error(`Expected string or number, got '${val}'.`);
14 }
15 // TODO: call func
16 let age: string | number;
17 age = "eight";
18 console.log(printAge(age));
19 age = 8;
20 console.log(printAge(age));
```

上述代码说明如下。

在第 6~14 行代码中，定义了一个函数 printAge，传递了一个联合类型（字符串类型和数字类型）参数 val。

在第 7~9 行代码中，先通过 typeof 关键字判断参数 val 的类型是否为字符串类型，再返回一个模板字符串信息。

在第 10~12 行代码中，先通过 typeof 关键字判断参数 val 的类型是否为数字类型，再返回另一个模板字符串信息。

在第 16 行代码中，定义了一个联合类型（字符串类型和数字类型）变量 age。

在第 17~20 行代码中，分别将字符串类型数据和数字类型数据作为参数传递给函数 printAge，测试了类型保护与类型区分的功能。

下面测试一下这段 TypeScript 应用代码，具体如图 4.11 所示。

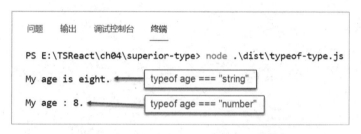

图 4.11　使用 typeof 关键字实现类型保护与类型区分功能的应用

如图 4.11 所示，通过 typeof 关键字实现了类型保护与类型区分的功能。

4.3.5　开发实战：instanceof 关键字应用

对 TypeScript 语法中的 instanceof 关键字而言，类型保护与类型区分是通过构造函数来细化类型的一种方式。在使用 instanceof 关键字时，其右侧要求必须是一个构造函数，TypeScript 语法对此进行细化，具体步骤如下。

（1）如果构造函数的属性 prototype 的类型不是 Any，那么执行以下步骤。

（2）构造签名所返回类型的联合。

下面编写一个使用 instanceof 关键字实现类型保护与类型区分功能的应用。

【例 4.10】使用 instanceof 关键字实现类型保护与类型区分功能的应用。

该应用的源代码如下。

```
-------------- path : ch04/superior-types/src/instanceof-type.ts -----------
1  /**
2   * types : instanceof
3   */
```

```
 4
 5  // TODO: declare interface gender
 6  interface IGender {
 7      getGender(): string;
 8  }
 9  // TODO: declare class male
10  class Male implements IGender {
11      constructor(private p_name: string) { }
12      getGender() {
13          return `${this.p_name}'s gender is male.`;
14      }
15  }
16  // TODO: declare class male
17  class Female implements IGender {
18      constructor(private p_name: string) { }
19      getGender() {
20          return `${this.p_name}'s gender is female.`;
21      }
22  }
23  // TODO: define method
24  function getGenderRandom(name: string): Male | Female {
25      return Math.random() < 0.5 ?
26          new Male(name) : new Female(name);
27  }
28  // TODO: usage
29  let g: IGender;
30  for(let n=0; n<10; n++) {
31      g = getGenderRandom("king");
32      if(g instanceof Male) {
33          console.log(g.getGender());
34      }
35      if(g instanceof Female) {
36          console.log(g.getGender());
37      }
38  }
```

上述代码说明如下。

在第 6～8 行代码中，定义了一个接口 IGender，并在该接口中声明了一个抽象方法 getGender()。

在第 10～15 行和第 17～22 行代码中，分别定义了两个类 Male 和 Female，用于实现接口 IGender。

在第 12～14 行和第 19～21 行代码中，这两个类均实现了接口中声明的抽象方法 getGender()，通过类构造方法中定义的私有属性 p_name 返回了一个模板字符串信息。

在第 24～27 行代码中，定义了一个函数 getGenderRandom，返回类型为联合类型（Male 和 Female）。该函数定义了一个字符串类型的参数 name，通过该参数传递用户姓名。

在第 25 行和第 26 行代码中，通过判断生成的随机数取值范围（0～0.5 或 0.5～1）来返回不同类（Male 或 Female）的对象实例。

在第 29～38 行代码中，定义了一个 for 循环语句，用于实现多次调用接口 IGender 的功能。先调用函数 getGenderRandom 生成了一个随机接口 IGender 对象 g，再通过 instanceof 关键字判断了对象 g 的类型（Male 或 Female），根据类型调用相应的方法（getGender()），输出对应的信息。

下面测试一下这段 TypeScript 应用代码，具体如图 4.12 所示。

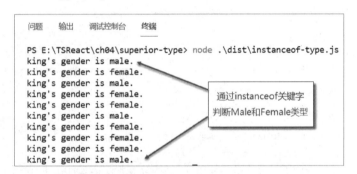

图 4.12　使用 instanceof 关键字实现类型保护与类型区分功能的应用

如图 4.12 所示，通过 instanceof 关键字实现了类型保护与类型区分的功能。

4.3.6　开发实战：可选参数应用

下面编写一个在函数中使用可选参数实现加法运算的应用。

【例 4.11】在函数中使用可选参数实现加法运算的应用。

该应用的源代码如下。

```
----------- path : ch04/superior-types/src/optional-param-type.ts ----------
1  /**
2   * types : optional parameters
3   */
4
5  // TODO: define function
6  function add_op(x: number, y?: number) {
```

```
7       return x + (y || 0);
8  }
9  // TODO: usage
10 console.log("add_op(1) = " + add_op(1));
11 console.log("add_op(1, 2) = " + add_op(1, 2));
12 console.log("add_op(1, undefined) = " + add_op(1, undefined));
```

上述代码说明如下。

在第 6~8 行代码中，定义了一个函数 add_op，并传递了两个数字类型参数 x、y?。其中，参数 y?表示可选参数。

在第 7 行代码中，返回了参数 x 和 y 的算术和。

在第 10~12 行代码中，测试了函数 add_op 的 3 种使用情况，分别是只传递一个参数（未传递可选参数）、传递两个参数（传递可选参数），以及将可选参数定义为 undefined。

下面测试一下这段 TypeScript 应用代码，具体如图 4.13 所示。

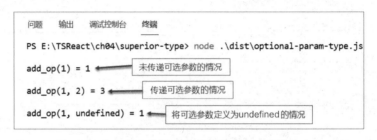

图 4.13　在函数中使用可选参数实现加法运算的应用

如图 4.13 所示，在未传递可选参数的情况下，函数可以忽略可选参数而正常运行；在传递可选参数的情况下，可选参数会被当作普通参数来使用；在将可选参数传递为 undefined 时，情况与未传递可选参数的情况是一致的。

4.3.7　开发实战：可选属性应用

下面编写一个在类中使用可选属性实现加法运算的应用。

【例 4.12】在类中使用可选属性实现加法运算的应用。

该应用的源代码如下。

```
---------- path : ch04/superior-types/src/optional-property-type.ts --------
1  /**
2   * types : optional property
3   */
4
```

```
 5  // TODO: declare class
 6  class Add_OP {
 7      x: number;
 8      y?: number;
 9      z: number;
10      constructor(x:number, y?:number) {
11          this.x = x;
12          this.y = y || 0;
13          this.z = this.x + this.y;
14      }
15  }
16  // TODO: usage
17  let c1 = new Add_OP(1);
18  console.log("Add_OP(1) = " + c1.z);
19  let c12 = new Add_OP(1, 2);
20  console.log("Add_OP(1, 2) = " + c12.z);
21  let c1un = new Add_OP(1, undefined);
22  console.log("Add_OP(1, undefined) = " + c1un.z);
```

上述代码说明如下。

在第 6～15 行代码中，定义了一个类 Add_OP，并声明了 3 个数字类型属性 x、y?、z。其中，属性 y?表示可选属性。

在第 10～14 行代码中，实现了类的构造方法，并传递了 2 个参数 x、y?。其中，参数 y?表示可选参数。在构造方法中，先通过传递的参数 x、y?对类属性 x、y?进行初始化，再将属性 x、y?作为两个运算数进行加法运算，并将计算结果保存在属性 z 中。

在第 17～22 行代码中，测试了类 Add_OP 的 3 种使用情况，分别是只传递一个属性（未传递可选属性）、传递两个属性（传递可选属性），以及将可选属性定义为 undefined。

下面测试一下这段 TypeScript 应用代码，具体如图 4.14 所示。

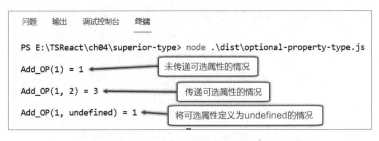

图 4.14　在类中使用可选属性实现加法运算的应用

如图 4.14 所示，在未传递可选属性的情况下，类可以忽略可选属性而正常运行；在传递可选属性的情况下，可选属性会被当作普通属性来使用；将可选属性传递为 undefined 时，情况与未传递可选属性的情况是一致的。

4.3.8 开发实战：类型别名应用

首先，编写一个使用类型别名替代联合类型的应用。

【例 4.13】使用类型别名替代联合类型的应用。

该应用的源代码如下。

```
--------------- path : ch04/superior-types/src/alias-type.ts ---------------
 1  /**
 2   * types : Alias
 3   */
 4
 5  // TODO: define alias string | number
 6  type AliasStrNum = string | number;
 7  // TODO: usage alias
 8  let snAlias: AliasStrNum;
 9  snAlias = "HelloAlias";
10  console.log(snAlias);
11  snAlias = 123;
12  console.log(snAlias);
```

上述代码说明如下。

在第 6 行代码中，通过 type 定义了一个联合类型 string | number 的别名 AliasStrNum。

在第 8~12 行代码中，通过类型别名 AliasStrNum 定义了一个变量 snAlias，并初始化了字符串值和数字值。

下面测试一下这段 TypeScript 应用代码，具体如图 4.15 所示。

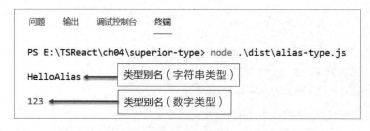

图 4.15 使用类型别名代替联合类型的应用

如图 4.15 所示，在使用类型别名 AliasStrNum 定义变量的情况下，变量可以初始化为不同类型的数值。

　　从某种意义上讲，类型别名和接口的含义十分接近。类型别名与接口一样，也支持使用泛型，可以添加类型参数并且在别名声明的右侧传入。

　　然后，编写一个使用类型别名替代接口的应用。

【例 4.14】使用类型别名替代接口的应用。

　　该应用的源代码如下。

```
------------ path : ch04/superior-types/src/alias-interface-type.ts --------
1  /**
2   * types : Alias & Interface
3   */
4
5  // TODO: declare interface
6  interface IName {
7     name: string;
8  }
9  interface IAge {
10    age: number;
11 }
12 // TODO: define union type
13 type TyNameAge = IName | IAge;
14 // TODO: usage
15 let t1: TyNameAge = {name: "king"};
16 console.log(t1);
17 let t2: TyNameAge = {age: 26};
18 console.log(t2);
19 let t12: TyNameAge = {name: "king", age: 26};
20 console.log(t12);
```

　　上述代码说明如下。

　　在第 6～8 行和第 9～11 行代码中，定义了 2 个接口 IName 和 IAge，用于声明姓名（name）和年龄（age）属性。

　　在第 13 行代码中，通过 type 定义了一个联合接口类型 IName | IAge 的别名 TyNameAge。

　　在第 15～20 行代码中，通过类型别名 TyNameAge 分别定义了 3 个变量 t1、t2 和 t12，并分别测试了 3 种对变量进行初始化的情况。

　　下面测试一下这段 TypeScript 应用代码，具体如图 4.16 所示。

　　如图 4.16 所示，使用类型别名 TyNameAge 定义的 3 个变量，在初始化时使用了不同接口类型的数值，结果显示均可以正常运行。

　　最后，编写一个在类型别名中使用泛型来模拟接口功能的应用。

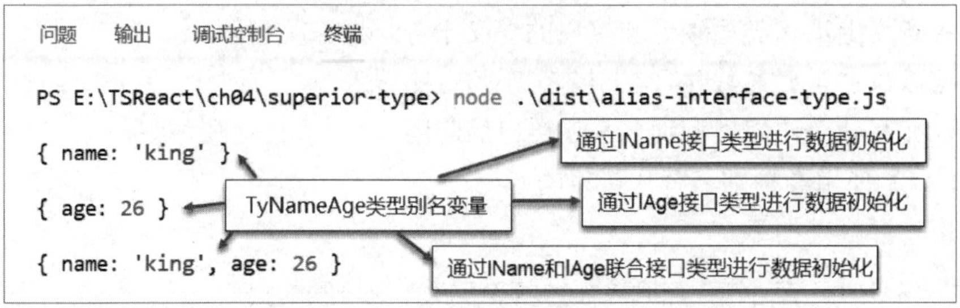

图 4.16　使用类型别名代替接口的应用

【例 4.15】在类型别名中使用泛型来模拟接口功能的应用。

该应用的源代码如下。

```
------------- path : ch04/superior-types/src/alias-generic-type.ts ---------
1  /**
2   * types : Alias & Generics
3   */
4
5  // TODO: define type alias by generic
6  type StrNum = string | number;
7  type aliasGeneric<T> = {
8      x: T,
9      y: T
10  }
11  // TODO: define function
12  function getXY(ag: aliasGeneric<StrNum>) {
13      if(typeof ag.x === "string" && typeof ag.y === "string") {
14          console.log(`${ag.x} ${ag.y}.`);
15      } else if(typeof ag.x === "number" && typeof ag.y === "number") {
16          console.log(ag.x + ag.y);
17      } else {
18          console.log("Other alias-type generics!");
19      }
20  }
21  // TODO: usage - aliasGeneric<T>
22  let agStr: aliasGeneric<string> = {
23      x: "Alias",
24      y: "Generics"
25  }
26  getXY(agStr);   // TODO: call func getXY(string)
27  let agNum: aliasGeneric<number> = {
```

```
28      x: 1,
29      y: 2
30 }
31 getXY(agNum);   // TODO: call func getXY(number)
```

上述代码说明如下。

在第 6 行代码中，通过 type 定义了一个联合类型 string | number 的别名 StrNum。

在第 7～10 行代码中，通过泛型方式定义了一个对象类型别名 aliasGeneric<T>，其中包含两个属性 x 和 y。

在第 12～20 行代码中，定义了一个函数方法 getXY()，传递一个类型别名 aliasGeneric<T>的参数 ag，泛型<T>声明为联合类型的别名 StrNum。在函数内部，先判断参数 ag 的类型，再根据类型分别实现字符串连接或数字运算功能。

在第 22～25 行和第 27～31 行代码中，先通过类型别名 aliasGeneric<T>分别定义了两个变量 agStr 和 agNum，并将泛型<T>分别声明为字符串类型和数字类型，再分别调用函数方法 getXY()测试了 agStr 和 agNum 这两个变量。

下面测试一下这段 TypeScript 应用代码，具体如图 4.17 所示。

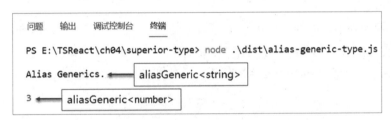

图 4.17　在类型别名中使用泛型来模拟接口功能的应用

如图 4.17 所示，在类型别名中使用泛型，实现了模拟泛型接口的功能。

4.3.9　开发实战：字面量应用

在 TypeScript 实际应用开发中，字符串字面量类型用来约束取值只能是某几个字符串中的一个，而数字字面量类型则用来约束取值只能是某几个数字中的一个。字符串字面量类型可以与联合类型、类型保护和类型别名很好地配合。通过使用这些特性，可以实现类似于枚举类型的字符串的功能。

首先，编写一个定义字面量的应用。

【例 4.16】定义字面量的应用。

该应用的源代码如下。

```
---------------- path : ch04/superior-types/src/literal-type.ts ------------
1  /**
2   * types : Literal
3   */
4
5  // TODO: define literal type
6  type tyHello = "Hello";
7  // TODO: define type(tyHello) variable myHello
8  let myHello: tyHello = "Hello";
9  console.log(myHello);
10 // TODO: define type(tyHello) variable myWorld
11 let myWorld: tyHello = "World";
12 console.log(myWorld);
```

上述代码说明如下。

在第 6 行代码中，通过 type 定义了一个字面量类型 tyHello，字面量为字符串"Hello"。

在第 8 行和第 9 行代码中，声明了一个字面量类型 tyHello 的变量 myHello，并初始化为字符串"Hello"。

在第 11 行代码中，同样声明了一个字面量类型 tyHello 的变量 myWorld，不过此处尝试将该变量初始化为一个不同的字符串"World"。

下面测试一下这段 TypeScript 应用代码，具体如图 4.18 所示。

图 4.18　定义字面量的应用

如图 4.18 所示，在尝试将变量 myWorld 初始化为字符串"World"时，TypeScript 编译器提示不能将类型"World"分配给类型"Hello"。由此可见，字符串"Hello"和"World"在此处就是字面量类型，所以将变量 myWorld 赋值为字面量类型"World"时会报错。

然后，编写一个通过字面量定义新类型的应用。

【例 4.17】通过字面量定义新类型的应用。

该应用的源代码如下。

```
-------------- path : ch04/superior-types/src/literal-type.ts -------------
1  /**
2   * types : Literal
3   */
4
5  // TODO: define literal type
6  type tyDirection = "north" | "east" | "south" | "west";
7  // TODO: define function
8  function move(step: number, direct: tyDirection) {
9     if(direct === "north") {
10       console.log(`Move ${step} to North.`);
11    } else if(direct === "east") {
12       console.log(`Move ${step} to East.`);
13    } else if(direct === "south") {
14       console.log(`Move ${step} to South.`);
15    } else if(direct === "west") {
16       console.log(`Move ${step} to West.`);
17    } else {}
18  }
19  // TODO: call function move()
20  move(1, "north");
21  move(2, "east");
22  move(3, "south");
23  move(4, "west");
```

上述代码说明如下。

在第 6 行代码中，通过 type 定义了一个联合字面量类型 tyDirection，字面量为字符串组合 ""north" | "east" | "south" | "west""。

在第 8～18 行代码中，定义了一个函数方法 move()，包括 2 个参数 step 和 direct。其中，第 2 个参数 direct 为联合字面量类型（tyDirection）。

在第 9～17 行代码中，通过判断参数 direct 的字面量类型选择输出相应的提示信息。

在第 20～23 行代码中，通过连续 4 次调用函数方法 move()，测试了向不同移动方向的操作。

下面测试一下这段 TypeScript 应用代码，具体如图 4.19 所示。

如图 4.19 所示，字符串字面量相当于字符串常量，通过判断字符串字面量的具体值来完成选择输出的内容。

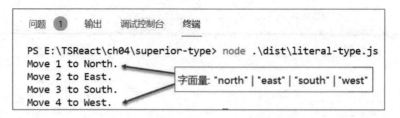

图 4.19   通过字面量定义新类型的应用

字面量不仅包括字符串字面量，还包括数字字面量，二者在使用方法上是基本一致的。

4.3.10   开发实战：可辨识的联合类型应用

由于 TypeScript 语法基于已有的 JavaScript 语法模式，因此 TypeScript 的可辨识的联合类型具有以下 3 个要素。

（1）具有普通基础类型的属性——可辨识的特征。

（2）一个类型别名包含某些类型的联合。

（3）此属性上的类型保护。

下面通过可辨识的联合类型设计实现一个识别不同图形，并计算相应图形面积的应用。

【例 4.18】通过可辨识的联合类型设计实现计算图形面积的应用。

该应用的源代码如下。

```
--------- path : ch04/superior-types/src/discriminated-unions-type.ts ------
1  /**
2   * types : Discriminated Unions Type
3   */
4
5  // TODO: declare interface of various shapes
6  interface Square {
7      kind: "square";
8      side: number;
9  }
10 interface Rectangle {
11     kind: "rectangle";
12     width: number;
13     height: number;
14 }
```

```typescript
15  interface Circle {
16      kind: "circle";
17      radius: number;
18  }
19  interface Triangle {
20      kind: "triangle",
21      base: number,
22      height: number
23  }
24  // TODO: define union type of all shapes
25  type Shape = Square | Rectangle | Circle | Triangle;
26  // TODO: check integrity
27  function assertNever(x: never): never {
28      throw new Error("Unexpected object: " + x);
29  }
30  // TODO: define function of calculate shape's area
31  function funcCalArea(s: Shape) {
32      switch(s.kind) {
33          case "square":
34              return s.side * s.side;
35              break;
36          case "rectangle":
37              return s.width * s.height;
38              break;
39          case "circle":
40              return Math.round(Math.PI * s.radius ** 2);
41              break;
42          default:
                // error here if there are missing cases
43              return assertNever(s);
44              break;
45      }
46  }
47  // TODO: usage shape
48  let sq: Shape = {
49      kind: "square",
50      side: 6
51  }
52  let rect: Shape = {
53      kind: "rectangle",
```

```
54      width: 6,
55      height: 8
56  }
57  let c: Shape = {
58      kind: "circle",
59      radius: 10
60  }
61  console.log("Square(6)'s area is " + funcCalArea(sq) + ".");
62  console.log("Rectangle(6, 8)'s area is " + funcCalArea(rect) + ".");
63  console.log("Circle(10)'s area is " + funcCalArea(c) + ".");
```

上述代码说明如下。

在第 6～9 行、第 10～14 行、第 15～18 行和第 19～23 行代码中,分别定义了 4 个接口,用于描述正方形(Square)、长方形(Rectangle)、圆形(Circle)和三角形(Triangle)。在每个接口中,均声明了一个属性 kind,用于标识图形的类型,以及计算各自图形面积所对应的尺寸属性。

在第 25 行代码中,通过 type 定义了一个可辨识的联合类型 Shape,具体包括前面定义的 4 个接口类型(Square | Rectangle | Circle | Triangle)。

在第 31～46 行代码中,定义了一个用于识别图形类型并计算相应图形面积的函数方法 funcCalArea()。该方法传递一个可辨识的联合类型 Shape 的参数 s,先通过判断参数的属性 s.kind 来识别具体图形的类型,再计算相应图形的面积。

在第 48～63 行代码中,分别测试了正方形(Square)、长方形(Rectangle)和圆形(Circle)接口的面积计算。

另外,这里需要特别说明一下函数方法 funcCalArea() 的内部实现,其中 switch 语句中没有包括三角形(Triangle)接口的面积计算。在 TypeScript 语法中,switch 语句判断的类型不全时会抛出异常错误。因此,在第 27～29 行代码中定义了一个识别异常的方法 assertNever()。将该方法放置于 switch 语句的默认(default)部分会有效地避免 tsc 编译器抛出异常错误。

下面测试一下这段 TypeScript 应用代码,具体如图 4.20 所示。

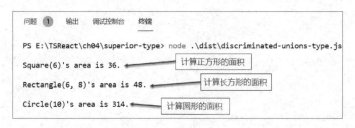

图 4.20　通过可辨识的联合类型设计实现计算图形面积的应用

如图 4.20 所示，从对正方形（Square）、长方形（Rectangle）和圆形（Circle）的面积计算结果看，通过可辨识的联合类型（Shape）成功地识别出了不同图形的类别。

4.3.11 开发实战：索引类型应用

只要在 TypeScript 语法中使用索引类型，编译器就可以检查使用了动态属性名的代码。索引类型在 TypeScript 语言中已经被使用，如从一个对象中选取属性值子集的过程。

【例 4.19】JavaScript 从对象中选取属性值子集的应用。

该应用的源代码如下。

```
--------------- path : ch04/superior-types/src/index-type.js ---------------
1  /**
2   * types : Index Type
3   */
4
5  // TODO: declare interface
6  interface Person {
7      name: string;
8      age: number;
9  }
10 // TODO: define function
11 function funcGetProperty(o, names) {
12     return names.map(n => o[n]);
13 }
14 // TODO: usage
15 let person: Person = {
16     name: 'king',
17     age: 26
18 }
19 let pName = funcGetProperty(person, ['name']);
20 let pAge = funcGetProperty(person, ['age']);
21 console.log(`${pName} : ${pAge}`);
```

上述代码说明如下。

在第 6~9 行代码中，声明了一个用于描述个人信息的接口 Person，并定义了用于描述姓名（name）和年龄（age）的属性。

在第 11~13 行代码中，定义了一个用于获取对象属性值子集的函数方法 funcGetProperty()。

在第 12 行代码中，通过在参数 names 上调用方法 map()返回了属性值集合。

在第 15～21 行代码中，测试了使用函数方法 funcGetProperty()获取对象（Person）属性（name 和 age）值的过程。

下面测试一下这段 TypeScript 应用代码，具体如图 4.21 所示。

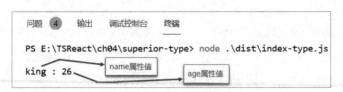

图 4.21　JavaScript 从对象中选取属性值子集的应用

如图 4.21 所示，通过函数方法 funcGetProperty()以索引类型的方式成功获取了对象（person）属性值的子集。

同样地，使用 TypeScript 语言也可以实现上述代码的功能，但是在 TypeScript 语法上需要使用一些特殊的操作符，具体如下。

【例 4.20】TypeScript 从对象中选取属性值子集的应用。

该应用的源代码如下。

```
---------------- path : ch04/superior-types/src/index-type.ts --------------
1  /**
2   * types : Index Type
3   */
4
5  // TODO: declare interface
6  interface Person {
7      name: string;
8      age: number;
9  }
10 // TODO: define function
11 function funcGetProperty<T, K extends keyof T>(o: T, name: K): T[K] {
12     return o[name]; // o[name] is of type T[K]
13 }
14 // TODO: usage
15 let person: Person = {
16     name: 'tina',
17     age: 18
18 }
19 let tName: string = funcGetProperty(person, 'name');
20 let tAge: number = funcGetProperty(person, 'age');
21 console.log(tName + " : " + tAge);
```

上述代码说明如下。

在第 6～9 行代码中，声明了一个用于描述个人信息的接口 Person，并定义了两个用于描述姓名（name）和年龄（age）的属性。

在第 11～13 行代码中，定义了一个用于获取对象属性值子集的泛型函数 funcGetProperty。其中，通过 TypeScript 语法中的索引类型查询 keyof 操作符，获取了泛型 <T> 上已知的公共属性名的联合 K。另外，通过 TypeScript 语法中的索引访问 T[K] 操作符定义了函数的返回类型。

在第 15～21 行代码中，测试了使用泛型函数 funcGetProperty 获取对象（person）属性（name 和 age）值的过程。

下面测试一下这段 TypeScript 应用代码，具体如图 4.22 所示。

图 4.22　TypeScript 从对象中选取属性值子集的应用

如图 4.22 所示，通过泛型函数 funcGetProperty 以索引类型的方式，成功获取了对象 person 的属性值子集。

4.3.12　开发实战：映射类型应用

在 TypeScript 语法中使用映射类型，可以将原类型分别转换为只读类型和可选类型。请看下面的应用。

第 1 步：定义一个描述人员基本信息的简单接口（IPerson）。

【例 4.21】描述人员基本信息的简单接口（IPerson）。

相关源代码如下。

```
---------------- path : ch04/superior-types/src/mapped-type.js --------------
1  // TODO: declare interface
2  interface IPerson {
3     name: string;
4     age: number;
5  }
```

第 2 步：通过映射类型方式将原接口 IPerson 的属性转换为只读属性。

【例 4.22】通过映射类型方式将原接口 IPerson 的属性转换为只读属性。

相关源代码如下。

```
-------------- path : ch04/superior-types/src/mapped-type.js --------------
1  // TODO: define readonly mapped
2  type TReadonly<T> = {
3      readonly [P in keyof T]: T[P];
4  }
5  type ReadonlyPerson = TReadonly<IPerson>;
```

上述代码说明如下。

在第 2~4 行代码中，以泛型方式定义了一个映射类型 TReadonly，通过只读（readonly）操作符将属性转换为只读属性。

在第 5 行代码中，使用映射类型 TReadonly 在原接口 IPerson 的基础上转换并生成了一个只读类型 ReadonlyPerson。这样，类型 ReadonlyPerson 会继承原接口 IPerson 中的全部属性，并将每个属性均转换为只读的。

第 3 步：通过映射类型方式将原接口 IPerson 的属性转换为可选属性。

【例 4.23】通过映射类型方式将原接口 IPerson 的属性转换为可选属性。

相关源代码如下。

```
-------------- path : ch04/superior-types/src/mapped-type.js --------------
1  // TODO: define optional mapped
2  type TOptional<T> = {
3      [P in keyof T]?: T[P];
4  }
5  type OptionalPerson = TOptional<IPerson>;
```

上述代码说明如下。

在第 2~4 行代码中，以泛型方式定义了一个映射类型 TOptional，通过可选（?）操作符将属性转换为可选属性。

在第 5 行代码中，使用映射类型 TOptional 在原接口 IPerson 的基础上转换并生成了一个可选类型 OptionalPerson。这样，类型 OptionalPerson 会继承原接口 IPerson 中的全部属性，并将每个属性均转换为可选的。

第 4 步：编写代码测试一下基于映射类型 TReadonly 和 TOptional 生成的只读类型 ReadonlyPerson 和可选类型 OptionalPerson 的使用效果。

【例 4.24】测试只读类型 ReadonlyPerson 和可选类型 OptionalPerson 的使用效果。

相关源代码如下。

```
-------------- path : ch04/superior-types/src/mapped-type.js --------------
1  // TODO: usage mapped readonly type
2  let rp: ReadonlyPerson = {
```

```
 3      name: 'king',
 4      age: 26
 5  }
 6  console.log("origin rp:");
 7  console.log(rp);
 8  rp.name = 'cici';
 9  rp.age = 8;
10  console.log("modified rp:");
11  console.log(rp);
12  // TODO: usage mapped optional type
13  let op: OptionalPerson = {
14      name: 'tina'
15  }
16  console.log("origin op:");
17  console.log(op);
```

上述代码说明如下。

在第 2～5 行代码中，定义了一个只读类型 ReadonlyPerson 的对象 rp，并进行了初始化。

在第 8 行和第 9 行代码中，尝试修改只读对象 rp 的属性值。

在第 13～15 行代码中，定义了一个可选类型 OptionalPerson 的对象 op，并初始化了一个属性 name。可选类型 OptionalPerson 是基于接口 IPerson 转换而来的，默认有两个属性（name 和 age）。

下面测试一下这段 TypeScript 应用代码，具体如图 4.23 所示。

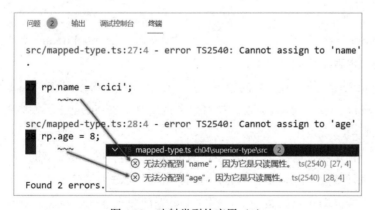

图 4.23　映射类型的应用（1）

如图 4.23 所示，命令行终端给出了编译错误提示表明只读类型对象 rp 的属性 name 和 age 均是只读的，也就是无法重新进行赋值。

下面将第 8 行和第 9 代码添加注释标签停止执行，再测试一下这段 TypeScript 应用代码，具体如图 4.24 所示。

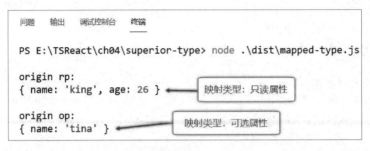

图 4.24　映射类型的应用（2）

如图 4.24 所示，可选类型对象 op 的属性是可选的，因此即使只初始化一个属性也能够通过编译。

4.4　TypeScript 迭代器与生成器

本节介绍 TypeScript 语法中的迭代器（Iterator）和生成器（Generator），具体包括基础概念、设计原理和使用方法等。迭代器和生成器属于 TypeScript 语法中的高级特性。

4.4.1　迭代器与生成器介绍

在 TypeScript 语法高级特性中，如果一个对象实现了 Symbol.iterator 属性方法，则认为其是可迭代的，也就是该对象具有迭代器功能。

在一些 TypeScript 语言所内置的类型（如 Array、Map、Set、String 等）中，均已经实现了各自的 Symbol.iterator 属性方法。在对象上调用 Symbol.iterator 属性方法，可以返回可供迭代的值。

生成器是一种能够中途停止，并从停止的位置继续运行的函数。借助"yield"或"return"命令可以停止执行函数。TypeScript 通过 "function *" 语法来创建一个生成器函数，在调用生成器函数后不会立即执行函数中的代码，而是返回一个迭代器对象。调用迭代器对象的方法 next()可以获得 "yield / return" 的返回值。

TypeScript 语法中的迭代器和生成器是两个概念，而且这两个概念很容易混淆，原因在于生成器会借助迭代器的功能。

4.4.2　开发实战：迭代器应用

TypeScript 在对象上使用迭代器功能，主要通过 for…of…语句来完成。在 TypeScript 代码中，for…of…语句会遍历可迭代的对象，并调用对象上的 Symbol.iterator 属性方法。

下面编写一个通过 for…of…语句操作对象迭代器的应用。

【例 4.25】通过 for…of…语句操作对象迭代器的应用。

该应用的源代码如下。

```
-------------- path : ch04/iterator-generator/src/iterator.ts --------------
1  /**
2   * iterator
3   */
4
5  // TODO: define array
6  let someArray: any = [1, "string", true];
7  // TODO: array iterator - for...of...
8  console.log("array iterator:");
9  for(let a of someArray) {
10     console.log(a);
11 }
12 // TODO: define set
13 let someSet = new Set([3, "set", true]);
14 // TODO: set iterator - for...of...
15 console.log("set iterator:");
16 for(let s of someSet) {
17     console.log(s);
18 }
```

上述代码说明如下。

在第 6 行代码中，定义了一个数组 someArray。

在第 9～11 行代码中，通过 for…of…语句迭代了 someArray 数组的全部数据项。

在第 13 行代码中，定义了一个集合 someSet，并进行了初始化。

在第 16～18 行代码中，通过 for…of…语句迭代了集合 someSet 的全部键值。

下面测试一下这段 TypeScript 应用代码，具体如图 4.25 所示。

如图 4.25 所示，通过 for…of…语句使用数组迭代器和集合迭代器，成功输出了数组和集合中的全部数据项内容。

在 TypeScript 语法中，除了可以使用 for…of…语句来完成迭代操作，还可以使用

for...in...语句来迭代对象，不过二者的功能略有不同。通过 for...of...语句迭代对象后将返回对象中键（Key）所对应的值（Value），而通过 for...in...语句迭代对象后将返回对象中的键。

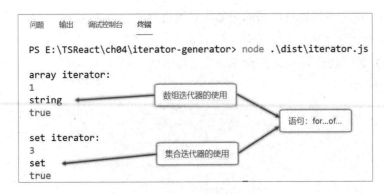

图 4.25　通过 for...of...语句操作对象迭代器的应用

下面编写一个通过 for...in...语句操作对象迭代器的应用。

【例 4.26】通过 for...in...语句操作对象迭代器的应用。

该应用的源代码如下。

```
-------------- path : ch04/iterator-generator/src/iterator.ts --------------
1  /**
2   * iterator
3   */
4
5  // TODO: define array
6  let someArray: any = [1, "string", true];
7  // TODO: iterator - for...in...
8  console.log("array iterator:");
9  for(let i in someArray) {
10     console.log(i);
11 }
12 // TODO: define set
13 let someSet: any = new Set();
14 someSet["key1"] = "value1";
15 someSet["key2"] = "value2";
16 someSet["key3"] = "value3";
17 // TODO: set iterator - for...in...
18 console.log("set iterator:");
19 for(let s in someSet) {
```

```
20      console.log(s);
21  }
```

上述代码说明如下。

在第 6 行代码中，定义了一个数组 someArray。

第 9～11 行代码通过 for...in...语句迭代了 someArray 数组的全部数据项。

在第 13～16 行代码中，定义了一个集合 someSet，并以"key-value"的方式对集合进行了初始化。

在第 19～21 行代码中，通过 for...in...语句迭代了集合 someSet 中的全部键值。

下面测试一下这段 TypeScript 应用代码，具体如图 4.26 所示。

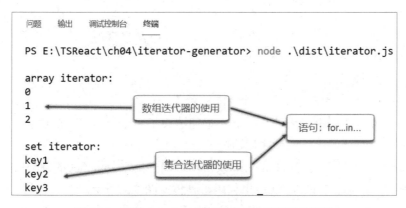

图 4.26　通过 for...in...语句操作对象迭代器的应用

如图 4.26 所示，通过 for...in...语句使用数组迭代器和集合迭代器，成功输出了数组下标序号（0、1、2）和集合键的全部序列内容。

通过 for...in...语句实现的迭代操作，可以满足同时需要获取键和值的场景。下面是一个通过 for...in...语句操作 JSON 对象和集合（Set）对象迭代器的应用。

【例 4.27】通过 for...in...语句操作 JSON 对象和集合对象迭代器的应用。

该应用的源代码如下。

```
-------------- path : ch04/iterator-generator/src/iterator.ts ----------------
1  /**
2   * iterator
3   */
4
5  // TODO: define json object
6  let someObj: any = {
7      "a": 1,
8      "b": 2,
```

```
 9       "c": 3
10  }
11  // TODO: iterator - for...in...
12  for(let k in someObj) {
13      console.log(`${k} : ${someObj[k]}`);
14  }
15  // TODO: define set
16  let someSet: any = new Set();
17  someSet["key1"] = "value1";
18  someSet["key2"] = "value2";
19  someSet["key3"] = "value3";
20  // TODO: iterator - for...in...
21  for(let s in someSet) {
22      console.log(`someSet[${s}] = ${someSet[s]}`);
23  }
```

上述代码说明如下。

在第 6～10 行代码中，定义了一个 JSON 对象 someObj。

在第 12～14 行代码中，通过 for…in…语句迭代了对象 someObj 的键和值。

在第 16～19 行代码中，定义并初始化了一个集合 someSet。

在第 21～23 行代码中，通过 for…in…语句迭代了集合 someSet 的键和值。

下面测试一下这段 TypeScript 应用代码，具体如图 4.27 所示。

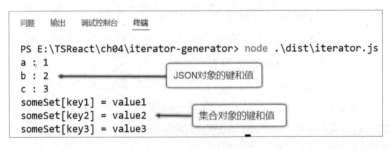

图 4.27　通过 for…in…语句操作 JSON 对象和集合对象迭代器的应用

如图 4.27 所示，通过 for…in…语句成功获取了 JSON 对象和集合对象的键和值。

此外，比较常用的 Map 对象也支持使用迭代器功能，主要通过 ES6 语法中新增的一组方法来实现，具体如下。

- 方法 keys()：获取全部键。
- 方法 values()：获取全部值。
- 方法 entries()：获取全部键值对。

下面编写一个通过 for…of…语句操作 Map 对象全部键值的应用。

【例 4.28】通过 for...of...语句操作 Map 对象全部键值的应用。

该应用的源代码如下。

```
-------------- path : ch04/iterator-generator/src/iterator.ts --------------
1  /**
2   * iterator
3   */
4
5  // TODO: define map
6  let someMap: any = new Map();
7  someMap.set("key1", "map1");
8  someMap.set("key2", "map2");
9  someMap.set("key3", "map3");
10 // TODO: Map's iterator - for...of...
11 for(var m of someMap.keys()) {
12     console.log(m);
13 }
14 for(var v of someMap.values()) {
15     console.log(v);
16 }
17 for(var [key, value] of someMap.entries()) {
18     console.log(`someMap[${key}, ${value}]`);
19 }
```

上述代码说明如下。

在第 6~9 行代码中，定义了一个 Map 对象 someMap。

在第 11~13 行、第 14~16 行和第 17~19 行代码中，分别通过方法 keys()、values()和 entries()迭代了该 Map 对象的全部键值。

下面测试一下这段 TypeScript 应用代码，具体如图 4.28 所示。

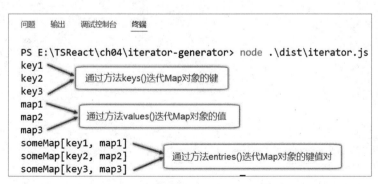

图 4.28　通过 for...of...语句操作 Map 对象全部键值的应用

如图 4.28 所示，通过 for…of…语句测试使用映射对象的迭代器，成功输出了全部的键值对。

4.4.3 开发实战：生成器应用

在 TypeScript 语法高级特性中，当生成目标为 ES5 或 ES3 版本时，迭代器只允许在数组类型上使用。在非数组值上使用 for…of…语句会得到一个错误，即使这些非数组值已经实现了 Symbol.iterator 属性方法也不行。

例如，下面针对数组进行迭代操作的代码可以得到正确的转义。

【例 4.29】TypeScript 生成器的应用。

相关源代码如下。

```
-------------- path : ch04/iterator-generator/src/generator.ts -------------
1  /**
2   * generator
3   */
4
5  // TODO: for...of...
6  let numbers = [1, 2, 3];
7  for (let num of numbers) {
8      console.log(num);
9  }
```

【例 4.30】将上面的 TypeScript 代码转义后生成 JavaScript 代码。

相关源代码如下。

```
-------------- path : ch04/iterator-generator/dist/generator.js -----------
1  "use strict";
2
3  /**
4   * generator
5   */
6  // TODO: for...of...
7  var numbers = [1, 2, 3];
8
9  for (var _i = 0, _numbers = numbers; _i < _numbers.length; _i++) {
10    var num = _numbers[_i];
11    console.log(num);
12  }
```

如【例 4.30】中的 JavaScript 代码所示，for…of…语句经过转义后生成了一个简单的

for 循环语句。

下面尝试在一个非数组（如 JSON 对象）上使用 for...of...语句进行迭代操作。

【例 4.31】TypeScript 在 JSON 对象上使用 for...of...语句进行迭代操作。

相关源代码如下。

```
--------------- path : ch04/iterator-generator/src/generator.ts ------------
1  /**
2   * generator
3   */
4
5  // TODO: for...of...
6  let jsons = {
7      "a": 1,
8      "b": 2,
9      "c": 3
10 };
11 for (let j of jsons) {
12     console.log(j);
13 }
```

下面测试一下这段 TypeScript 应用代码，具体如图 4.29 所示。

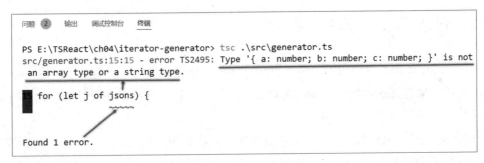

图 4.29　TypeScript 生成器报错

如图 4.29 所示，通过 for...of...语句使用 JSON 对象迭代器，发生了 TypeScript 生成器报错的情况。

4.5　TypeScript 模块与命名空间

本节介绍 TypeScript 语法中的模块（Module）与命名空间（Namespce），具体包括模块与命名空间的基本概念、设计原理和使用方法等。模块和命名空间属于 TypeScript 语法中的高级特性。

4.5.1　模块与命名空间介绍

在 TypeScript 语法高级特性中，有模块和命名空间这两个概念。在 TypeScript 1.5 版本之前，这个两个概念被称为模块，仅区分为内部模块和外部模块。自 TypeScript 1.5 版本开始，内部模块被单独命名为命名空间，而外部模块被单独命名为模块。之所以进行这样的调整，是为了与 ES6 版本中的概念保持一致。

根据 TypeScript 语法的定义，模块执行在其自身的作用域中，而不是执行在全局作用域中。因此，声明在一个模块中的变量、函数、接口、类和类型别名等，在模块外部是不可见的。在 TypeScript 代码中定义模块时，使用 module 关键字来声明。

当在 TypeScript 代码中定义命名空间时，使用 namespace 关键字来声明。另外，之前使用 module 关键字来声明的内部模块，现在都应该使用 namespace 关键字来替换。将原来的内部模块和外部模块更改为模块和命名空间，可以很好地避免初学者将内部模块和外部模块混淆。

4.5.2　开发实战：模块应用

TypeScript 模块是自声明的，多个模块之间的关系是通过在文件级别上使用 import 和 export 关键字来建立的。TypeScript 模块与 ES6 模块一样，任何包含顶级 import 或 export 关键字的文件都被当成一个模块。

在 TypeScript 内部逻辑中，模块使用模块加载器导入其他的模块。在运行时，模块加载器的作用是在执行此模块代码前查找并执行这个模块的所有依赖。类似地，大家所熟知的 JavaScript 模块加载器服务于 Node.js 的 CommonJS 规范和 Web 应用的 Require.js 模块。

在 TypeScript 代码中，任何声明（如变量、函数、接口、类或类型别名等）都能够通过 export 关键字进行导出。如果想使用其他模块导出的变量、函数、接口、类或类型别名等声明，则必须使用 import 关键字进行导入。

下面介绍一个基于正则表达式实现个人信息类型（用户名、年龄和性别）验证器模块，并通过 export 和 import 关键字实现模块导出和模块导入的 TypeScript 应用，具体的模块功能架构如图 4.30 所示。

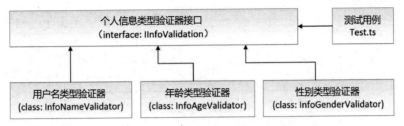

图 4.30　TypeScript 验证器模块功能架构

【例 4.32】TypeScript 个人信息类型验证器模块的应用——个人信息类型验证器接口（IInfoValidation）。

该应用实现个人信息类型验证器接口，通过 export 关键字实现模块的导出功能，其源代码如下。

```
--------------- path : ch04/modules/src/info-module.ts --------------------
1  /**
2   * modules - info type
3   */
4
5  // TODO: declare & export info validation interface
6  export interface IInfoValidation {
7      isInfoValid(info: string): boolean;
8  }
```

上述代码说明如下。

在第 6~8 行代码中，声明了个人信息类型验证器接口（IInfoValidation）模块。

在第 6 行代码中，接口 IInfoValidation 通过 export 关键字进行了模块导出。

在第 7 行代码中，声明了一个返回布尔类型的验证方法 isInfoValid()。

【例 4.33】TypeScript 个人信息类型验证器模块的应用——用户名类型验证器（InfoNameValidator）。

该应用的源代码如下。

```
--------------- path : ch04/modules/src/name-module.ts --------------------
1  /**
2   * modules - name type
3   */
4
5  // TODO: import interface
6  import { IInfoValidation } from "./info-module";
7
8  // TODO: define name regexp
9  const infoNameRegexp = /^[A-Za-z][A-Za-z0-9_]+$/;
10 // TODO: define & export class - name info validation
```

```
11  export default class InfoNameValidator implements IInfoValidation {
12      isInfoValid(info: string) {
13          if((info == "male") || (info == "female")) {
14              return false;
15          } else {
16              return info.length >= 3 && info.length <= 10 &&
    infoNameRegexp.test(info);
17          }
18      }
19  }
```

上述代码说明如下。

在第 6 行代码中，通过 import 关键字导入了接口 IInfoValidation。

在第 9 行代码中，定义了验证用户名类型信息的正则表达式。

在第 11～19 行代码中，定义了用户名类型验证器（InfoNameValidator）类，实现了继承自接口 IInfoValidation 中的验证方法 isInfoValid()，以及排除了描述性别的字符串 male 和 female。

在第 11 行代码中，InfoNameValidator 类通过 export 关键字和 default 关键字进行了模块导出。其中，default 关键字表示仅导出该单个类。

【例 4.34】TypeScript 个人信息类型验证器模块的应用——年龄类型验证器（InfoAgeValidator）。

该应用的源代码如下。

```
--------------- path : ch04/modules/src/age-module.ts ---------------------
1   /**
2    * modules - age type
3    */
4
5   // TODO: import interface
6   import { IInfoValidation } from "./info-module";
7
8   // TODO: define age regexp
9   const infoAgeRegexp = /^[0-9][0-9]?$/;
10  // TODO: define & export class - age info validation
11  export default class InfoAgeValidator implements IInfoValidation {
12      isInfoValid(info: string) {
13          return infoAgeRegexp.test(info);
14      }
15  }
```

上述代码说明如下。

在第 6 行代码中，通过 import 关键字导入了接口 IInfoValidation。

在第 9 行代码中，定义了验证年龄类型信息的正则表达式。

在第 11～15 行代码中，定义了年龄类型验证器（InfoAgeValidator）类，并通过 export
关键字和 default 关键字进行了模块导出。

【例 4.35】TypeScript 个人信息类型验证器模块的应用——性别类型验证器
（InfoGenderValidator）。

该应用的源代码如下。

```
---------------- path : ch04/modules/src/gender-module.ts ----------------
1  /**
2   * modules - gender type
3   */
4
5  // TODO: import interface
6  import { IInfoValidation } from "./info-module";
7
8  // TODO: define gender regexp
9  const infoGenderRegexp = /^male|female$/;
10 // TODO: define & export class - gender info validation
11 export default class InfoGenderValidator implements IInfoValidation {
12     isInfoValid(info: string) {
13         return infoGenderRegexp.test(info);
14     }
15 }
```

上述代码说明如下。

在第 6 行代码中，通过 import 关键字导入了接口 IInfoValidation。

在第 9 行代码中，定义了验证性别类型信息的正则表达式。

在第 11～15 行代码中，定义了性别类型验证器（InfoGenderValidator）类，并通过 export
关键字和 default 关键字进行了模块导出。

【例 4.36】TypeScript 个人信息类型验证器模块的应用——测试用例。

该应用的源代码如下。

```
---------------- path : ch04/modules/src/info-test.ts --------------------
1  /**
2   * test info modules
3   */
4
5  // TODO: import interface & class
6  import { IInfoValidation } from "./info-module";
7  import InfoNameValidator from "./name-module";
8  import InfoAgeValidator from "./age-module";
```

```
 9  import InfoGenderValidator from "./gender-module";
10
11  // TODO: usage info validation
12  let strTest = ["king", "king_88", "he", "hello_typescript", "26", "123",
"male", "female"];
13  let validators: { [s: string]: IInfoValidation; } = {};
14  validators["Name"] = new InfoNameValidator();
15  validators["Age"] = new InfoAgeValidator();
16  validators["Gender"] = new InfoGenderValidator();
17  // TODO: judge whether each string passed each validator
18  strTest.forEach(s => {
19    for(let info in validators) {
20    console.log(`"${s}" - ${validators[info].isInfoValid(s) ? "matches" :
"does not match"} ${info}`);
21    }
22  });
```

上述代码说明如下。

在第 6～9 行代码中，通过 import 关键字导入了相关的接口和类。

在第 12 行代码中，定义了用于测试验证器的一组个人信息字符串。

在第 18～22 行代码中，通过 forEach 语句和 for...in...语句逐一验证了测试字符串。

下面测试一下这段 TypeScript 应用代码，具体如图 4.31 所示。

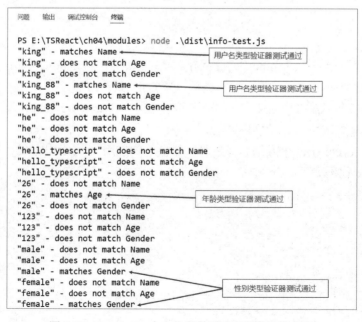

图 4.31　TypeScript 个人信息类型验证器模块的应用

如图 4.31 所示，通过验证器测试的字符串会提示信息 matches……而未通过验证器测试的字符串会提示信息 does not match……

4.5.3　开发实战：命名空间应用

命名空间可以很好地解决模块扩展需求。为什么这样讲呢？这里以 4.5.2 节中介绍的个人信息类型验证器模块为例，具体地讲解一下命名空间与模块的使用方法。

现在设想一下，需要在用户名、年龄和性别这 3 个信息类型基础上，增加一个邮箱信息类型，那么该如何操作呢？可能大家认为简单地增加一个模块就可以了，但其实没那么简单。这是因为在拥有大量模块的程序架构中，模块之间的关系相对比较复杂，增加一个模块可能会牵扯到全局架构的变动。此时，命名空间就可以发挥自身的作用了。下面具体介绍命名空间的应用。

因为 4.5.2 节中的个人信息类型验证器模块比较简单，仅包含用户名、年龄和性别这 3 个信息类型，所以我们完全可以将其整合到一个代码文件中，并通过 namespace 关键字添加到一个命名空间中。

【例 4.37】TypeScript 个人信息类型验证器模块命名空间的应用——定义命名空间（PersonalInfo）。

该应用的源代码如下。

```
------------------ path : ch04/namespaces/src/personal-info.ts -------------
1  /**
2   * namespace - Personal info
3   */
4
5  // TODO: declare namespace
6  namespace PersonalInfo {
7     // TODO: export interface
8     export interface IInfoValidation {
9        isInfoValid(info: string): boolean;
10    }
11    // TODO: define name regexp
12    const infoNameRegexp = /^[A-Za-z][A-Za-z0-9_]+$/;
13    // TODO: define & export class - name info validation
14    export class InfoNameValidator implements IInfoValidation {
15       isInfoValid(info: string) {
16          if((info == "male") || (info == "female")) {
17             return false;
18          } else {
19                      return info.length >= 3 && info.length <= 10 &&
infoNameRegexp.test(info);
```

```
20                    }
21              }
22        }
23        // TODO: define age regexp
24        const infoAgeRegexp = /^[0-9][0-9]?$/;
25        // TODO: define & export class - age info validation
26        export class InfoAgeValidator implements IInfoValidation {
27              isInfoValid(info: string) {
28                    return infoAgeRegexp.test(info);
29              }
30        }
31        // TODO: define gender regexp
32        const infoGenderRegexp = /^male|female$/;
33        // TODO: define & export class - gender info validation
34        export class InfoGenderValidator implements IInfoValidation {
35              isInfoValid(info: string) {
36                    return infoGenderRegexp.test(info);
37              }
38        }
39 }
```

上述代码说明如下。

在第 6~39 行代码中，声明了个人信息类型验证器的命名空间 PersonalInfo，包含接口 IInfoValidation 和验证类 InfoNameValidator、InfoAgeValidator 和 InfoGenderValidator。另外，接口和全部类通过 export 关键字进行了模块导出。具体实现的细节与前面的代码功能一致，此处不再赘述。

具体到刚刚需要增加的邮箱类型验证器，我们可以先将其单独写到一个文件中，再统一放置在命名空间 PersonalInfo 中，这样就可以被 TypeScript 编译器自动识别并编译整合到一起了。

【例 4.38】TypeScript 个人信息类型验证器模块命名空间的应用——邮箱类型验证器。

该应用实现邮箱类型验证器，通过 export 关键字实现模块的导出功能，其源代码如下。

```
--------------- path : ch04/namespaces/src/extra-email-info.ts -------------
1 /**
2  * namespace - Personal info - extra email
3  */
4
5 // TODO: reference interface & class
6 <reference path="personal-info.ts" />
7 // TODO: declare namespace
```

```
8   namespace PersonalInfo {
9       // TODO: define email regexp
10      const infoEmailRegexp = /^[a-zA-Z0-9_-]+@[a-zA-Z0-9_-]+\.(com|cn|org)$/;
11      // TODO: define & export class - age info validation
12      export class InfoEmailValidator implements IInfoValidation {
13          isInfoValid(info: string) {
14              return infoEmailRegexp.test(info);
15          }
16      }
17  }
```

上述代码说明如下。

在第 6 行代码中，通过<reference>标签引入接口 IInfoValidation，这是因为后面的邮箱类型验证类需要实现该接口。

在第 8～18 行代码中，再次声明了个人信息类型验证器的命名空间 PersonalInfo，包含邮箱类型验证类 InfoEmailValidator，并通过 export 关键字进行了模块导出。

【例 4.39】TypeScript 个人信息类型验证器模块命名空间的应用——测试用例。

该应用的源代码如下。

```
---------------- path : ch04/namespaces/src/index.ts -----------------------
1   /**
2    * test info modules
3    */
4
5   // TODO: reference interface & class
6   <reference path="personal-info.ts" />
7   <reference path="extra-email-info.ts" />
8   // TODO: usage info validation
9    let strTest = ["king@domian.com", "king@domian.cn", "king@domian.org",
"king@com", "king@.com", "king.domain.com"];
10  let info_validators: { [s: string]: PersonalInfo.IInfoValidation; } = {};
11  info_validators["Name"] = new PersonalInfo.InfoNameValidator();
12  info_validators["Age"] = new PersonalInfo.InfoAgeValidator();
13  info_validators["Gender"] = new PersonalInfo.InfoGenderValidator();
14  info_validators["Email"] = new PersonalInfo.InfoEmailValidator();
15  // TODO: judge whether each string passed each validator
16  strTest.forEach(s => {
17    for(let info in info_validators) {
18          console.log(`"${s}" - ${info_validators[info].isInfoValid(s) ?
"matches" : "does not match"} ${info}`);
19    }
20  });
```

上述代码说明如下。

在第 6 行和第 7 行代码中，通过<reference>标签引入了相关的接口和类。

在第 9 行代码中，定义了用于测试验证器的一组个人信息字符串。

在第 10～20 行代码中，通过 forEach 语句和 for…in…语句逐一验证了测试字符串。

通过命名空间（PersonalInfo）实现的个人信息类型（用户名、年龄、性别和邮箱）验证器模块，其模块功能架构大致如图 4.32 所示。

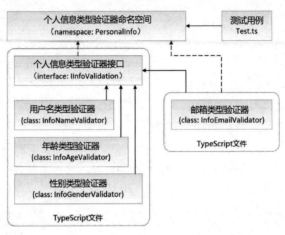

图 4.32　TypeScript 验证器命名空间与模块功能架构

下面测试一下这段 TypeScript 应用代码，具体如图 4.33 所示。

图 4.33　TypeScript 个人信息类型验证器模块命名空间的应用

如图 4.33 所示，通过邮箱类型验证器测试的邮箱地址会提示信息 matches……而未通过邮箱类型验证器测试的邮箱地址会提示信息 does not match……

4.5.4　TypeScript 模块解析

TypeScript 模块解析是基于 Node.js 运行时的解析策略在编译阶段定位模块来定义文件的。TypeScript 模块解析在 Node.js 解析的逻辑基础上，增加了 TypeScript 源文件的相关扩展名（.ts、.tsx 和.d.ts）。另外，TypeScript 在配置文件（package.json）中使用 types 字段来表示类似 main 字段的功能（编译器会使用该配置找到 main 定义文件）。

先举一个例子，假如有一个 import 关键字在/root/src/moduleB.ts 文件中，具体为 import { a } from "./moduleA"，那么 TypeScript 编译器会按照下面的路径流程来定位./moduleA 的位置。

```
/root/src/moduleA.ts
/root/src/moduleA.tsx
/root/src/moduleA.d.ts
/root/src/moduleA/package.json    (指定了 types 字段属性)
/root/src/moduleA/index.ts
/root/src/moduleA/index.tsx
/root/src/moduleA/index.d.ts
```

不难发现，该流程与 Node.js 的解析流程基本一致，也是首先查找 moduleB.js 文件，然后查找合适的 package.json，最后查找 index.js。

类似地，非相对路径的导入会遵循 Node.js 的解析逻辑，即先查找文件，再查找合适的文件夹。

再举一个例子，假如有一个 import 关键字在/root/src/moduleB.ts 文件中，具体为 import { a } from "moduleA"，那么 TypeScript 编译器会按照下面的路径流程来定位./moduleA 的位置。

```
1  /root/src/node_modules/moduleB.ts
2  /root/src/node_modules/moduleB.tsx
3  /root/src/node_modules/moduleB.d.ts
4  /root/src/node_modules/moduleB/package.json (指定了 types 字段属性)
5  /root/src/node_modules/moduleB/index.ts
6  /root/src/node_modules/moduleB/index.tsx
7  /root/src/node_modules/moduleB/index.d.ts
8  /root/node_modules/moduleB.ts
9  /root/node_modules/moduleB.tsx
```

```
10  /root/node_modules/moduleB.d.ts
11  /root/node_modules/moduleB/package.json (指定了 types 字段属性)
12  /root/node_modules/moduleB/index.ts
13  /root/node_modules/moduleB/index.tsx
14  /root/node_modules/moduleB/index.d.ts
15  /node_modules/moduleB.ts
16  /node_modules/moduleB.tsx
17  /node_modules/moduleB.d.ts
18  /node_modules/moduleB/package.json (指定了 types 字段属性)
19  /node_modules/moduleB/index.ts
20  /node_modules/moduleB/index.tsx
21  /node_modules/moduleB/index.d.ts
```

该流程看似烦琐，但逻辑性很强。TypeScript 解析器只在第 8 行和第 15 行代码中，分别向上级目录跳了两次，其解析流程并不比 Node.js 的复杂。

4.6　TypeScript 装饰器

本节介绍 TypeScript 语法中的装饰器（Decorator），具体包括装饰器的概念、类型和应用等。装饰器同样属于 TypeScript 语法中的高级特性。

4.6.1　装饰器介绍

在 TypeScript 语法高级特性中，装饰器是一种特殊类型的声明，提供额外特性来支持标注或修改类及其成员。装饰器能够附加到类的本体、方法、属性、访问器或参数的声明上，在实现功能扩展或行为修改的同时能够保证不直接修改类本体。

TypeScript 装饰器为类及其成员在元编程语法的基础上提供了添加标注的一种方式。在使用装饰器时，采用 "@expression" 这种书写形式。语法中的表达式（Expression）求值后必须为一个函数，并且在运行时被调用，被装饰的声明信息作为参数传入。

特别说明：虽然 JavaScript 语法中的装饰器目前处在建议征集的第二阶段，但是 TypeScript 语法中的装饰器作为一项实验性（表示未来有可能会进行较大的修改）特性已经得到了很好的实践支持。

若要在 TypeScript 代码中启用实验性的装饰器特性，则必须在命令行终端或配置文件（tsconfig.json）中启用 experimentalDecorators 编译器选项。

在命令行终端中启用 experimentalDecorators 编译器选项的写法如下。

```
tsc --target ES5 --experimentalDecorators
```

在配置文件（tsconfig.json）中启用 experimentalDecorators 编译器选项的写法如下。

```
tsconfig.json: {
   "compilerOptions": {
      "target": "ES5",
      "experimentalDecorators": true
   }
}
```

4.6.2　开发实战：装饰器应用

下面编写一个最基本、最简单的 TypeScript 装饰器应用。

【例 4.40】TypeScript 装饰器的应用。

该应用的源代码如下。

```
--------------- path : ch04/decorators/decorators-basic.ts ----------------
1  /**
2   * Decorators - Basic
3   */
4
5  // TODO: define decorator
6  function HelloDecorator(target: any) {
7      console.log("Hello, decorator!");
8  }
9  // TODO: define class & use decorator
10 @HelloDecorator
11 class DecoratorBasic {}
```

上述代码说明如下。

在第 6～8 行代码中，声明了一个装饰器函数 HelloDecorator，其中参数为 Any 类型。

在第 7 行代码中，输出了一行提示信息。

在第 11 行代码中，定义了一个空类 DecoratorBasic，没有添加任何实际功能。

在第 10 行代码中，通过符号"@"引用装饰器函数 HelloDecorator，将该装饰器
@HelloDecorator 附加到空类 DecoratorBasic 上。

注意：在书写代码时，装饰器必须放到类名的前面。

下面测试一下这段 TypeScript 应用代码，具体如图 4.34 所示。

如图 4.34 所示，通过附加到空类 DecoratorBasic 上的装饰器@HelloDecorator，实现了
在没有添加任何实际功能的类上，输出提示信息的功能。

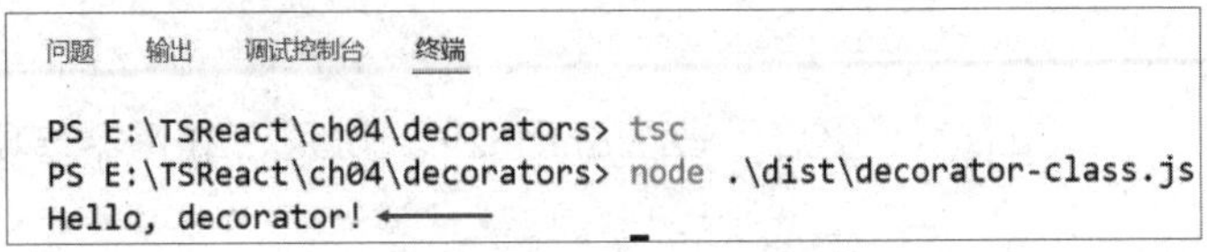

图 4.34　TypeScript 装饰器的应用

4.6.3　开发实战：类装饰器应用

本节介绍类装饰器。该类型装饰器用于修改类的构造函数，其参数是类的构造函数。
下面通过类装饰器设计实现为类增加成员属性的应用。

【例 4.41】通过类装饰器设计实现为类增加成员属性的应用。

该应用的源代码如下。

```
----------------- path : ch04/decorators/decorators-class.ts ---------------
1  /**
2   * Decorators - Class
3   */
4
5  // TODO: define decorator
6  function AddAge(constructor: Function) {
7      constructor.prototype.age = 26;
8  }
9  // TODO: define class
10 @AddAge
11 class DecoratorClass {
12     name: string;
13     constructor(name: string) {
14         this.name = name;
15     }
16 }
17 // TODO: usage
18 let dc = new DecoratorClass("king");
19 console.log(dc);
20 console.log(dc.age);
21 dc.name = "tina";
22 dc.age = 18;
23 console.log(dc);
```

上述代码说明如下。

在第 11～16 行代码中，声明了一个类 DecoratorClass，定义了一个属性 name，并实现了类的构造方法。

在第 6～8 行代码中，声明了一个类装饰器函数 AddAge。其中，参数 constructor 为函数（Function）类型，指向目标装饰类的构造方法。

在第 7 行代码中，通过原型 prototype 增加了一个属性 age，并进行了初始化。

在第 10 行代码中，通过符号 "@" 引用类装饰器函数 AddAge，将该类装饰器 "@AddAge" 附加到类 DecoratorClass 上，实现了修改类 DecoratorClass 的行为，增加了一个类成员属性 age。

在第 18～23 行代码中，创建了一个类的实例 dc，并只初始化了属性 name。

在第 20 行和第 22 行代码中，尝试通过实例 dc 对属性 age 进行了输出和修改操作。

下面测试一下这段 TypeScript 应用代码，具体如图 4.35 所示。

图 4.35　通过类装饰器设计实现为类增加成员属性的应用

如图 4.35 所示，虽然通过实例 dc 输出的内容不包含属性 age，但是通过实例 dc 显式地调用属性 age 成功输出了属性值，表明附加到类 DecoratorClass 上的类装饰器@AddAge 成功修改了类的行为。

4.6.4　开发实战：类方法装饰器应用

本节介绍类方法装饰器。该类型装饰器用于修改类的成员方法。类方法装饰器函数包含 3 个固定的参数，分别是 target、key 和 descriptor，详细说明如下。

- 参数 target：在装饰静态成员时是类的构造函数，而在装饰实例成员时是类的原型对象。
- 参数 key：被装饰的类成员方法的名称。
- 参数 descriptor：被装饰的类成员方法的属性描述符。

下面通过类方法装饰器设计实现修改原始类成员方法行为的应用。

【例 4.42】通过类方法装饰器设计实现修改原始类成员方法行为的应用。

该应用的源代码如下。

```
------------------ path : ch04/decorators/decorators-method.ts ------------
1  /**
2   * Decorators - Class Method
3   */
4
5  // TODO: define decorator
6    function getNameDecorator(target: any, key: string, descriptor:
PropertyDescriptor) {
7      console.log(target);
8      console.log(key);
9      console.log(descriptor);
10     descriptor.value = function() {
11         return "Name: " + this.name;
12     };
13 }
14 // TODO: define class
15 class DecoratorClassMethod {
16     name: string;
17     constructor(name: string) {
18         this.name = name;
19     }
20     @getNameDecorator
21     getName() {
22         return this.name;
23     }
24 }
25 // TODO: usage
26 let dcm = new DecoratorClassMethod("king");
27 console.log(dcm.getName());
```

上述代码说明如下。

在第 15～24 行代码中，声明了一个类 DecoratorClassMethod，定义了一个属性 name，实现了类的构造方法，创建了一个获取属性值的方法 getName()。

在第 6～13 行代码中，声明了一个类方法装饰器函数 getNameDecorator，以及 3 个固定参数 target、key 和 descriptor。

在第 10～12 行代码中，通过参数 descriptor 修改了原始类方法 getName()的行为。

在第 20 行代码中，通过符号"@"引用类方法装饰器函数 getNameDecorator，将该类方法装饰器@getNameDecorator 附加到类 DecoratorClassMethod 的成员方法 getName ()上，修改了该方法返回值的字符串格式。

在第 26 行和第 27 行代码中，创建了一个类的实例 dcm，并调用方法 getName()测试了类方法装饰器的修改效果。

下面测试一下这段 TypeScript 应用代码，具体如图 4.36 所示。

图 4.36　通过类方法装饰器设计实现修改原始类成员方法行为的应用

如图 4.36 所示，提示信息中依次输出了参数 target、key 和 descriptor 的内容。另外，通过类方法装饰器@getNameDecorator 修改的类成员方法 getName()，成功将提示信息"Name："添加了进去。

4.6.5　开发实战：类属性装饰器应用

本节介绍类属性装饰器。该类型装饰器用于修改类的成员属性。类属性装饰器函数包含 2 个固定的参数，分别是 target 和 key，详细说明如下。

- 参数 target：在装饰静态成员时是类的构造函数，而在装饰实例成员时是类的原型对象。
- 参数 key：被装饰的类成员属性的名称。

下面通过类属性装饰器设计实现修改原始类成员属性行为的应用。

【例 4.43】通过类属性装饰器设计实现修改原始类成员属性行为的应用。

该应用的源代码如下。

```
---------------- path : ch04/decorators/decorators-property.ts ------------
1  /**
2   * Decorators - Class Property
```

```
3   */
4
5   // TODO: define decorator
6   function nameDecorator(target: any, key: string): any {
7       console.log(target);
8       console.log(key);
9       const descriptor: PropertyDescriptor = {
10          writable: false
11      }
12      return descriptor;
13  }
14  // TODO: define class
15  class DecoratorClassProperty {
16      // @nameDecorator
17      name: string;
18      constructor(name: string) {
19          this.name = name;
20      }
21      getName() {
22          return this.name;
23      }
24  }
25  // TODO: usage & test
26  let dcp = new DecoratorClassProperty("king");
27  console.log(dcp.getName());
```

上述代码说明如下。

在第 15~24 行代码中，声明了一个类 DecoratorClassProperty，定义了一个属性 name，实现了类的构造方法，创建了一个获取属性值的方法 getName()。

在第 6~13 行代码中，声明了一个类属性装饰器函数 nameDecorator，以及 2 个固定参数 target 和 key。

在第 9~12 行代码中，通过参数 descriptor 设置了 writable 属性值为 false，修改了原始类属性 name 为只读的。

在第 16 行代码中，通过符号"@"引用类属性装饰器函数 nameDecorator，将该类属性装饰器@nameDecorator 附加到类 DecoratorClassProperty 的成员属性 name 上，将该属性修改为只读的。

在第 26 行和第 27 行代码中，创建了一个类的实例 dcp，并调用方法 getName()测试了类属性装饰器的修改效果。

下面先通过注释标签将第 16 行代码停止执行，测试一下这段 TypeScript 应用代码，具体如图 4.37 所示。

图 4.37　通过类属性装饰器设计实现修改原始类成员属性行为的应用（1）

如图 4.37 所示，提示信息中输出了第 26 行代码通过构造方法初始化的数据。

然后将第 16 行代码的注释标签去掉，恢复该类属性装饰器的执行，测试一下这段 TypeScript 应用代码，具体如图 4.38 所示。

图 4.38　通过类属性装饰器设计实现修改原始类成员属性行为的应用（2）

如图 4.38 所示，提示信息说明属性 name 是只读的，无法对该属性进行赋值操作。

4.7　小结

本章介绍的 TypeScript 语言的高级特性是在 JavaScript 语言和 ES6 以上标准规范的基础上发展而来的，极大地增强了 TypeScript 语言的开发能力。

第 2 篇

React 快速开发

React 框架发展过程

React 框架基础进阶

React 高级指引

React Hook

第 5 章　React 框架发展过程

React 是一款非常流行的开源前端 Web 框架，与 AngularJS 和 Vue.js 并列被称为前端框架的"三驾马车"，在 Web 前端设计领域中具有十分强悍的开发性能。本章将详细地介绍 React 框架的基础知识及入门应用，帮助读者快速熟悉 React 应用开发的方法和流程。

本章主要涉及的知识点如下。

- React 框架介绍。
- React 框架特点。
- React 框架应用方式。
- 编写 React 应用。
- 搭建 React 开发环境。

5.1　React 框架介绍

React 框架自诞生开始就受到了广大前端开发人员的关注，这一切皆源自该框架自身的强大背景。React 框架设计之初是社交网络巨头 Meta 公司的一个内部项目，设计目标是用来架构 Instagram 网站。Instagram 就是大名鼎鼎的，用于图片分享的社交应用。用户可通过 Instagram 网站随时随地将抓拍的图片在移动终端设备（手机、平板电脑等）上进行分享。

React 框架与 Instagram 网站之间有一个很有趣的故事。Instagram 最初是一家独立的公司，在 2012 年被 Meta 公司收购。Meta 公司在考虑为 Instagram 设计 UI 时，对市面上绝大部分很成熟的 JavaScript MVC 前端框架均不太满意。于是，它开发了一个全新的前端框架，这就是 React 框架的由来。正因为如此，React 框架的设计思想很独特、视角很新奇，是一款革命性前端产品。

目前，React 框架已经被越来越多的开发人员关注和使用，由于 React 框架的大受欢迎，项目体量越来越大，该框架已经从最早的 UI 引擎演变成了一套覆盖前后端的 Web App 解决方案。React 框架凭借良好的性能优势、简洁的代码逻辑和庞大的受众群体，已经成为越来越多开发人员进行 Web App 应用开发的首选框架。

5.2　React 框架特点

React 框架主要用于构建 UI，而构建 UI 的核心思想就是封装组件。组件维护自身的状态和 UI，每当状态发生改变时就会自动重新渲染自身，而不需要通过反复查找 DOM 元素后再重新渲染整个组件。

React 框架支持传递多种类型的参数，如代码声明、动态变量，甚至是可交互的应用组件。因此，UI 渲染方式既可以通过传统的静态 HTML DOM 元素，也可以通过传递动态变量，甚至通过整个可交互的组件来完成。

下面简单概括一下 React 框架的主要优点（参考官方文档及网络资源）。

- 声明式设计：React 框架采用声明范式，可以轻松描述应用。
- 高效：React 框架通过对 DOM 的模拟，最大限度地减少与 DOM 的交互。
- 灵活：React 框架可以与已知的库或框架很好地配合。
- 使用 JSX/TSX 语法：JSX 是 JavaScript 语法的扩展，TSX 是 TypeScript 语法的扩展，它们可以极大地提高脚本语言的运行效率。
- 组件复用：通过 React 框架构建组件可使代码易于复用，在大型项目应用开发中发挥优势。
- 单向响应的数据流：React 框架实现了单向响应的数据流，减少了重复代码，使得数据绑定更简单。

另外，在 React Native 项目发展过程中，有开发人员希望通过用编写 Web App 的方式去编写 Native App。该方式如果能够实现工业化，相信未来的互联网行业会被重塑。这是因为，开发人员只需编写一次基于 React Native 项目的 UI，就能生成同时运行在服务器、PC 浏览器和移动终端（手机、平板电脑等）App 上的 UI。

5.3　React 框架应用方式

React 框架主要用于构建前端 UI，借助于其特有的组件模式，通过传递多种类型的参数（如声明代码、动态变量、可交互的应用组件）来渲染 UI（可以是静态的 HTML DOM 元素）。

React 框架主要有以下几种应用方式。

1．声明式

React 框架使得创建交互式 UI 变得轻而易举。为 React 应用的每个状态设计简洁的视图，当数据发生变化时，React 框架能高效更新并渲染合适的组件，极大地提高开发效率。React 框架以声明式编写的 UI，可以让代码更加可靠且方便调试。

2．组件化

构建管理自身状态的封装组件，并对其组合以构成复杂的 UI。基于组件逻辑可以轻松地在应用中传递数据，并保持状态与 DOM 的有效分离。

3．一次学习，随处编写

无论你现在使用什么技术栈，在不需要重写现有代码的前提下，均可通过引入 React 框架来开发新功能。React 框架可以使用 Node.js 进行服务器渲染，还可以使用 React Native 开发原生移动应用。

5.4　编写 React 应用

本节正式介绍使用 React 框架开发 Web 前端应用，其实就是一个最基本的 React 前端页面。经过思考，编著者认为从最简单、最基本的"Hello React"开始是最合适的。本节介绍将传统意义的 HTML 网页内容以 React 框架渲染的方式来实现。

首先，安装和使用 React 框架。React 框架的安装和使用很简单，可以直接通过 CDN 方式获取 React 和 ReactDOM 的 UMD 版本引用。

上述版本仅用于开发环境，不适用于生产环境。在生产环境中，可以使用经过 React 框架压缩和优化之后的版本。

此外，需要引入 Babel 编译工具所需的库文件。

注意： 在生产环境中，不建议使用 Babel 库文件。

以 CDN 方式引入的一组库文件（react.js、react-dom.min.js 和 babel.min.js 这 3 个脚本文件，文件名为泛指），具体描述如下。

- react.js 是 React 框架的核心库。
- react-dom.min.js 提供与 DOM 相关的功能。
- babel.min.js 由 Babel 编译工具提供，可以将 ES6 代码转为 ES5 代码。这样可以在不支持 ES6 的浏览器上执行 React 应用代码（请读者注意，在生产环境中不建议使用 babel.min.js）。

下面是使用 React 框架实现"Hello React"应用。

【例 5.1】使用 React 框架实现"Hello React"应用。

该应用的源代码如下。

```
------------------ path : ch05/helloreact/hello-react.html ----------------
1  <!DOCTYPE html>
2  <html lang="en">
3  <head>
4      <meta charset="UTF-8" />
5      <meta content="width=device-width, initial-scale=1.0" name="viewport">
6      <title>Hello React</title>
7      <script src="https://*****.com/react@17/umd/react.development.js"></script>
8       <script src="https://*****.com/react-dom@17/umd/react-dom.development.js">
</script>
9      <!-- Don't use this in production: -->
10     <script src="https://*****.com/@babel/standalone/babel.min.js"></script>
11  </head>
12  <body>
13      <div id="root"></div>
14      <script type="text/babel">
15          ReactDOM.render(
16          <h1>Hello, React!</h1>, document.getElementById('root') );
17      </script>
18  </body>
19  </html>
```

上述代码说明如下。

在第 7 行、第 8 行和第 10 行代码中，以 CDN 方式分别引用了 React 框架所需的 3 个库文件（react.development.js、react-dom.development.js 和 babel.min.js）。

在第 13 行代码中，通过<div id="root">标签定义了一个层，用于显示通过 React 框架渲染的文本内容。

在第 14～17 行代码中，通过调用方法 ReactDOM.render()来渲染元素。首先，定义了要引入的元素节点<h1>。然后，获取了页面中要渲染的元素节点<div id="root">。最后，调用方法 ReactDOM.render()，将元素节点<h1>渲染到页面的层元素节点<div id="root">中。

这里使用了 React 框架中很重要的一个方法 render()，专门用于在页面中进行渲染操作。方法 ReactDOM.render()的语法格式简单介绍如下。

```
ReactDOM.render(element, container[, callback]);
```

方法 ReactDOM.render()的语法说明如下。

● 参数 element：必需的，表示渲染的源对象（元素或组件）。

- 参数 container：必需的，表示渲染的目标对象（元素或组件）。
- 参数 callback：可选的，用于定义回调方法。

对于【例 5.1】中使用的渲染方法（见第 14～17 行代码），虽然看上去很直观，但逻辑不太明显。下面尝试将【例 5.1】中使用的渲染方法按照如下方式进行改写，读者可能会比较容易理解。

【例 5.2】React 渲染方法的改进。

相关源代码如下。

```
1  <script type="text/babel">
2      const h1 = (<h1>Hello, React!</h1>);
3      var root = document.getElementById('root');
4      ReactDOM.render(h1, root);
5  </script>
```

上述代码说明如下。

在第 2 行代码中，通过 const 关键字定义了一个常量 h1，描述了要引入的元素节点<h1>。

在第 3 行代码中，获取了页面中要渲染的元素节点<div id="root">，保存在变量 root 中。

在第 4 行代码中，调用方法 ReactDOM.render()，将元素节点<h1>的内容渲染到元素节点<divoid="root">中进行显示。

通过对比【例 5.1】和【例 5.2】可以发现，【例 5.2】的逻辑性比较好，能够很容易区分出渲染的源对象和目标对象的不同，以及所使用渲染方式的差别。

下面使用 Firefox 浏览器测试一下【例 5.1】和【例 5.2】，具体如图 5.1 所示。

图 5.1　React 框架"Hello React"应用

如图 5.1 所示，页面中成功显示出了通过 React 框架渲染出的文本内容"Hello, React!"。

5.5　搭建 React 开发环境

目前，流行的 Web 前端应用都拥有非常复杂的项目架构，绝非一个页界面文件就可以完成。基于 React 框架开发项目也是如此，搭建项目架构都会借助一种被称为"脚手架"的工具。

　　虽然开发人员可以借助各种前端自动化工具，搭建自己的 React 脚手架。但是，设计出一个具有良好兼容性，并且性能优异的脚手架工具，不是一件容易的事情。好在 Meta 公司推出了一款官方脚手架——create-react-app。该脚手架使用起来简单实用，功能也很强大。在本书的项目实践中，基本上都是通过 create-react-app 脚手架工具来构建 React 应用的。

　　在使用 create-react-app 脚手架工具之前，需要先安装好 npm 工具和 npx 工具（Node.js框架的包管理工具）。npm 工具是绑定在 Node.js 框架中的，也就是说，安装好 Node.js 框架后，npm 工具也就自动安装完成了。从 npm v5.2 以上版本开始，npx 工具也是与 npm 工具集成在一起的。

　　下面开始介绍如何使用 create-react-app 脚手架工具开发一个最基本的 React 应用。首先，在命令行终端中通过"npx"命令调用 create-react-app 脚手架工具，创建 React 应用程序框架，具体命令如下。

```
npx create-react-app react-app
```

　　执行完上面的命令后，会在操作系统中自动安装最新版 create-react-app 脚手架工具。然后，创建一个项目名称为 react-app 的 React 应用程序框架，具体如图 5.2 和图 5.3 所示。

```
Success! Created react-app at E:\TSReact\ch05\react-app
Inside that directory, you can run several commands:

  npm start
    Starts the development server.

  npm run build
    Bundles the app into static files for production.

  npm test
    Starts the test runner.

  npm run eject
    Removes this tool and copies build dependencies, configuration files
    and scripts into the app directory. If you do this, you can't go back!

We suggest that you begin by typing:

  cd react-app
  npm start

Happy hacking!
```

图 5.2　通过 create-react-app 脚手架工具创建 React 应用程序框架（1）

```
Mode                 LastWriteTime         Length Name
----                 -------------         ------ ----
d-----        2022/2/28     18:13                 helloreact
d-----        2022/3/11     17:45                 react-app
```

图 5.3　通过 create-react-app 脚手架工具创建 React 应用程序框架（2）

如图 5.3 所示，在当前目录下已经创建了一个名称为 react-app 的项目应用。下面查看一下该 React 应用程序中都包含了哪些文件，如图 5.4 所示。

```
Mode                 LastWriteTime         Length Name
----                 -------------         ------ ----
d-----    2022/3/11     17:46                     node_modules    Node.js安装包
d-----    2022/3/11     17:45                     public
d-----    2022/3/11     17:45                     src             源文件目录
-a----    2022/3/11     17:45            310 .gitignore
-a----    2022/3/11     17:46        1120165 package-lock.json
-a----    2022/3/11     17:46            812 package.json        配置文件
-a----    2022/3/11     17:45           3359 README.md
```

图 5.4 React 应用程序中的文件

如图 5.4 所示，create-react-app 脚手架工具已经创建了最基本的应用程序框架，包括 Node.js 安装包、源文件目录和 package.json 配置文件。此时，该程序框架已经是一个可以运行的完整应用了，可以通过"npm start"命令来启动项目，具体方法如下。

```
cd ract-app            // 进入项目目录
npm start              // 启动 React 应用程序
```

如果通过"npm start"命令启动 React 应用程序成功，则命令行终端会给出正确的提示信息，如图 5.5 所示。

如图 5.5 所示，通过浏览器访问地址 http://localhost:3000 即可看到 React 应用程序中的内容，具体如图 5.6 所示。

图 5.5 通过"npm start"命令启动 React 应用程序   图 5.6 React 应用程序中的内容

图 5.6 展示的是一个默认的 React 应用程序运行后的效果。

根据上面的 react-app 应用程序，下面详细介绍一下 React 应用程序的功能架构，如图 5.7 所示。

图 5.7 中展示的是一个默认的脚手架项目中包含
的目录和文件，具体功能描述如下。

- 目录 node_modules：通过 npm 工具安装的所有
依赖模块，是整个项目的基础核心。
- 目录 public：该目录下的 index.html 页面文件是
整个项目的入口页面，相当于网站首页。
- 目录 src：用于保存整个项目的源代码，其中
index.js 是源代码入口。
- package.json 文件：整个项目的基本配置文件，用于定义项目的基本信息。

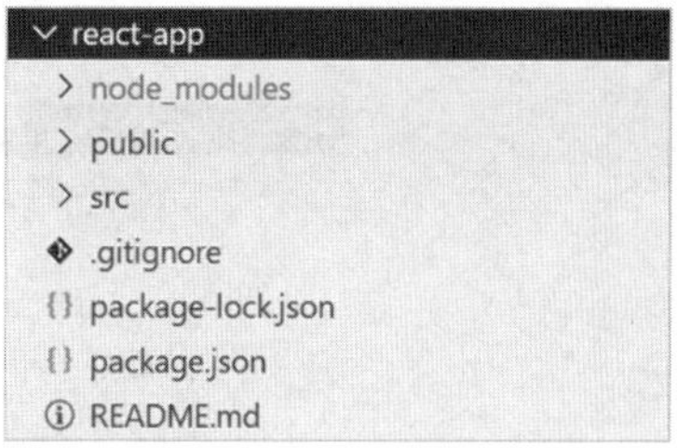

图 5.7　脚手架项目中包含的目录和文件

以上就是一个默认的 create-react-app 脚手架项目，整个项目的架构高度可配置，开发
人员可通过自定义方式实现更为复杂和高级的功能。

5.6　在 React 应用中使用 TypeScript 模板功能

在第 1 篇中，相信读者已经领略到 TypeScript 类型化语言的独特之处了，下面介绍将
TypeScript 语言应用到 React 框架中来构建 Web 应用。

React 是一个用于构建前端页面的 JavaScript 库，而 TypeScript 是一个可编译为普通
JavaScript 脚本的 JavaScript 类型化超集，将二者结合实际上是使用 JavaScript 的类型化模
板来构建前端 UI。

React 框架是一众前端框架中对 TypeScript 语言支持最好的，将 React 框架与 TypeScript
语言结合的优势是让 Web 框架获得静态类型化语言（TypeScript 语言）的严谨性，让
JavaScript 语言在前端开发中更安全。

下面介绍使用 create-react-app 脚手架工具开发一个使用 TypeScript 语言的 React 应用
（项目名称为 react-ts-app）。

首先，在命令行终端中通过"npx"命令调用 create-react-app 脚手架工具，创建一个
React 应用程序框架，同时通过参数--template 加入 TypeScript 模板功能，具体命令如下。

```
npx create-react-app react-ts-app -template typescript
```

在执行完上面的命令后，create-react-app 脚手架工具会创建最基本的应用程序框架，包
括 Node.js 安装包、源文件目录和 package.json 配置文件。但是，包含 TypeScript 模板参数
的应用框架与前面不包含 TypeScript 模板参数的应用框架还是有一定区别的，具体如图 5.8
所示。

如图 5.8 所示，包含 TypeScript 模板参数的脚本源文件后缀名为 tsx，同时自动新增了

TypeScript 语言的 tsconfig.json 配置文件。

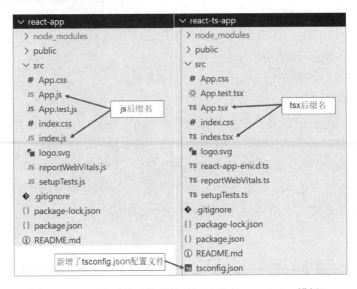

图 5.8　React 项目的功能架构对比（带有 TypeScript 模板）

　　至此，该程序框架已经是一个包含 TypeScript 功能的完整应用了。启动项目的方法还是通过"npm start"命令来完成，如图 5.9 所示。

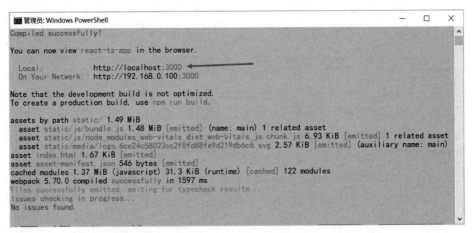

图 5.9　通过"npm start"命令启动 TypeScript + React 项目应用

　　如图 5.9 所示，通过浏览器访问地址 http://localhost:3000 即可看到项目启动后的内容，具体如图 5.10 所示。

　　如图 5.10 所示，页面中提示信息显示源文件的后缀名为 tsx，表示该项目是一个基于 TypeScript + React 技术栈的应用。

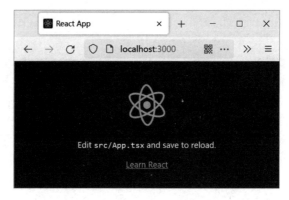

图 5.10　TypeScript + React 项目中的内容

5.7　小结

本章主要介绍了 React 框架的基础知识、特点和应用方式，搭建 React 开发环境的方法，以及在 React 项目中加入 TypeScript 语言功能的方法。本章中的内容是学习基于 TypeScript + React 技术栈进行 Web 前端项目应用开发的基础。

第 6 章　React 框架基础进阶

本章是 React 框架的基础进阶内容，将详细向读者介绍 React 框架中的虚拟 DOM、JSX/TSX 语法扩展与表达式、渲染机制、UI 交互、元素渲染、组件设计、Props 参数应用、状态、生命周期、事件处理、组件条件渲染、列表转化、表单、受控组件、状态提升、组合模式与特例关系等。

本章主要涉及的知识点如下。

- React 虚拟 DOM。
- React JSX/TSX 语法扩展与表达式。
- React 渲染机制。
- React 组件设计与参数。
- React 状态与生命周期。
- 参数、状态与生命周期。
- React 事件处理。
- React 组件条件渲染。
- React 列表转化。
- React 表单与受控组件。
- React 状态提升。
- 组合模式与特例关系。

6.1　React 虚拟 DOM

本节介绍 React 框架中的虚拟 DOM。虚拟 DOM 是 React 框架的核心知识点，也是理解 React 开发的重要基础。

6.1.1　什么是虚拟 DOM

Web 前端开发人员在设计传统 HTML 网页 UI 时，都会在页面中定义树形结构的 DOM

元素。这些 DOM 负责呈现页面中的数据内容和外观样式，任何数据内容或外观样式的改变，均会更新到 UI 上。

对传统 HTML 页面而言，这些 DOM 就是真正意义上的实际 DOM 元素。React 框架通过一种被称为虚拟 DOM 的元素来实现 HTML 页面。所谓虚拟 DOM，是指一种将实际 DOM 组合在一起，构成一个 DOM 组件的技术。

React 框架之所以采用虚拟 DOM 技术，主要目的就是提高页面的响应能力，避免传统 HTML 网页频繁操作 DOM 带来的性能下降的问题。复杂的 UI 一般会定义大量的实际 DOM 元素，当访问吞吐量偏大时，响应速度必然下降。React 框架针对该问题进行了优化，特有的虚拟 DOM 技术就是解决问题的关键支撑技术之一。

在 HTML DOM 对象和 ReactDOM 对象中，均定义了一个方法 createElement()，用来创建元素。HTML 语法中的方法 createElement()创建的是一个实际 DOM，而 React 语法中的方法 createElement()创建的则是一个虚拟 DOM。

6.1.2　开发实战：虚拟 DOM 应用

下面编写一个使用 ReactDOM 对象中的方法 createElement()创建虚拟 DOM 的基础应用。

【例 6.1】React 创建虚拟 DOM 的应用。

该应用的源代码如下。

```
-------------- path : ch06/virtual-dom/react-createElement.html ------------
1  <!DOCTYPE html>
2  <html lang="en">
3  <head>
4      <meta charset="UTF-8" />
5      <meta content="width=device-width, initial-scale=1.0" name="viewport">
6      <title>React - createElement</title>
7      <script src="https://*****.com/react@17/umd/react.development.js"></script>
8      <script src="https://*****.com/react-dom@17/umd/react-dom.development.js">
</script>
9      <!-- Don't use this in production: -->
10     <script src="https://*****.com/@babel/standalone/babel.min.js"></script>
11 </head>
12 <body>
13 <!-- 添加文档主体内容 -->
14 <div id='id-div-react'></div>
15 <script type="text/babel">
16     // TODO: get div
```

```
17      var divReact = document.getElementById('id-div-react');
18      // TODO: React DOM
19      const reactH3 = React.createElement("h3", {}, "React DOM");
20       const reactP = React.createElement("p", {}, "Create virtual DOM by
createElement().");
21      const reactSpan = React.createElement("span", {}, reactH3, reactP);
22      ReactDOM.render(reactSpan, divReact);
23   </script>
24   </body>
25   </html>
```

上述代码说明如下。

在第 14 行代码中，通过<div id='id-div-react'>标签定义了一个层，该层用于显示通过 React 创建虚拟 DOM 的容器。

在第16～22行代码中，定义了用于实现 React 虚拟 DOM 的内容。

在第 17 行代码中，获取了层<div id='id-div-react'>容器对象（divReact）。

在第 19 行和第 20 行代码中，调用 ReactDOM 对象的方法 createElement()，分别创建了一个元素节点<h3>（reactH3）和一个元素节点<p>（reactP），并相应定义了文本提示信息。

在第 21 行代码中，先调用方法 createElement()创建了一个元素节点<span>（reactSpan），再将刚刚创建的元素节点<h3>和<p>添加到元素节点<span>中。

在第 22 行代码中，调用 ReactDOM 对象的方法 render()，将元素节点<span>渲染到层<div id='id-div-react'>容器对象中进行显示。

下面测试一下这段 React 应用代码，具体如图 6.1 所示。

图 6.1　React 创建虚拟 DOM 的应用

如图 6.1 所示，通过 React DOM 中的方法 createElement()渲染出来的虚拟 DOM，在页面中的显示效果与传统 HTML 页面的显示效果完全相同。

6.2　React JSX/TSX 语法扩展与表达式

本节介绍 React 框架中的 JSX/TSX 语法扩展与表达式。JSX/TSX 语法扩展与表达式是 JavaScript 和 TypeScript 语言的全新知识点，也是理解 React 框架开发的前提和基础。

6.2.1　JSX/TSX 语法扩展与表达式的介绍

JSX 是 JavaScript XML 的简写，是基于 JavaScript 语言的 XML。TSX 是 TypeScript XML 的简写，是基于 TypeScript 语言的 XML。从本质意义上讲，JSX/TSX 作为一种 JavaScript/TypeScript 语言的语法扩展，其实就是一种"语法糖"，支持自定义属性，并具有很强的扩展性。

JSX/TSX 看起来似乎是一种 XML 格式，但本质上仍然是一种 JavaScript/TypeScript 语言，只不过将脚本代码写成 XML 的样式。由于 JSX/TSX 是 React 框架内置的语法，并且专门用于 React 应用开发，因此建议开发人员使用 JSX/TSX 方式来实现 UI 中的虚拟 DOM。

由于 React JSX/TSX 使用 JavaScript/TypeScript 语法，因此在 JSX/TSX 中可以使用 JavaScript/TypeScript 表达式，但需要使用花括号"{}"来实现。React 表达式有很多种形式，一般包括算术表达式、三元条件表达式、对象表达式、数组表达式、函数表达式和样式表达式。需要特别注意的是，在 React JSX/TSX 中添加注释也需要放入表达式才能实现。

6.2.2　开发实战：JSX/TSX 语法扩展应用

下面编写一个使用 React JSX/TSX 语法扩展创建虚拟 DOM 的应用。

【例 6.2】使用 React JSX/TSX 语法扩展创建虚拟 DOM 的应用。

该应用的源代码如下。

```
------------------- path : ch06/basic-jsx/basic-jsx.html -------------------
1  <!DOCTYPE html>
2  <html lang="en">
3  <head>
```

```
4       <meta charset="UTF-8" />
5       <meta content="width=device-width, initial-scale=1.0" name="viewport">
6       <title>React - Basic JSX</title>
7       <script src="https://*****.com/react@17/umd/react.development.js"></script>
8        <script src="https://*****.com/react-dom@17/umd/react-dom.development.js">
</script>
9       <!-- Don't use this in production: -->
10      <script src="https://*****.com/@babel/standalone/babel.min.js"></script>
11   </head>
12   <body>
13   <!-- 添加文档主体内容 -->
14   <div id='id-div-react'></div>
15   <script type="text/babel">
16      // TODO: get div
17      var divReact = document.getElementById('id-div-react');
18      // TODO: React DOM
19      const reactSpan = (
20         <span>
21            <h3>React JSX</h3>
22            <p>Create React DOM by JSX.</p>
23         </span>
24      );
25      ReactDOM.render(reactSpan, divReact);
26   </script>
27   </body>
28   </html>
```

上述代码说明如下。

在第 19～24 行代码中，定义了一段完整的 JSX 代码，实现了一个虚拟 DOM 对象。

在第 20～23 行代码中，通过 const 关键字定义了一个常量 reactSpan。该常量使用圆括号包含通过<span>、<h3>和<p>标签定义的元素组合。

在第 25 行代码中，调用 ReactDOM 对象的方法 render()，将 JSX 代码渲染到页面中进行显示。

下面测试一下这段 React 应用代码，具体如图 6.2 所示。

如图 6.2 所示，页面中显示了通过 React JSX 方式创建虚拟 DOM 的效果。通过 React JSX 方式定义的虚拟 DOM，最终也会转换为通过方法 createElement()渲染的虚拟 DOM。

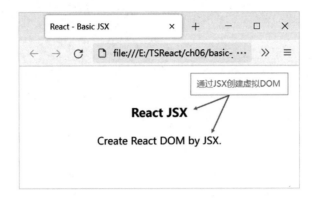

图 6.2　使用 React JSX/TSX 语法扩展创建虚拟 DOM 的应用

6.2.3　开发实战：React 表达式应用

下面编写一个在 React JSX/TSX 语法中使用表达式的应用。

【例 6.3】在 React JSX/TSX 语法中使用表达式的应用。

该应用的源代码如下。

```
-------------------- path : ch06/react-exp/App.tsx --------------------
1  import React from 'react';
2
3  const title:string = "React 表达式";
4
5  const n1:number = 1;
6  const n2:number = 2;
7
8  const userinfo = {
9    name: "king",
10   age: 26,
11   gender: true
12 };
13
14 function getUserInfo(ui:any) {
15     return `${ui.name} is a ${ui.gender ? "boy" : "girl"} and ${ui.age}
years old.`;
16 }
17
18 const arrParagraph = [
19   <p>Name: king</p>,
20   <p>Age: 26</p>,
```

```
21    <p>Gender: male</p>
22 ];
23
24 const smallSize = {
25   fontSize: 12
26 }
27
28 const middleSize = {
29   fontSize: 16
30 }
31
32 const largeSize = {
33   fontSize: 20
34 }
35
36 function App() {
37   return (
38     <div className="App">
39       <header className="App-header">
40         {/* React Expression */}
41         <p>{title}</p>
42         <p style={smallSize}>{n1} + {n2} = {n1 + n2}</p>
43         <p style={middleSize}>{userinfo.name} is a {userinfo.gender ? "boy" :
"girl"} and {userinfo.age} years old.</p>
44         <p style={largeSize}>{getUserInfo(userinfo)}</p>
45         <p>{arrParagraph}</p>
46         /* React Expression` */
47       </header>
48     </div>
49   );
50 }
```

在上述代码中，JSX/TSX 语法中主要使用了 TypeScript 代码形式，具体说明如下。

在第 1 行代码中，通过 import 关键字从 react 模块中导入了 React 对象。

在第 3 行代码中，先定义了一个字符串类型的常量 title，再在第 41 行代码中通过花括号"{}"引入该字符串常量。这就是在 JSX/TSX 语法中嵌入 React 表达式的形式，在页面中通过 React 框架进行渲染后，该位置会显示字符串常量 title 的内容。

在第 5 行和第 6 行代码中，先定义了两个数字类型的常量 n1 和 n2，再在第 42 行代码中通过花括号"{}"和加法运算符计算了这两个数字常量 n1 和 n2 的算术和。这就是在 JSX/TSX 语法中使用 React 算术表达式的形式，在页面中通过 React 框架进行渲染后，该位置会显示这两个数字常量 n1 和 n2 的算术和。

在第 8～12 行代码中，先定义了一个对象常量 userinfo，添加了 3 个字段 name、age 和 gender，并对其进行了初始化，再在第 43 行代码中通过花括号"{}"调用了该对象常量，这就是在 JSX/TSX 语法中使用 React 对象表达式的形式。另外，使用三元条件表达式对 gender 字段进行判断，根据判断结果输出相应的内容，这就是在 JSX/TSX 语法中使用 React 条件表达式的形式。注意：虽然 React 条件表达式不支持使用 if 语句，但是可以使用三元条件表达式。

在第 14～16 行代码中，定义了一个函数 getUserInfo。在第 44 行代码中，通过传入的对象常量 userinfo 返回了每个字段的内容，并通过花括号"{}"调用了该函数，这里是在 JSX/TSX 语法中使用 React 函数表达式的形式。

在第 18～22 行代码中，定义了一个标签数组 arrParagraph，初始化了一组<p>标签，并在第 45 行代码中通过花括号"{}"调用了这组标签，这就是在 JSX/TSX 语法中使用 React 标签数组表达式的形式。

在第 24～26 行、第 28～30 行和第 32～34 行代码中，定义了一组样式常量 smallSize、middleSize 和 largeSize，初始化了不同的字体尺寸，并在第 42～44 行代码中定义的一组段落（<p>）标签中，通过花括号"{}"调用了这组样式常量，这就是在 JSX/TSX 语法中使用 React 样式表达式的形式。

在第 40 行和第 46 行代码中，分别尝试使用"/*　　*/"标签定义注释文字。结果是，第 40 行代码中使用花括号"{}"的注释内容是正确的形式，而第 46 行代码中没使用花括号"{}"的注释内容是不正确的形式，将会以页面内容的形式进行显示。这两种形式展示了在 JSX/TSX 语法中如何正确使用 React 注释表达式。

下面测试一下这段 React 应用代码，具体如图 6.3 所示。

图 6.3　在 React JSX/TSX 语法中使用表达式的应用

如图 6.3 所示，通过 React 表达式支持以多种方式在页面中实现内容的显示。

6.3 React 渲染机制

本节介绍 React 框架中的渲染机制。React 框架的渲染机制是一种全新且独立的设计方式，是实现 React 高性能框架的原理。

6.3.1 React 渲染机制的介绍

React 框架最显著的特点之一，就是其独特的渲染机制。React 渲染机制是基于 Diff 算法实现的。Diff 算法的核心是通过计算前后差异来实现局部刷新。

Diff 算法实现了将算法复杂度从 $O(n^3)$ 降低到 $O(n)$ 的突破，感兴趣的读者可以阅读专业的算法书来进行深入学习。

React 渲染机制的基本原理是，先通过比较找到 DOM Tree 前后的差异，再根据状态和属性的变化构造新的虚拟 DOM Tree，进而实现对节点进行更新操作。Diff 算法的优势是减少了对 DOM 的频繁重复操作，提升了页面的访问性能。

6.3.2 开发实战：设计实现页面动态时钟应用

这里通过 React 框架渲染机制的特性，在 HTML 页面上实现一个动态时钟应用。

【例 6.4】通过 React 渲染机制实现 HTML 页面动态时钟的应用。

该应用的源代码如下。

```
------------------ path : ch06/render-dom/render-dom.html ----------------
1  <!DOCTYPE html>
2  <html lang="en">
3  <head>
4    <meta charset="UTF-8" />
5    <meta content="width=device-width, initial-scale=1.0" name="viewport">
6    <title>React - Render DOM</title>
7    <script src="https://*****.com/react@17/umd/react.development.js"></script>
8     <script src="https://*****.com/react-dom@17/umd/react-dom.development.js">
</script>
9    <!-- Don't use this in production: -->
10   <script src="https://*****.com/@babel/standalone/babel.min.js"></script>
```

```
11  </head>
12  <body>
13  <!-- 添加文档主体内容 -->
14  <div id='id-div-react'></div>
15  <script type="text/babel">
16      /**
17       * update time
18       */
19      function updateTime() {
20          const renderDiv = (<div>
21              <h3>React 渲染机制</h3>
22              <p>现在时间是 {new Date().toLocaleTimeString()}.</p>
23          </div>);
24          // TODO: get div
25          var divReact = document.getElementById('id-div-react');
26          // TODO: render div
27          ReactDOM.render(renderDiv, divReact);
28      }
29      // TODO: set timer
30      setInterval(updateTime, 1000);
31  </script>
32  </body>
33  </html>
```

上述代码说明如下。

在第 19~28 行代码中，定义了一个自定义方法 updateTime()，用于实现通过 React 渲染更新元素。

在第 20~23 行代码中，通过 const 关键字定义了一个常量 renderDiv，描述了要引入的容器节点<div>，包括一个由<h3>标签定义的标题和一个由<p>标签定义的标题内容。同时，在第 22 行代码的<p>标签中，使用花括号"{}"定义了一个时间对象，用于获取当前时间。

在第 25 行代码中，获取了页面中要渲染的元素节点<div id="id-div-react">，并将其保存在变量 divReact 中。

在第 27 行代码中，调用方法 ReactDOM.render()将虚拟 DOM（renderDiv）渲染到<div id="id-div-react">中。

在第 30 行代码中，使用方法 setInterval()设置了一个计时器，调用方法 updateTime()实现定时（1000ms）渲染更新元素。

下面测试一下这段 React 应用代码，具体如图 6.4 所示。

图 6.4　通过 React 渲染机制实现 HTML 页面动态时钟的应用

如图 6.4 所示，页面中显示了当前的时间，这个时间是与实际时间自动同步更新的。

6.4　React 组件设计与参数

本节介绍 React 框架中的组件设计，包括组件基础、参数与 UI 交互、默认参数、组件切分与提取等 React 框架开发的核心内容。

6.4.1　React 组件设计与参数的介绍

React 组件可以将 UI 切分成一些独立的、可复用的部件，这样有助于开发人员专注于构建每个单独的部件。React 组件可以通过函数组件、类组件和组合组件这几种形式来实现。函数组件设计起来相对简单，类组件设计起来相对复杂。不过，类组件具有更好的层次结构，易于设计实现较为复杂的 React 组件。

设计 React 组件是为了更好地实现 UI 交互功能，组件可以接收参数并进行相应的处理。React 框架中定义了一个参数（Props）的概念，React 组件通过 Props 可以接收任意的输入值，因此 Props 相当于组件参数。

React 组件用于构建可重复使用的 UI 元素，Props 可以作为组件的参数接收输入值，将二者结合起来就可以实现可重复使用的动态页面组件。

React 框架中的 Props 还支持定义默认值，相当于默认参数的概念。在定义默认参数时，需要通过属性 defaultProps 来实现。

在实际项目开发中，通常需要设计功能相对复杂的 React 组件。对于功能相对复杂、逻辑层级较多的 React 组件，在初始设计过程中通常会形成功能模块不清晰、嵌套过多、复用性不好的代码。此时，需要对 React 组件进行切分和提取操作，从而构建逻辑清晰、复用性好的小组件，以便后期进行修改与维护代码的工作。

6.4.2 开发实战：基于 React 框架实现登录界面

下面编写一个基于 React 组件方式设计实现登录界面的应用。

【例 6.5】基于 React 组件方式设计实现登录界面的应用。

该应用的源代码如下。

```
---------------------- path : ch06/react-comp/App.tsx --------------------
 1  import React, { Component } from 'react';
 2
 3  // TODO: define function components
 4  function FormTitle() {
 5    return <h3>User Login</h3>;
 6  }
 7  function UserId() {
 8    const userId = (
 9      <p>
10        <label>User Id(*): </label>
11        <input type="text" placeholder="请输入 ID" />
12      </p>
13    );
14    return userId;
15  }
16  function UserName() {
17    const userName = (
18      <p>
19        <label>User Name: </label>
20        <input type="text" placeholder="请输入用户名" />
21      </p>
22    );
23    return userName;
24  }
25  function Password() {
26    const passwd = (
27      <p>
28        <label>Password(*): </label>
29        <input type="password" placeholder="请输入密码" />
```

```
30        </p>
31      );
32      return passwd;
33    }
34    function Submit() {
35      const submit = (
36          <p><button>Login</button></p>
37      );
38      return submit;
39    }
40    // TODO: composing components
41    class FormLogin extends React.Component {
42      render() {
43        return (
44          <div id="id-form-login">
45              <FormTitle/>
46              <UserId/>
47              <UserName/>
48              <Password/>
49              <Submit/>
50          </div>
51        );
52      }
53    }
54    // TODO: define const
55    const frmLogin = <FormLogin />;
56    // TODO: function App
57    function App() {
58      return (
59        <div className="App">
60          <header className="App-header">
61            {frmLogin}
62          </header>
63        </div>
64      );
65    }
```

上述代码说明如下。

在第 4～39 行代码中，定义了一组函数组件 FormTitle、UserId、UserName、Password 和 Submit，分别用于实现登录表单的标题、用户 ID、用户名、登录密码和登录（Login）按 钮。在每个函数组件中，通过 HTML 规范的<input>标签和<button>标签，实现了文本输入框和提交按钮。

在第 41～53 行代码中，定义了一个类组件 FormLogin，继承自 React 框架的 Component 组件对象。在这类组件 FormLogin 中，调用方法 render() 返回由函数组件 FormTitle、UserId、UserName、Password 和 Submit 组成的表单类组件。

在第 55 行代码中，通过类组件 FormLogin 定义了一个常量 frmLogin，用于实现表单组件。

在第 61 行代码中，通过花括号"{}"调用常量 frmLogin，实现了在页面中渲染该表单组件。

下面测试一下这段 React 应用代码，具体如图 6.5 所示。

图 6.5　基于 React 组件方式设计实现登录界面应用

如图 6.5 所示，通过 React 函数组件和类组件的组合方式，成功实现了一个登录界面的应用。

6.4.3　开发实战：基于 Props 参数与 UI 交互方式设计用户信息界面

下面编写一个在 React 函数组件中基于 Props 参数与 UI 交互方式，设计一个用户信息界面的应用。

【例 6.6】在 React 函数组件中基于 Props 参数与 UI 交互方式设计用户信息界面的应用。该应用的源代码如下。

```
---------------------- path : ch06/react-props/App.js ----------------------
1  import React, { Component } from 'react';
2
3  // TODO: define function Components
4  function UIComp(props) {
5    const ui = (
6      <div>
```

```
7           <p>Username: {props.name}</p>
8           <p>Age: {props.age}</p>
9           <p>Gender: {props.gender}</p>
10       </div>
11     );
12     return ui;
13   }
14   // TODO: define element
15   const elUI = <UIComp name="king" age="26" gender="boy" />
16   // TODO: App
17   function App() {
18     return (
19       <div className="App">
20         <header className="App-header">
21           {elUI}
22         </header>
23       </div>
24     );
25   }
26
27   export default App;
```

上述代码说明如下。

在第 4~13 行代码中,定义了一个函数组件 UIComp,包含一个参数 props。在该函数组件中,定义了一组段落<p>标签,通过参数 props 调用了一组属性(name、age 和 gender),用于在页面中呈现内容。

在第 15 行代码中,通过函数组件 UIComp 定义了一个常量 elUI,用于实现用户信息界面组件。请读者注意,函数组件<UIComp>标签中定义了一组属性 name、age 和 gender,其属性值将被传递给函数组件 UIComp 的参数 props。

在第 21 行代码中,通过花括号"{}"调用函数组件的常量 elUI,实现了在页面中渲染该用户信息界面。

下面测试一下这段 React 应用代码,具体如图 6.6 所示。

如图 6.6 所示,在 React 函数组件中使用 Props 参数,在页面中渲染出了一个用户信息界面。

在前文中提到,React 函数组件与 React 类组件在功能上是类似的。那么,如何在 React 类组件中使用 Props 参数呢?

下面将【例 6.6】按照 React 类组件的形式进行改写,看一下如何在 React 类组件中使用 Props 参数。

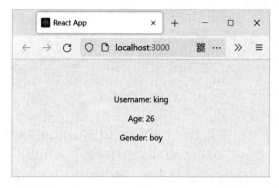

图 6.6　在 React 函数组件中基于 Props 参数与 UI 交互方式设计用户信息界面的应用

【例 6.7】在 React 类组件中基于 Props 参数与 UI 交互方式设计用户信息界面的应用。
该应用的源代码如下。

```
----------------------- path : ch06/react-props/App.js -----------------------
1  import React, { Component } from 'react';
2
3  // TODO: define class Components
4  class CUIComp extends React.Component {
5    // constructor(props) {
6    //   super(props);
7    // }
8    render() {
9      return (
10       <div>
11         <p>Username: {this.props.name}</p>
12         <p>Age: {this.props.age}</p>
13         <p>Gender: {this.props.gender}</p>
14       </div>
15     )
16   }
17 }
18 // TODO: define element
19 const elCUI = <CUIComp name="king" age="26" gender="boy" />
20 // TODO: App
21 function App() {
22   return (
23     <div className="App">
24       <header className="App-header">
25         {elCUI}
26       </header>
```

```
27      </div>
28    );
29  }
30
31  export default App;
```

上述代码说明如下。

在第 4~17 行代码中，定义了一个类组件 CUIComp。该类组件中定义了一个方法 render()，该方法中定义了一组段落<p>标签，通过参数 props 调用了一组属性（name、age 和 gender），用于在页面中呈现内容。请读者注意，在类组件中没有声明 Props 参数，但是可以直接使用该参数。这是因为 React 框架在底层的类构造方法中实现了默认的 Props，在第 5~7 行代码（已被注释）所定义的构造方法中，Props 参数是作为构造方法的参数定义的。在具体使用过程中，我们不需要显式声明 Props 参数。

在第 19 行代码中，同样通过类组件 CUIComp 定义了一个常量 elCUI。

在第 25 行代码中，通过花括号 "{}" 调用类组件的常量 elCUI，实现了在页面中渲染该用户信息界面。

读者可以自行测试一下【例 6.7】，以验证页面中渲染出的用户信息界面与图 6.6 是否一致。

6.4.4　开发实战：基于 TSX 语法与 Props 参数设计用户信息界面

在前面的【例 6.6】和【例 6.7】中，是通过 JSX 语法实现的 Props 参数应用。那么，在 TSX 语法中如何使用 Props 参数进行设计呢？在 TSX 语法中使用 Props 参数，需要通过接口添加一些额外的声明定义。

下面编写一个在 TSX 语法中使用 Props 参数设计用户信息界面的应用。

【例 6.8】在 TSX 语法中使用 Props 参数设计用户信息界面的应用。

该应用的源代码如下。

```
---------------------- path : ch06/react-ts-props/App.tsx -----------------
1  import React, { Component } from 'react';
2
3  // TODO: declare interface - Props & State
4  interface IProps {
5    name: string;
6    age: number;
7    gender: boolean;
8  }
9  interface IState {/* reserved */}
```

```
10
11  // TODO: define function component
12  function UIComp(props: IProps) {
13    return (
14      <div>
15        <p>Username: {props.name}</p>
16        <p>Age: {props.age}</p>
17        <p>Gender: {props.gender? "male" : "female"}</p>
18      </div>
19    );
20  }
21  // TODO: define function obj
22  const elUI = <UIComp name="baby" age={8} gender={false} />;
23
24  // TODO: define class component
25  class CUIComp extends React.Component<IProps, IState> {
26    render() {
27      return (
28        <div>
29          <p>Username: {this.props.name}</p>
30          <p>Age: {this.props.age}</p>
31          <p>Gender: {this.props.gender? "male" : "female"}</p>
32        </div>
33      );
34    }
35  }
36  // TODO: define class obj
37  const elCUI = <CUIComp name="king" age={26} gender={true} />;
38
39  // TODO: App
40  function App() {
41    return (
42      <div className="App">
43        <header className="App-header">
44          {elUI}
45          {elCUI}
46        </header>
47      </div>
48    );
49  }
50
51  export default App;
```

上述代码说明如下。

在第 4～8 行代码中，定义了一个用于描述参数的接口 IProps，包含一组属性（name、age 和 gender）。

在第 12～20 行代码中，定义了一个函数组件 UIComp，包含一个接口类型（IProps）的参数 props。该函数组件中，定义了一组段落<p>标签，通过参数 props 调用了一组属性（name、age 和 gender），用于在页面中呈现内容。

在第 22 行代码中，通过函数组件 UIComp 定义了一个常量 elUI，用于实现用户信息界面组件。

在第 25～35 行代码中，定义了一个类组件 CUIComp，通过泛型方式引入了用于描述参数的接口类型（IProps）。该类组件中定义了一个方法 render()，该方法中定义了一组段落<p>标签，通过参数 props 调用了一组属性（name、age 和 gender），用于在页面中呈现内容。

在第 37 行代码中，通过类组件 CUIComp 定义了一个常量 elCUI，用于实现用户信息界面组件。

在第 44 行和第 45 行代码中，通过花括号"{}"调用函数组件的常量 elUI 和类组件的常量 elCUI，实现了在页面中渲染用户信息界面。

下面测试一下这段 React 应用代码，具体如图 6.7 所示。

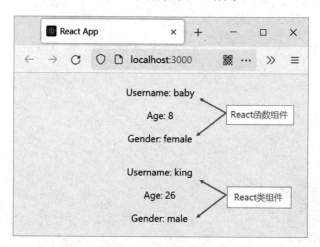

图 6.7　在 TSX 语法中使用 Props 参数设计用户信息界面的应用

6.4.5　开发实战：基于 Props 默认参数设计用户信息界面

下面编写一个基于 Props 默认参数方式设计用户信息界面的应用。

【例 6.9】基于 Props 默认参数方式设计用户信息界面的应用。

该应用的源代码如下。

```
------------------ path : ch06/react-default-props/App.tsx ----------------
1  import React, { Component } from 'react';
2
3  // TODO: declare interface - Props & State
4  interface IProps {
5    title?: string;
6    name: string;
7    age: number;
8    gender: boolean;
9  }
10 interface IState {/* reserved */}
11
12 // TODO: define class component
13 class CUIComp extends React.Component<IProps, IState> {
14   private static defaultProps = {
15     title: "User Information"
16   }
17   // constructor(props: IProps) {
18   //   super(props);
19   // }
20   render() {
21     return (
22       <div>
23         <h3>{this.props.title}</h3>
24         <p>Username: {this.props.name}</p>
25         <p>Age: {this.props.age}</p>
26         <p>Gender: {this.props.gender? "male" : "female"}</p>
27       </div>
28     );
29   }
30 }
31 // TODO: define class obj
32 const elCUI = <CUIComp name="king" age={26} gender={true} />;
33
34 // TODO: App
35 function App() {
36   return (
37     <div className="App">
38       <header className="App-header">
```

```
39          {elCUI}
40        </header>
41      </div>
42    );
43  }
44
45  export default App;
```

上述代码说明如下。

在第 4~9 行代码中，定义了一个用于描述参数的接口 IProps，包含一组属性 title、name、age 和 gender。其中，属性 title 被定义为可选属性。

在第 13~30 行代码中，定义了一个类组件 CUIComp，通过泛型方式引入了用于描述参数的接口类型（IProps）。

在第 14~16 行代码中，通过 static 关键字重新声明了静态对象 defaultProps，并为可选属性 title 初始化了默认值。由此，可选属性 title 被定义为 Props 默认参数来使用。

在第 20~29 行代码的类组件 CUIComp 定义的方法 render()中，通过参数 props 调用了属性 title、name、age 和 gender，用于在页面中呈现内容。

在第 32 行代码中，通过类组件 CUIComp 定义了一个常量 elCUI，用于实现用户信息界面组件。请读者注意，在类组件<CUIComp>标签中并没有定义属性 title，这是因为该属性将被当作 Props 默认参数传递给 React 组件。

在第 39 行代码中，通过花括号"{}"调用类组件的常量 elCUI，实现了在页面中渲染用户信息界面。

下面测试一下这段 React 应用代码，具体如图 6.8 所示。

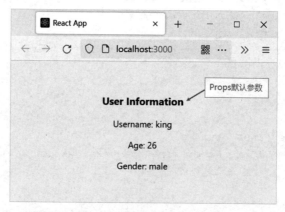

图 6.8　基于 Props 默认参数方式设计用户信息界面的应用（1）

如图 6.8 所示，Props 默认参数（title）成功传递数据到 React 组件中。那么，React 框架是如何完成该操作的呢？感兴趣的读者可以打开浏览器控制台查看一下，具体如图 6.9 所示。

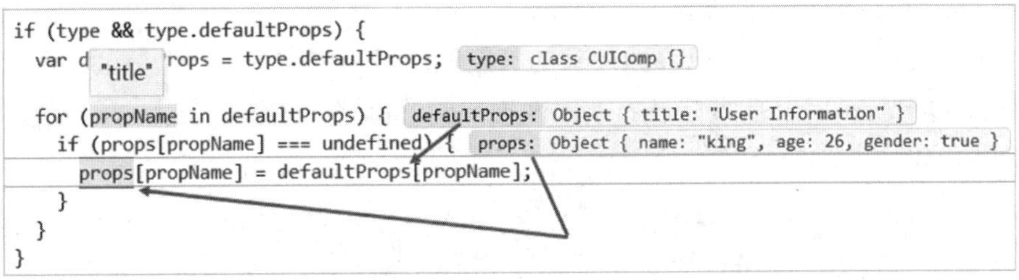

if (type && type.defaultProps) {
var d "title" rops = type.defaultProps;
type: class CUIComp {}
for (propName in defaultProps) {
defaultProps: Object { title: "User Information" }
if (props[propName] === undefined) {
props: Object { name: "king", age: 26, gender: true }
props[propName] = defaultProps[propName];
}
}
}

图 6.9　基于 Props 默认参数方式设计用户信息界面的应用（2）

如图 6.9 所示，React 框架底层对 Props 参数的默认属性 defaultProps 进行了单独处理，先通过条件判断语句判断 Props 参数中是否已经包含该默认参数，如果没有包含，则将默认参数（title）追加到 Props 参数中。

6.4.6　开发实战：React 组件切分与提取应用

本节基于 6.4.1～6.4.5 节中介绍的 React 组件和 Props 参数知识，实现了功能相对复杂的用户信息界面组件应用。下面继续通过设计一个用户基本信息界面应用，介绍一下 React 组件切分与提取的基本操作流程。

在构建用户基本信息界面之前，需要设计一个依据内容进行分类的切分图，具体如图 6.10 所示。

React组件 —— 用户基本信息界面
顶部 标题栏
左侧
用户头像
区域
右侧
用户信息列表
底部 信息栏

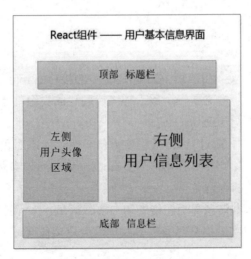

图 6.10　用户基本信息界面切分图

如图 6.10 所示，该用户基本信息界面主要分为 4 个区域：顶部的标题栏、左侧的用户头像区域、右侧的用户信息列表和底部的信息栏。其中，左侧区域和右侧区域的宽度占比按照 3∶7～4∶6 这个范围来设计。

第 1 步：设计用户基本信息界面顶部的标题栏。

【例 6.10】React 用户基本信息界面组件顶部的标题栏。

相关源代码如下。

```
-------------------- path : ch06/userinfo-ui/Title.tsx --------------------
1  import React, { Component } from 'react';
2
3  interface IProps {
4      title? : string;
5  }
6
7  interface IState {}
8
9  export default class Title extends Component<IProps, IState> {
10     private static defaultProps = {
11         title: "User Information"
12     };
13
14     render() {
15         return (
16             <h3>{this.props.title}</h3>
17         )
18     }
19 }
```

上述代码说明如下。

在第 3～5 行代码中，定义了一个用于描述参数的接口 IProps，包含一个属性 title。

在第 9～19 行代码中，定义了一个用于描述标题栏的类组件 Title，通过泛型方式引入了用于描述参数的接口类型（IProps）。

在第 10～12 行代码中，通过 static 关键字重新声明了静态对象 defaultProps，并为属性 title 初始化了默认值。在该类组件定义的方法 render() 中，通过参数 props 调用属性 title 实现了在页面中渲染标题栏的内容。

第 2 步：设计用户基本信息界面左侧的用户头像区域。

【例 6.11】React 用户基本信息界面组件左侧的用户头像区域。

相关源代码如下。

```
---------------------- path : ch06/userinfo-ui/Intro.tsx ---------------------
1  import React, { Component } from 'react';
2
3  interface IProps {
4      avatar: string;
5      alt: string;
6      nickname: string;
7  }
8  interface IState {}
9
10 export default class Intro extends Component<IProps, IState> {
11     render() {
12         return (
13             <div>
14                 <img className="" src={this.props.avatar} alt={this.props.alt}
/>
15                 <p className="Nickname">{this.props.nickname}</p>
16             </div>
17         )
18     }
19 }
```

上述代码说明如下。

在第 3～7 行代码中，定义了一个用于描述参数的接口 IProps，包含一组属性 avatar、alt 和 nickname。其中，属性 avatar 用于定义用户头像，属性 alt 用于定义用户头像的替代文本。

在第 10～19 行代码中，定义了一个用于描述用户头像区域的类组件 Intro，通过泛型方式引入了用于描述参数的接口类型（IProps）。在该类组件定义的方法 render()中，通过参数 props 调用属性 avatar、alt 和 nickname 实现了在页面中渲染用户头像区域的内容。

第 3 步：设计用户基本信息界面右侧的用户信息列表。

【例 6.12】React 用户基本信息界面组件右侧的用户信息列表。

相关源代码如下。

```
---------------------- path : ch06/userinfo-ui/Info.tsx ---------------------
1  import React, { Component } from 'react';
2
3  interface IProps {
4      uid: string,
5      uname: string,
6      gender: boolean,
```

```
7        age: number,
8        email: string,
9    }
10   interface IState {}
11
12   export default class Info extends Component<IProps, IState> {
13       render() {
14           return (
15               <div>
16                   <p className="info-small">id: {this.props.uid}</p>
17                   <p className="info-middle">Name: {this.props.uname}</p>
18               <p className="info-middle">Gender: {this.props.gender?"male":
     "female"} </p>
19                   <p className="info-middle">age: {this.props.age}</p>
20                   <p className="info-small">email: {this.props.email}</p>
21               </div>
22           )
23       }
24   }
```

上述代码说明如下。

在第 3～9 行代码中，定义了一个用于描述参数的接口 IProps，包含一组属性 uid、uname、gender、age 和 email。该组属性用于描述用户的详细信息。

在第 12～24 行代码中，定义了一个用于描述用户信息列表的类组件 Info，通过泛型方式引入了用于描述参数的接口类型（IProps）。在该类组件定义的方法 render()中，通过参数 props 调用属性 uid、uname、gender、age 和 email 实现了在页面中渲染用户详细信息。

第 4 步：设计用户基本信息界面底部的信息栏。

【例 6.13】React 用户基本信息界面组件底部的信息栏。

相关源代码如下。

```
------------------- path : ch06/userinfo-ui/Footer.tsx --------------------
1    import React, { Component } from 'react';
2
3    type IProps = {
4        date: Date
5    }
6
7    type IState = {}
8
9    export default class Footer extends Component<IProps, IState> {
10       render() {
```

```
11        return (
12            <p className="footer">Super React Co. {formatDate(this.props.date)}
</p>
13        )
14    }
15 }
16
17 // TODO: format date
18 function formatDate(date: Date) {
19    return date.toLocaleDateString();
20 }
```

上述代码说明如下。

在第 3～5 行代码中，定义了一个用于描述参数的接口 IProps，包含一个属性 date，用于描述当前日期。

在第 9～15 行代码中，定义了一个用于描述信息栏的类组件 Footer，通过泛型方式引入了用于描述参数的接口类型（IProps）。在该类组件定义的方法 render()中，通过自定义方法 formatDate()格式化属性 date 实现了在页面中渲染当前的日期。其中，自定义方法 formatDate()的实现是在第 18～20 行代码中完成的。

第 5 步：将前面实现的几个区域整合到主页面（App.tsx）中。

【例 6.14】React 用户基本信息界面组件的整合。

相关源代码如下。

```
-------------------- path : ch06/userinfo-ui/App.tsx ----------------------
1 import React from 'react';
2 import Title from './Title';
3 import Intro from './Intro';
4 import Info from './Info';
5 import Footer from './Footer';
6
7 // TODO: Component - Title
8 const title = <Title />;
9 // TODO: Component - Intro
10 const cIntro = {
11   avatar: "avatar01.png",
12   alt: "loading...",
13   nickname: "Super King",
14 }
15  const intro = <Intro avatar={cIntro.avatar} alt={cIntro.alt} nickname=
{cIntro.nickname} />;
16 // TODO: Component - Info
```

```
17  const cInfo = {
18    uid: "007",
19    uname: "King James",
20    gender: true,
21    age: 26,
22    email: "king@email.com",
23  }
24    const info = <Info uid={cInfo.uid} uname={cInfo.uname} gender=
{cInfo.gender} age={cInfo.age} email={cInfo.email} />;
25  // TODO: Component - Footer
26  const footer = <Footer date={new Date()} />
27  // TODO: App
28  function App() {
29    return (
30      <div className="App">
31        <header className="App-header">
32          <div className="cssHeader">
33            <span>
34              {title}
35            </span>
36          </div>
37          <div className="cssContent">
38            <span className="cssAvatar">
39              {intro}
40            </span>
41            <span className="cssInfo">
42              {info}
43            </span>
44          </div>
45          <div className="cssFooter">
46            <span>
47              {footer}
48            </span>
49          </div>
50        </header>
51      </div>
52    );
53  }
54
55  export default App;
```

上述代码说明如下。

在第 3~5 行代码中，通过 import 关键字引入了前面创建的一组组件 Title、Intro、Info

和 Footer。

在第 7～26 行代码中，对组件 Title、Intro、Info 和 Footer 进行了初始化。其中，组件 Intro 中的属性 avatar 被初始化为一张本地图片，用于描述用户头像；组件 Footer 中的属性 date 通过日期 Date 对象被初始化为当前的日期。

在第 27～55 行代码中，在函数 App() 中将组件 Title、Intro、Info 和 Footer 整合到了一起，构成了用户基本信息的主页面。

下面测试一下这段 React 应用代码，具体如图 6.11 所示。

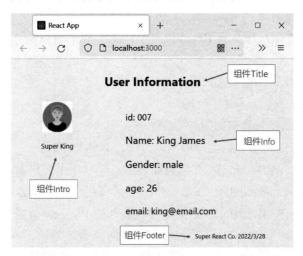

图 6.11　通过 React 组件切分与提取实现用户基本信息界面的应用

如图 6.11 所示，页面中显示的是由标题栏（Title）组件、用户头像（Intro）组件、用户信息列表（Info）组件和信息栏（Footer）组件组成的用户基本信息界面。

6.5　React 状态与生命周期

本节介绍 React 框架中的状态（State）与生命周期（Lifecycle），这两部分内容是 React 框架开发的核心内容。

6.5.1　状态与生命周期的介绍

React 框架中定义了状态的概念，目的是通过状态实现 React 组件的"状态机"特性。所谓 React 组件的"状态机"特性，是指组件通过与用户的交互来实现不同的状态，并通过渲染 UI 来保证用户界面数据与组件状态的一致性。

React 框架之所以定义状态的概念，目的是仅通过更新 React 组件的状态，就可以实现重新渲染用户界面的操作（这样就不需要操作 DOM 了）。渲染机制、状态和参数均用于服务 React 组件生命周期。React 框架为组件设计了生命周期的特性，这正是 React 框架相较于其他传统前端框架更为先进的设计理念之一。

React 组件的生命周期按逻辑大致可以划分为挂载时、更新时、卸载时、错误处理这 4 部分。React 框架将组件看成一个状态机（State Machine），通过内部定义的状态与生命周期来实现与用户的交互操作，同时维持 React 组件的不同状态。

下面介绍 React 生命周期。在 React 组件中，生命周期可以基本分成 3 个状态，具体如下。

- Mounting：已开始挂载真实的组件 DOM。
- Updating：正在重新渲染组件 DOM。
- Unmounting：已卸载真实的组件 DOM。

同时，React 框架定义了一组生命周期的方法，具体如下。

- 方法 componentWillMount()：在渲染前调用，可以用于客户端，也可以用于服务端。
- 方法 componentDidMount()：在第一次渲染后调用，只用于客户端。
- 方法 componentWillUpdate()：在组件接收到新的 Props 参数或 State 状态，但还没有被渲染时，会调用。另外，该方法在初始化时不会被调用。
- 方法 componentDidUpdate()：在组件完成更新后会立刻调用。另外，该方法在初始化时不会被调用。
- 方法 componentWillUnmount()：在组件被从 DOM 中移除之前会立刻调用。

以上与生命周期相关的方法，可以放到 React 组件类中使用，从而实现对 React 组件状态的控制。

6.5.2 开发实战：在 React 组件中引入状态

下面开发一个在 React 组件中使用状态的应用。这里通过改写【例 6.4】中实现的 HTML 页面动态时钟应用，尝试通过状态实现相同的功能。

【例 6.15】在 React 组件中引入状态来实现页面时钟的应用。

该应用的源代码如下。

```
-------------------- path : ch06/states-clock/App.jsx --------------------
1  import React, { Component } from 'react';
2
```

```
3  class StateClock extends Component {
4    // TODO: constructor
5    constructor(props) {
6      super(props);
7    }
8    // TODO: init States
9    state = {
10     date: new Date()
11   }
12   // TODO: render
13   render() {
14     return (
15       <div>
16         <h3>React States - State Clock App</h3>
17         <p>Now is {this.state.date.toLocaleTimeString()}.</p>
18       </div>
19     );
20   }
21 }
22 const cStateClock = <StateClock />
23 // TODO: App
24 function App() {
25   return (
26     <div className="App">
27       <header className="App-header">
28         {cStateClock}
29       </header>
30     </div>
31   );
32 }
33
34 export default App;
```

上述代码说明如下。

在第 3～21 行代码中，定义了一个类组件 StateClock，用于构建一个显示日期和时间的 UI。

在第 9～11 行代码中，声明了一个用于定义状态的对象 state，包含一个 Date 类型的状态属性 date。

在第 13～19 行代码定义的方法 render() 中，通过 this 关键字调用了状态对象 state 和属性 date，实现了在页面中显示当前时间。这就是在 React 组件中使用状态的基本方式。

在第 22 行代码中，通过类组件 StateClock 定义了一个常量 cStateClock。

在第 28 行代码中，通过花括号"{}"调用了常量 cStateClock，实现了在页面中渲染当前时间的操作。

下面测试一下这段 React 应用代码，具体如图 6.12 所示。

图 6.12　在 React 组件中引入状态来实现页面时钟的应用

如图 6.12 所示，页面中虽然显示了时间，但是这个时间无法自动与实际时间同步。这点与 React 组件是一个"状态机"的概念有些偏差，这个问题该如何解决呢？请看后面生命周期的介绍。

6.5.3　开发实战：基于组件状态与 JSX 语法实现页面动态时钟

在 6.5.2 节中，尝试直接在组件中引入状态来实现动态时钟的操作没有达到预期效果。下面继续沿用【例 6.15】中实现的页面时钟的例子，尝试通过 JSX 语法结合状态与生命周期来实现页面动态时钟的效果。

【例 6.16】在 React 组件中结合状态与生命周期来实现页面动态时钟的应用。

该应用的源代码如下。

```
--------------------- path : ch06/states-clock/App.jsx --------------------
1  import React, { Component } from 'react';
2
3  class StateClock extends Component {
4    // TODO: constructor
5    constructor(props) {
6      super(props);
7    }
```

```
8    // TODO: init States
9    state = {
10     date: new Date(),
11     timerId: Number
12   }
13   // TODO: Lifecycle methods
14   componentDidMount() {
15     this.setState({
16       timerId: setInterval(() => this.tick(), 1000),
17     });
18   }
19   componentWillUnmount() {
20     clearInterval(this.state.timerId);
21   }
22   // TODO: function - tick
23   tick() {
24     this.setState({
25       date: new Date()
26     });
27   }
28   // TODO: render
29   render() {
30     return (
31       <div>
32         <h3>React States - State Clock App</h3>
33         <p>Now is {this.state.date.toLocaleTimeString()}.</p>
34       </div>
35     );
36   }
37 }
38 const cStateClock = <StateClock />
39 // TODO: App
40 function App() {
41   return (
42     <div className="App">
43       <header className="App-header">
44         {cStateClock}
45       </header>
46     </div>
47   );
48 }
```

```
49
50    export default App;
```

上述代码说明如下。

在第 9～12 行代码中，声明了一个用于定义状态的对象 state，包含一个 Date 类型的状态属性 date 和一个数字类型的状态属性 timerId。新增的状态属性 timerId 用于定义计时器 id。

在第 14～18 行代码中，定义了 React 组件生命周期的方法 componentDidMount()。在该方法中，通过 this 关键字调用设置状态的方法 setState()，调用计时器方法 setInterval()设置了状态属性 timerId，并使用该属性定义计时器 id。在计时器方法 setInterval()中，调用自定义方法 tick()实现了同步时间的功能。

在第 19～21 行代码中，定义了 React 组件生命周期的方法 componentWillUnmount()。在该方法中，调用计时器方法 clearInterval()终止了计时器（id：timerId）的自动运行。

在第 23～27 行代码中，实现了自定义方法 tick()。在该方法中，同样通过 this 关键字调用设置状态的方法 setState()，实现了更新状态属性 date。

下面测试一下这段 React 应用代码，具体如图 6.13 所示。

图 6.13　在 React 组件中结合状态与生命周期来实现动态时钟的应用

如图 6.13 所示，页面中的时间可以自动同步更新了，这是一个真正意义上的页面动态时钟。

本节介绍了 React 组件状态与生命周期，特别要注意的是，正确更新状态的方法，必须通过调用 React 设置状态的方法 setState()来实现。

6.5.4 开发实战：基于组件状态与 TSX 语法实现页面动态时钟

在【例 6.16】中，通过 JSX 语法实现了状态应用。那么，在 TSX 语法中如何使用状态进行设计呢？在 TSX 语法中使用状态与使用 Props 参数类似，同样需要通过接口添加一些额外的声明定义。

下面将【例 6.16】中实现的页面动态时钟的例子，尝试改写为通过 TSX 语法使用状态的形式。

【例 6.17】通过 TSX 语法在 React 组件中结合状态与生命周期来实现页面动态时钟的应用。

该应用的源代码如下。

```
-------------------- path : ch06/ts-states-clock/App.tsx --------------------
1  import React, { Component } from 'react';
2
3  // TODO: Props & States
4  interface IProps {}
5  interface IState {
6    date: Date,
7    timerId: NodeJS.Timer,
8  }
9  // TODO: Class Component - TsStateClock
10 class TsStateClock extends Component<IProps, IState> {
11   // TODO: constructor
12   constructor(props: IProps) {
13     super(props);
14   }
15   // TODO: init States
16   state = {
17     date: new Date(),
18     timerId: setInterval(() => {}),
19   }
20   // TODO: Lifecycle methods
21   componentDidMount() {
22     this.setState({
23       timerId: setInterval(() => this.tick(), 1000),
24     });
25   }
26   componentWillUnmount() {
27     clearInterval(this.state.timerId);
```

```
28      }
29      // TODO: function - tick
30      tick() {
31        this.setState({
32          date: new Date()
33        });
34      }
35      // TODO: render
36      render() {
37        return (
38          <div>
39            <h3>React States - State Clock App(TS)</h3>
40            <p>Now is {this.state.date.toLocaleTimeString()}.</p>
41          </div>
42        )
43      }
44  }
45  const cTsStateClock = <TsStateClock />
46  // TODO: App
47  function App() {
48    return (
49      <div className="App">
50        <header className="App-header">
51          {cTsStateClock}
52        </header>
53      </div>
54    );
55  }
56
57  export default App;
```

上述代码说明如下。

在第 5～8 行代码中，定义了一个用于描述状态的接口 IState，包含一组状态属性 date 和 timerId。其中，Date 类型的属性 date 用于描述时间状态，Timer 类型的属性 timerId 用于定义计时器 id。

在第 10～44 行代码中，定义了一个类组件 TsStateClock，通过泛型方式引入了用于描述状态的接口类型 IState。

在第 16～19 行代码中，声明了一个用于定义状态的对象 state，并初始化了状态属性 date 和 timerId。

在第 21~25 行代码中，定义了 React 组件生命周期的方法 componentDidMount()。在该方法内，通过 this 关键字调用设置状态的方法 setState()，调用计时器方法 setInterval()设置了状态属性 timerId，并使用属性 timerId 定义了计时器 id。在计时器方法 setInterval()中，调用自定义方法 tick()实现了同步时间的功能。

在第 26~28 行代码中，定义了 React 组件生命周期的方法 componentWillUnmount()。在该方法中，调用计时器方法 clearInterval()终止了该计时器（id：timerId）的自动运行。

在第 30~34 行代码中，实现了自定义方法 tick()。在该方法中，同样通过 this 关键字调用设置状态的方法 setState()，实现了状态属性 date 的更新。

读者可以自行测试一下【例 6.17】，其页面效果应该与图 6.13 相同。

本节介绍了通过 TSX 语法使用 React 组件状态与生命周期，其与 JSX 语法的主要区别就是引入状态接口（IState）来使用状态。

6.6　参数、状态与生命周期

本节介绍 React 框架中参数（Props）、状态与生命周期三者相结合的内容。

6.6.1　参数、状态与生命周期的关系

在 React 组件设计中，参数、状态和生命周期三者之间是相互依赖的关系。设计功能相对复杂的 React 组件，需要在生命周期中合理地使用参数和状态来完成组件渲染操作。

在 React 框架的设计理念中，参数和状态在功能上的定义是有明显界限的。参数主要用于为 React 组件提供接口参数，状态主要用于维护 React 组件的状态机特性。

此外，React 框架为参数制定了只读的特性。也就是说，在 React 组件中是无法直接修改参数属性的。这主要是因为 React 框架将组件理解为由数据流驱动的纯函数，传入的参数是不允许被修改的。修改组件的任务由状态在生命周期中完成，并且修改状态属性必须使用方法 setState()实现异步操作（不能直接进行修改）。简单地讲，就是参数在组件外执行操作，状态在组件内负责响应，二者各司其职。

6.6.2　开发实战：斐波那契数列应用

对大多数刚刚使用 React 框架的开发人员来讲，在 React 组件生命周期中正确且合理地使用参数和状态并不是一件容易的事情。这里借助经典的输出斐波那契（Fibonacci）数列

的应用来帮助读者体会在 React 组件中使用参数和状态的方法。

【例 6.18】通过 React 组件实现输出斐波那契数列的应用。

该应用的源代码如下。

```
-------------------- path : ch06/lifecycle-fab/App.tsx ------------------
1  import React, { Component } from 'react';
2  import Fab from './Fab';
3
4  // TODO: Props & States
5  interface IProps {
6    pFab: string;
7  }
8  interface IState {
9    n0: number;
10   n1: number;
11   sFab: string;
12 }
13 // TODO: Class Component
14 class FabComp extends Component<IProps, IState> {
15   // TODO: constructor
16   constructor(props: IProps) {
17     super(props);
18     this.state = {
19       n0: 0,
20       n1: 1,
21       sFab: this.props.pFab,
22     }
23   }
24   // TODO: Lifecycle
25   componentDidMount() {
26     console.log('App: Component DID MOUNT!');
27   }
28   componentDidUpdate(prevProps: IProps, prevState: IState) {
29     console.log('App: Component DID UPDATE!');
30     if(prevState.sFab !== this.state.sFab) {
31       console.log("prevProps.pFab: " + prevProps.pFab);
32       console.log("this.props.pFab: " + this.props.pFab);
33     }
34   }
35   // TODO: render
36   render() {
```

```
37        return (
38          <div>
39            <h3>Fibonacci Sequence</h3>
40            <Fab fab={this.state.sFab} />
41      <button className="btn"  onClick={this.btnClickFab.bind(this)}>Generate
Fibonacci Sequence</button>
42          </div>
43        )
44      }
45      // TODO: button click event
46      btnClickFab() {
47        let na: number = this.state.n1;
48        let nb: number = this.state.n0 + this.state.n1;
49        let strFab = this.state.sFab;
50        this.setState({
51          n0: na,
52          n1: nb,
53          sFab: strFab + " " + nb.toString(),
54        });
55        console.log("this.props.pFab: " + this.props.pFab);
56      }
57    }
58    const cFabComp = <FabComp pFab="0 1" />
59    // TODO: App
60    function App() {
61      return (
62        <div className="App">
63          <header className="App-header">
64            {cFabComp}
65          </header>
66        </div>
67      );
68    }
69
70    export default App;
```

上述代码说明如下。

在第 5～7 行代码中，定义了一个用于描述参数的接口 IProps，包含一个属性 pFab。

在第 8～12 行代码中，定义了一个用于描述状态的接口 IState，包含一组状态属性 n0、n1 和 sFab。其中，属性 n0、n1 用于描述斐波那契数列中前后相邻的两个数字，属性 sFab

用于记录动态生成的整个数列。

在第 14～57 行代码中，定义了一个构建斐波那契数列的类组件 FabComp，通过泛型方式引入了用于描述参数和状态的接口类型（IProps 和 IState）。

在第 16～23 行代码中，重写了该类的构造方法 constructor()。

在第 18～22 行代码中，通过 this 关键字声明了一个用于定义状态的对象 state，并初始化了状态属性 n0、n1 和 sFab。其中，属性 sFab 被初始化为组件参数 pFab，而参数 pFab 的值由第 58 行代码中定义的属性（pFab）来传入。

在第 25～27 行和第 28～34 行代码中，重写了 React 组件生命周期的方法 componentDidMount() 和方法 componentDidUpdate()。在这两个方法中，根据组件的状态变化输出了相关的日志信息。

在第 36～44 行代码定义的方法 render() 中，引入了一个子组件 Fab，用于渲染斐波那契数列，并定义了一个按钮 button，用于动态控制斐波那契数列的输出。其中，按钮 button 绑定了一个单击事件处理方法 btnClickFab()。

在第 46～56 行代码中，实现了单击事件处理方法 btnClickFab()。在该方法中，调用设置状态的方法 setState() 实现了斐波那契数列的计算与更新。

【例 6.19】React 子组件 Fab。

相关源代码如下。

```
-------------------- path : ch06/lifecycle-fab/Fab.tsx --------------------
1  import React, { Component } from 'react';
2
3  // TODO: Props & States
4  type IProps = {
5      fab: string
6  }
7  type IState = {}
8  // TODO: export default Sub Class Component
9  export default class Fab extends Component<IProps, IState> {
10     state = {}
11     // TODO: Lifecycle
12     componentWillReceiveProps(newProps: IProps) {
13         console.log('Fab: Component WILL RECEIVE PROPS!');
14         if(newProps.fab !== this.props.fab) {
15             console.log("newProps.fab: " + newProps.fab);
16             console.log("this.props.fab: " + this.props.fab);
17         }
18     }
```

```
19      // TODO: render
20      render() {
21         return (
22            <p>{this.props.fab}</p>
23         )
24      }
25  }
```

上述代码说明如下。

在第 4～6 行代码中，定义了一个用于描述参数的接口 IProps，包含一个属性 fab，用于记录由父组件 App 传递进来的斐波那契数列。

在第 9～25 行代码中，定义了一个输出斐波那契数列的类组件 Fab。

在第 12～18 行代码中，重写了 React 组件生命周期的方法 componentWillReceiveProps()，根据组件参数的变化输出了相关的日志信息。

在第 20～24 行代码定义的方法 render()中，通过花括号 "{}" 调用参数 fab 输出了斐波那契数列。

下面测试一下这段 React 应用代码，组件初始状态如图 6.14 所示。

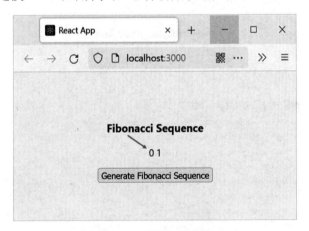

图 6.14　组件初始状态

如图 6.14 所示，React 组件中输出了初始状态的斐波那契数列，同时显示了一个按钮（"Generate Fibonacci Sequence" 按钮）。

连续单击 React 组件中的按钮（"Generate Fibonacci Sequence" 按钮）继续生成后续的数字序列，具体如图 6.15 所示。

如图 6.15 所示，页面中输出了后续的斐波那契数列。单击一下按钮（"Generate Fibonacci Sequence" 按钮）增加一个数字，打开浏览器控制台查看一下日志记录，具体如图 6.16 所示。

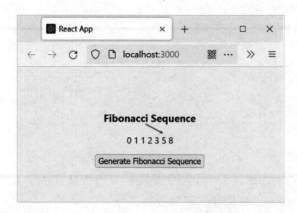

图 6.15　通过 React 组件实现输出斐波那契数列的应用（1）

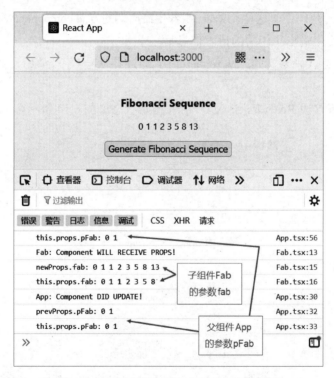

图 6.16　通过 React 组件实现输出斐波那契数列的应用（2）

　　如图 6.16 所示，父组件 App 中的参数 pFab 始终没有发生变化，而子组件 Fab 中的参数 fab 在每次单击时发生变化。这主要是因为子组件 Fab 中的参数 fab 是由父组件 App 的状态属性 sFab 传入的，相当于根据接收组件外部传入的参数而发生变化，而不是在组件内部自己发生变化的。这恰恰也验证了 React 组件规则，即参数是只读的，状态是变化的。

6.7　React 事件处理

本节介绍 React 框架中的事件处理，具体包括鼠标单击事件和文本框事件的处理方法。

6.7.1　React 事件处理的介绍

React 框架的事件处理和 JavaScript 语言对 HTML DOM 元素的处理方式类似，但是二者在语法上略有不同，根据官方文档的说明概述如下。

- React 事件绑定属性的命名采用驼峰式写法，而不是全小写的。
- 如果采用 JSX/TSX 语法，则需要传入一个函数作为事件处理函数，而不是一个字符串（DOM 元素的写法）。

对习惯了编写传统 HTML 事件处理代码的读者而言，以按钮单击事件为例，通常的写法如下。

```
<button onclick="btnClick()">
Button Click Event
</button>
```

其中，onclick 是按钮单击事件的名称，btnClick()是开发人员自定义的事件处理方法。

对 React 事件处理的代码而言，上面的按钮单击事件需要按照如下的写法进行编写。

```
<button onclick={ btnClick }>
Button Click Event
</button>
```

这是一个标准的 JSX/TSX 表达式写法，其中 onclick 同样是按钮单击事件的名称，{btnClick}是开发人员自定义的事件处理方法。需要注意的是，一定要使用花括号“{}”将方法引用进去。

React 框架和 JavaScript 语言对 HTML DOM 元素的处理方式的另一个不同之处是，在 React 框架中不能直接使用返回“false”的方式来阻止默认行为，必须明确使用内置方法 preventDefault()来实现，具体代码如下。

```
function btnClick(e) {
  e.preventDefault();
```

```
    console.log('按钮被单击了!');
}
```

6.7.2　开发实战：基于单击事件弹出消息框

React 框架的事件处理与传统 HTML DOM 事件处理类似，这里从最简单的鼠标单击事件（onClick）开始，介绍如何使用最基本的 JSX/TSX 语法在 React 类组件中实现鼠标单击事件处理方法。

【例 6.20】在 React 类组件中实现鼠标单击事件处理的应用。

该应用在 React 类组件中定义鼠标单击事件，实现弹出消息框的简单应用，其源代码如下。

```
-------------------- path : ch06/event-app/App.tsx --------------------
1  import React, { Component } from 'react';
2
3  // TODO: Props & States
4  interface IProps {}
5  interface IState {}
6
7  // TODO: Class Component
8  class EventComp extends Component<IProps, IState> {
9    state = {}
10
11   render() {
12     return (
13       <div>
14         <span>
15   <button className="btn btn-default" onClick={this.btnClick.bind(this)} >Click
Me</button>
16         </span>
17       </div>
18     )
19   }
20   // TODO: Click Event
21   btnClick(e: React.MouseEvent): void {
22     e.preventDefault();
23     console.log("Event: Click button!");
24     alert("Event: Click button!");
25   }
26 }
```

```
27  const cEventComp = <EventComp />;
28
29  // TODO: App
30  function App() {
31    return (
32      <div className="App">
33        <header className="App-header">
34          {cEventComp}
35        </header>
36      </div>
37    );
38  }
39
40  export default App;
```

上述代码说明如下。

在第 8～26 行代码中，定义了一个类组件 EventComp，用于构建一个包含按钮的 UI。

在第 15 行代码中，定义了一个按钮 button，绑定了按钮单击事件的处理方法"{this.btnClick.bind(this)}"。注意：在类组件中，先通过 this 关键字调用了具体的事件处理方法名称 btnClick，再通过方法 bind() 绑定了 this 关键字。

在第 21～25 行代码中，具体实现了事件处理方法 btnClick()。

在第 22 行代码中，调用阻止事件默认行为的方法 preventDefault()，阻止了按钮的默认行为。

在第 24 行代码中，调用警告消息框方法 alert()，实现了单击按钮弹出消息框的功能。

下面测试一下这段 React 应用代码，具体如图 6.17 所示。

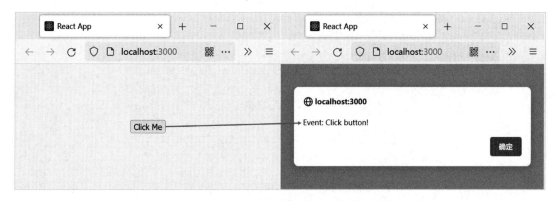

图 6.17　在 React 类组件中实现鼠标单击事件处理的应用

如图 6.17 所示，左侧页面中显示了一个按钮（"Click Me"按钮），右侧页面中显示了单击该按钮后弹出的警告消息框。

6.7.3　开发实战：实现状态切换按钮组件应用

下面编写一个相对复杂，在 React 类组件中结合参数、状态和按钮单击事件来实现状态切换按钮组件的应用。

【例 6.21】在 React 类组件中实现状态切换按钮组件的应用。

该应用的源代码如下。

```
---------------------- path : ch06/event-app/App.tsx ----------------------
1  import React, { Component } from 'react';
2
3  // TODO: Props & States
4  interface IProps {
5    title: string;
6  }
7  interface IState {
8    isToggled: boolean;
9  }
10
11  // TODO: Class Component
12  class EventComp extends Component<IProps, IState> {
13    state = {
14      isToggled: false
15    }
16
17    render() {
18      return (
19        <div>
20          <h3>{this.props.title}</h3>
21          <span>
22            <button className="btn" onClick={(e) =>this.toggleBtnClick(this.
state.isToggled,e)} >
23              Toggle {this.state.isToggled ? "On" : "Off"}
24            </button>
25          </span>
26          <p>Toggle button is {this.state.isToggled ? "On" : "Off"}.</p>
27        </div>
28      )
29    }
```

```
30    // TODO: Toggle Button
31    toggleBtnClick(isToggled: boolean, e: React.MouseEvent): void {
32      e.preventDefault();
33      console.log("Event: Toggle button!");
34      this.setState({
35        isToggled: !isToggled
36      })
37    }
38  }
39  const cEventComp = <EventComp title="Toggle Button App" />;
40
41  // TODO: App
42  function App() {
43    return (
44      <div className="App">
45        <header className="App-header">
46          {cEventComp}
47        </header>
48      </div>
49    );
50  }
51
52  export default App;
```

上述代码说明如下。

在第 4～6 行代码中，定义了一个用于描述参数的接口 IProps，包含一个属性 title，用于描述组件标题。

在第 7～9 行代码中，定义了一个用于描述状态的接口 IState，包含一个布尔类型的状态属性 isToggled，用于描述状态切换按钮的状态属性值。

在第 12～38 行代码中，定义了一个类组件 EventComp，用于构建一个包含状态切换按钮的 UI。

在第 22 行代码中，定义了一个按钮 button，绑定了按钮单击事件的处理方法 "{(e) =>this.toggleBtnClick(this.state.isToggled,e)}"。该方法是通过箭头函数的方式定义的，事件处理方法名称为 toggleBtnClick，传递了状态属性和事件的两个参数（isToggled 和 e）。

在第 31～37 行代码中，具体实现了事件处理方法 toggleBtnClick()。

在第 34～36 行代码中，通过 this 关键字调用了设置状态的方法 setState()，重新反置了状态属性 isToggled。这样，当每次单击按钮时就会反置状态属性 isToggled，从而实现状态切换按钮组件的功能。

下面测试一下这段 React 应用代码，具体如图 6.18 所示。

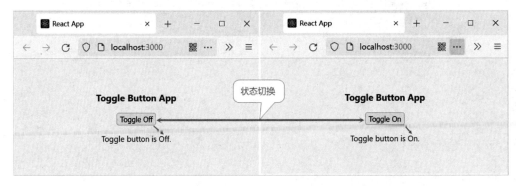

图 6.18　在 React 类组件中实现状态切换按钮组件的应用

如图 6.18 所示，左侧页面中显示了状态切换按钮的 "Off" 状态，右侧页面中显示了状态切换按钮的 "On" 状态，单击状态切换按钮可以实现切换状态的操作。

6.7.4　开发实战：文本框事件处理应用

本节介绍 React 框架中文本框<input>元素的几个常用事件 onFocus、onBlur 和 onChange。根据官方文档的说明，这 3 个事件的详细描述如下。

- 事件 onFocus：文本框<input>元素获取焦点事件。
- 事件 onBlur：文本框<input>元素失去焦点事件。
- 事件 onChange：文本框<input>元素内容变化事件。

下面针对 React 框架中文本框<input>元素的常用事件 onFocus、onBlur 和 onChange 的区别，使用最基本的 JSX/TSX 语法在 React 类组件中实现相应事件的处理方法。

【例 6.22】在 React 类组件中实现文本框<input>元素常用事件处理的应用。

该应用的源代码如下。

```
-------------------- path : ch06/event-input/App.tsx --------------------
1  import React, { Component } from 'react';
2
3  // TODO: Props & States
4  interface IProps {
5    title: string;
6    tips: string;
7  }
8  interface IState {
9    val: string;
```

```
10  }
11  // TODO: Class Component
12  class InputComp extends Component<IProps, IState> {
13    state = {
14      val: this.props.tips
15    }
16    // TODO: input event
17    inputFocus(e: React.FocusEvent<HTMLInputElement>): void {
18      e.preventDefault();
19      console.log("Input focus event.");
20      this.setState({
21        val: "focus event, value is '" + e.target.value + "'."
22      });
23    }
24    inputChange(e: React.ChangeEvent<HTMLInputElement>): void {
25      e.preventDefault();
26      console.log("Input change event.");
27      this.setState({
28        val: "change event, value is '" + e.target.value + "'."
29      });
30    }
31    inputBlur(e: React.FocusEvent<HTMLInputElement>): void {
32      e.preventDefault();
33      console.log("Input blur event.");
34      this.setState({
35        val: "blur event, value is '" + e.target.value + "'."
36      });
37    }
38    // TODO: render
39    render() {
40      return (
41        <div>
42          <h3>{this.props.title}</h3>
43          <p>
44            <input
45              type="text"
46              placeholder={this.props.tips}
47              onFocus={(e) => this.inputFocus(e)}
48              onChange={(e) => this.inputChange(e)}
49              onBlur={(e) => this.inputBlur(e)}
50            />
51          </p>
```

```
52          <p>
53            Event log: {this.state.val}
54          </p>
55        </div>
56      )
57    }
58  }
59  const cInputComp = <InputComp title="Input Event App" tips="input event"
    />;
60  // TODO: App
61  function App() {
62    return (
63      <div className="App">
64        <header className="App-header">
65          {cInputComp}
66        </header>
67      </div>
68    );
69  }
70
71  export default App;
```

上述代码说明如下。

在第 4～7 行代码中，定义了一个用于描述参数的接口 IProps，包含属性 title 和 tips。

在第 8～10 行代码中，定义了一个用于描述状态的接口 IState，包含一个字符串类型的状态属性 val，用于记录用户在文本框中输入的内容值。

在第 12～58 行代码中，定义了一个类组件 InputComp，用于构建一个包含文本框<input>元素的 UI。

在第 44～50 行代码中，定义了一个文本框<input>元素，绑定了文本框的 3 个常用事件 onFocus、onChange 和 onBlur 的处理方法 inputFocus()、inputChange()和 inputBlur()。

在第 17～23 行、第 24～30 行和第 31～37 行代码中，分别实现了事件处理方法 inputFocus()、inputChange()和 inputBlur()，通过 this 关键字调用了设置状态的方法 setState()来设置状态属性 val。这样，当用户每次操作该文本框时，均会触发这 3 个常用事件（onFocus、onBlur 和 onChange），并记录下每次操作的内容。

下面测试一下这段 React 应用代码，具体如图 6.19 所示。

如图 6.19 所示，4 个页面中显示了文本框<input>元素的初始状态和在 3 个常用事件 onFocus、onBlur 和 onChange 下的操作状态。

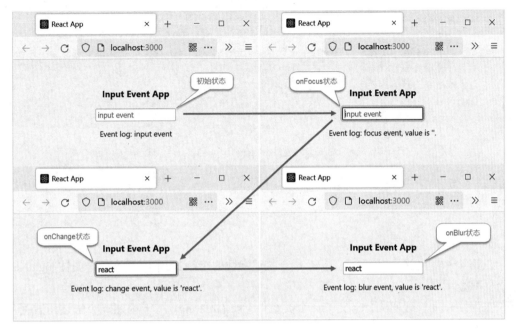

图 6.19　在 React 类组件中实现文本框<input>元素常用事件处理的应用

6.8　开发实战：React 组件条件渲染

React 框架还支持一种被称为组件条件渲染的操作。该操作主要先通过 JavaScript 条件运算符（如 if 语句、"与"逻辑运算符、三元条件表达式等）选择满足条件的组件，再根据组件的状态渲染更新 UI 来实现。

下面通过一个模拟用户登录状态的应用，介绍 React 组件条件渲染的基本使用方法。

第 1 步：创建两个类组件，分别表示正式用户已登录和游客用户未登录的状态，具体如下。

【例 6.23】定义 React 类组件 UserGreeting，用于描述正式用户已登录状态。

相关源代码如下。

```
---------------- path : ch06/condition-comp/UserGreeting.tsx ---------------
1  import React, { Component } from 'react';
2
3  // TODO: Props & State
4  interface IProps {
5      loginName: string
6  }
```

```
7   interface IState {}
8
9   export default class UserGreeting extends Component<IProps, IState> {
10      state = {}
11      // TODO: render
12      render() {
13          return (
14              <div>
15                  <p>{this.props.loginName}, welcome visit!</p>
16              </div>
17          )
18      }
19  }
```

上述代码说明如下。

在第 4~6 行代码中，定义了一个用于描述参数的接口 IProps，包含一个属性 loginName，用于保存登录名。

在第 9~19 行代码中，定义了一个类组件 UserGreeting，用于构建一个描述正式用户已登录状态的 UI。

在第 15 行代码中，定义了一个段落<p>元素，在页面中输出了一行正式用户已登录的提示信息。

【例 6.24】定义 React 类组件 GuestGreeting，用于描述游客用户未登录状态。

相关源代码如下。

```
---------------- path : ch06/condition-comp/GuestGreeting.tsx -------------
1   import React, { Component } from 'react'
2
3   // TODO: Props & State
4   interface IProps {}
5   interface IState {}
6
7   export default class GuestGreeting extends Component<IProps, IState> {
8       state = {}
9
10      render() {
11          return (
12              <div>
13                  <p>Guest, pls log in.</p>
14              </div>
15          )
16      }
17  }
```

上述代码说明如下。

在第 7~17 行代码中，定义了一个类组件 GuestGreeting，用于构建一个描述游客用户未登录状态的 UI。

在第 13 行代码中，定义了一个段落<p>元素，在页面中输出了一行游客用户未登录的提示信息。

第 2 步：创建一个类组件，用于模拟用户登录界面，具体如下。

【例 6.25】定义 React 类组件 Greeting，用于描述用户登录界面。

相关源代码如下。

```tsx
---------------- path : ch06/condition-comp/UserGreeting.tsx ---------------
1   import React, { Component } from 'react';
2   import GuestGreeting from './GuestGreeting';
3   import UserGreeting from './UserGreeting';
4
5   // TODO: Props & State
6   interface IProps {
7       title: string;
8   }
9   interface IState {
10      isEmpty: boolean;
11      isLoggedIn: boolean;
12      loginName: string;
13  }
14
15  export default class Greeting extends Component<IProps, IState> {
16      // TODO: constructor
17      constructor(props: IProps) {
18          super(props);
19          this.state = {
20              isEmpty: true,
21              isLoggedIn: false,
22              loginName: ""
23          }
24      }
25      // TODO: input login name
26      inputLoginName(e: React.ChangeEvent<HTMLInputElement>): void {
27          e.preventDefault();
28          this.setState({
29              loginName: e.target.value
30          });
```

```
31        }
32        // TODO: Toggle Button
33        LoggedInClick(isLoggedIn: boolean, e: React.MouseEvent): void {
34            e.preventDefault();
35            let name = this.state.loginName;
36            if(name !== "") {
37                this.setState({
38                    isEmpty: false
39                });
40                if(name === "king") {
41                    this.setState({
42                        isLoggedIn: true
43                    });
44                } else {
45                    this.setState({
46                        isLoggedIn: false
47                    });
48                }
49            } else {
50                this.setState({
51                    isEmpty: true
52                });
53            }
54        }
55        // TODO: render login
56        renderLogin() {
57            const isEmpty = this.state.isEmpty;
58            const isLoggedIn = this.state.isLoggedIn;
59            if(!isEmpty) {
60                if(isLoggedIn) {
61                    return (
62                        <UserGreeting loginName={this.state.loginName} />
63                    )
64                } else {
65                    return <GuestGreeting />
66                }
67            } else {
68                return (<p>pls log in.</p>)
69            }
70        }
71        // TODO: render
```

```
72      render() {
73          return (
74              <div>
75                  <h3>{this.props.title}</h3>
76                  <p>
77                      <input
78                          type="text"
79                          placeholder="enter your login name"
80                          onChange={(e) => this.inputLoginName(e)} />
81                  </p>
82                  <p>
83                      <button onClick={(e) => this.LoggedInClick(this.state.
isLoggedIn, e)} >
84                          Login
85                      </button>
86                  </p>
87                  {this.renderLogin()}
88              </div>
89          )
90      }
91  }
```

上述代码说明如下。

在第 2 行和第 3 行代码中，通过 import 关键字，引入了刚刚创建的正式用户类组件 UserGreeting 和游客用户类组件 GuestGreeting。

在第 6～8 行代码中，定义了一个用于描述参数的接口 IProps，包含一个属性 title，用于描述登录界面的标题。

在第 9～13 行代码中，定义了一个用于描述状态的接口 IState。其中，布尔类型的状态属性 isEmpty，用于标识用户是否首次登录；布尔类型的状态属性 isLoggedIn，用于标识用户的登录状态；字符串类型的状态属性 loginName，用于保存登录名。

在第 15～91 行代码中，定义了一个类组件 Greeting，用于构建一个用户登录界面的 UI。

在第 77～80 行代码中，定义了一个文本框<input>元素，绑定了文本框事件 onChange 的处理方法 inputLoginName()。

在第 83～85 行代码中，定义了一个按钮 button，绑定了单击事件 onClick 的处理方法 LoggedInClick()。

在第 87 行代码的花括号 "{}" 中，通过 this 关键字调用了一个自定义方法 renderLogin()，用于实现 React 组件的条件渲染功能。

在第 26～31 行代码中，实现了事件处理方法 inputLoginName()，通过 this 关键字调用了设置状态的方法 setState()，设置了状态属性 loginName，获取了用户的登录名。

在第 33～54 行代码中，先实现了事件处理方法 LoggedInClick()，根据用户的登录名判断当前用户的登录状态，再通过 this 关键字调用了设置状态的方法 setState()，设置了状态属性 isEmpty 和 isLoggedIn，用于判断用户是否首次登录或是否已登录。

在第 56～70 行代码中，实现了自定义方法 renderLogin()，通过判断状态属性 isEmpty 和 isLoggedIn 实现了正式用户类组件 UserGreeting 和游客用户类组件 GuestGreeting 二者之间的条件渲染。

第 3 步：编写应用主入口组件（App），用于引入用户登录类组件，具体如下。

【例 6.26】编写 React 应用的主入口组件 App，引入用户登录组件。

相关源代码如下。

```
------------------ path : ch06/condition-comp/App.tsx --------------------
1  import React from 'react';
2  import Greeting from './Greeting';
3
4  // TODO: App Entry
5  function App() {
6    return (
7      <div className="App">
8        <header className="App-header">
9          <Greeting title="Greeting Logo App" />
10       </header>
11     </div>
12   );
13 }
14
15 export default App;
```

上述代码说明如下。

在第 2 行代码中，通过 import 关键字引入了刚刚创建的用户登录类组件 Greeting。

在第 5～13 行代码中，定义了本应用的主入口组件 App。

在第 9 行代码中，引入了用户登录类组件 Greeting，并定义了一个参数属性 title。

下面测试一下这段 React 应用代码，具体如图 6.20 所示。

如图 6.20 所示，上方的页面为登录界面初始状态，左下方的页面为正式用户登录成功后的已登录状态，右下方的页面为游客用户未登录状态。在用户登录后，会通过条件渲染的方式选择相应的 React 组件在页面中进行显示。

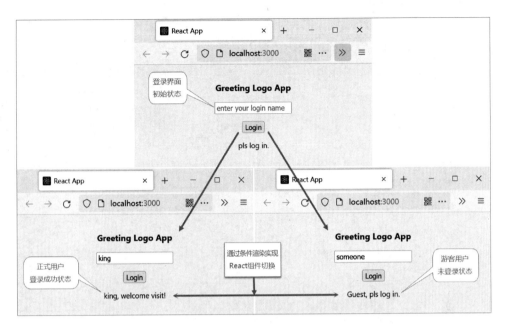

图 6.20　使用 React 组件条件渲染模拟用户登录状态的应用

6.9　开发实战：React 列表转化

React 框架支持借助数组来实现转化元素列表的渲染操作，需要通过数组对象的方法 map() 来实现。数组对象的方法 map() 返回一个新数组，新数组中的元素为原始数组元素调用自定义函数处理后的值。

下面通过列表转化操作实现在 React 组件中生成列表（包括有序列表<ol>和无序列表<ul>）的应用。

【例 6.27】通过列表转化操作实现在 React 组件中生成列表的应用。

该应用的源代码如下。

```
---------------------- path : ch06/list-map/App.tsx ----------------------
1  import React, { Component } from 'react';
2
3  // TODO: Props & State
4  interface IProps {
5    title: string;
6    nums: number[];
7    language: string[];
8  }
```

```
9  interface IState {}
10 // TODO: Class Component - ListComp
11 class ListComp extends Component<IProps, IState> {
12   state = {}
13   // TODO: render
14   render() {
15     const numItems = this.props.nums.map((num) => <li>{num} : {num*num}
</li>);
16     const langItems = this.props.language.map((lang) => <li>{lang}</li>);
17     return (
18       <div>
19         <h3>{this.props.title}</h3>
20         <ol>
21           {numItems}
22         </ol>
23         <ul>
24           {langItems}
25         </ul>
26       </div>
27     )
28   }
29 }
30 // TODO: define array
31 const cNum = [6, 1, 8];
32 const cStrLang = ["JavaScript", "Node", "React"];
33 const cLangList = <ListComp title="ul-li list" nums={cNum} language= {cStrLang}/>
34 // TODO: App
35 function App() {
36   return (
37     <div className="App">
38       <header className="App-header">
39         {cLangList}
40       </header>
41     </div>
42   );
43 }
44
45 export default App;
```

上述代码说明如下。

在第 4～8 行代码中，定义了一个用于描述参数的接口 IProps，主要包含一个 number[]

类型的属性 nums，用于描述数字的数组，以及一个 String[] 类型的属性 language，用于描述语言的数组。

在第 11～29 行代码中，定义了一个类组件 ListComp，用于构建一个列表转化的 UI。

在第 15 行和第 16 行代码中，定义了两个常量 numItems 和 langItems，在数组对象 nums 和 language 中，使用方法 map() 创建了两个 JSX/TSX 格式的列表元素组件。

在第 21 行和第 24 行代码中，分别通过花括号 "{}" 实现了将常量 numItems 和 langItems 渲染到组件中的操作。

在第 31～33 行代码中，先定义了两个数组 cNum 和 cStrLang 并进行了初始化，再定义了一个类组件 ListComp 的常量对象 cLangList，将数组 cNum 和 cStrLang 作为参数属性传递给类组件 ListComp。

在第 35～43 行代码中，定义了本应用的主入口组件 App。

在第 39 行代码中，引入了类组件 ListComp 的常量对象 cLangList，实现了在页面中渲染列表组件的操作。

下面测试一下这段 React 应用代码，具体如图 6.21 所示。

图 6.21　通过列表转化操作实现在 React 组件中生成列表的应用

如图 6.21 所示，页面上面显示的是带序号的有序列表，页面下面显示的是无序列表，这两组列表都是通过数组的方法 map() 转化而来的。

6.10　React 表单与受控组件

本节介绍 React 框架中的表单与受控组件，包括状态在表单中的处理方法。

6.10.1 表单与受控组件的介绍

React 框架中的表单（Form）具有与 HTML 表单基本相同的默认行为，也就是说，在 React 框架下执行 HTML 表单代码是有效的。然而，React 表单中的 DOM 元素与 React 框架中的其他 DOM 元素不同，因为 React 表单元素需要与 React 状态相关联。

React 框架中表单元素的可变状态（Mutable State）通常保存在组件状态中，由 React 框架来控制状态的属性值。因此，React 表单的可变状态需要保存在组件的状态属性中，并且只能通过方法 setState()进行维护更新。

基于上述原理，可以使状态属性成为 React 表单元素的"唯一数据源"，控制 React 表单组件状态的更新与维护。React 框架将以该方式控制的表单元素定义为 React 表单受控组件。

6.10.2 开发实战：React 受控组件表单应用

下面实现一个具有受控组件功能的 React 表单，并模拟实现表单提交操作的应用。

【例 6.28】基于 React 受控组件功能实现 React 表单的应用。

该应用的源代码如下。

```
--------------------- path : ch06/form-map/App.tsx ---------------------
1  import React, { Component } from 'react';
2
3  // TODO: Props & State
4  interface IProps {}
5  interface IState {
6    username: string;
7    age: number;
8    gender: string;
9  }
10 // TODO: Class Component
11 class FormComp extends Component<IProps, IState> {
12   // TODO: constructor
13   constructor(props: IProps) {
14     super(props);
15     this.state = {
16       username: "king",
17       age: 1,
18       gender: "male",
19     }
```

```
20    }
21    // TODO: Event Handle
22    handleChange = (key: keyof IState, value: string | number): void => {
23      this.setState({
24        [key]: value
25      } as Pick<IState, keyof IState>);
26    }
27    handleSubmit(e: React.FormEvent<HTMLFormElement>): void {
28      e.preventDefault();
29      console.log("Username: " + this.state.username);
30      console.log("Age: " + this.state.age);
31      console.log("Gender: " + this.state.gender);
32    }
33    // TODO: render
34    render() {
35      return (
36        <div>
37          {/* <form action="#" method="GET"> */}
38          <form onSubmit={this.handleSubmit.bind(this)}>
39            <label>
40              Username:  
41              <input
42                name="username"
43                type="text"
44                value={this.state.username}
45                onChange={e => this.handleChange("username", e.target.value)} />
46            </label><br/><br/>
47            <label>
48              Age:  
49              <input
50                name="age"
51                type="number"
52                value={this.state.age}
53                onChange={e => this.handleChange("age", e.target.value)} />
54            </label><br/><br/>
55            <label>
56              Gender:  
57              <select
58                name="gender"
59                value={this.state.gender}
60                onChange={e => this.handleChange("gender", e.target.value)}>
```

```
61              <option value="male">Male</option>
62              <option value="female">Female</option>
63          </select>
64        </label><br/><br/>
65        <input type="submit" value="提交" />
66      </form>
67    </div>
68    )
69  }
70 }
71 const cFormComp = <FormComp />
72 // TODO: App
73 function App() {
74   return (
75     <div className="App">
76       <header className="App-header">
77         {cFormComp}
78       </header>
79     </div>
80   );
81 }
82 export default App;
```

上述代码说明如下。

在第 5～9 行代码中，定义了一个用于描述属性的状态接口 IState，主要包含用户名
（username）、年龄（age）和性别（gender），是用于描述个人信息的一组状态属性。

在第 11～70 行代码中，首先定义了一个类组件 FormComp，用于构建一个表单 UI。

在第 38～66 行代码中，先定义了表单组件，包含 3 个文本框（用户名、年龄和性别）
和一个表单提交按钮 submit，再分别为这 3 个文本框绑定了 onChange 事件处理方法
handleChange()，并将这 3 个文本框的属性 value 分别与状态属性 username、age 和 gender
进行绑定，实现了受控组件功能，也为表单提交按钮 submit 绑定了提交事件处理方法
handleSubmit()。

在第 22～26 行代码中，先定义了 onChange 事件处理方法 handleChange()，再通过 this
关键字调用了方法 setState() 来设置属性。注意：由于 3 个属性（用户名、年龄和性别）的
类型不一致，并且 3 个文本框绑定了同一个事件处理方法 handleChange()，这里使用了 ES6
的动态键值[key]语法获取 3 个属性值。

在第 27～32 行代码中，先定义了提交（submit）按钮的事件处理方法 handleSubmit()，
然后通过浏览器控制台模拟实现了提交结果。

在第 71 行代码中，定义了一个类组件 FormComp 的实例 cFormComp。

在第 73~81 行代码中，定义了本应用的主入口组件 App。

在第 77 行代码中，引入了类组件 FormComp 的实例 cFormComp，实现了在页面中渲染表单（Form）组件的操作。

下面测试一下这段 React 应用代码，具体如图 6.22 所示。

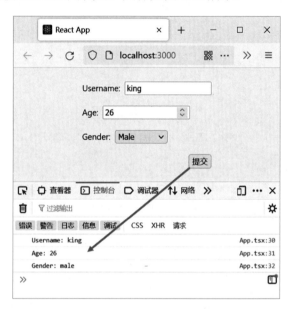

图 6.22　基于 React 受控组件功能实现 React 表单的应用

如图 6.22 所示，表单中的个人信息通过提交按钮提交后，成功地显示在浏览器控制台中了。

6.11　开发实战：React 状态提升

在 React 框架中，有一个全新的状态提升概念。该概念是指当多个组件需要反映相同的变化数据时，建议将共享状态提升到最近的共同父组件中。

为了更好地帮助读者理解状态提升的概念，下面设计一个共享温度计应用，其包含两个温度指示器，即摄氏温度计和华氏温度计，并且满足这两个温度指示器具有相互换算功能。

第 1 步：设计一个能够满足包含摄氏温度文本框和华氏温度文本框的组件，具体如下。

【例 6.29】基于 React 状态提升功能设计实现 React 温度计组件（1）。

相关源代码如下。

```
-------------- path : ch06/ts-state-enhance/TemperatureInput.tsx -----------
1  import React, { Component } from 'react';
2
3  // TODO: const scale
4  const scaleNames: any = {
5      c: 'Celsius',
6      f: 'Fahrenheit'
7  };
8  // TODO: Props & State
9  interface IProps {
10     scale: string;
11     temperature: number;
12     onTemperatureChange(e: React.ChangeEvent<HTMLInputElement>): void;
13 }
14 interface IState {}
15 // TODO: Class Component
16 export default class TemperatureInput extends Component<IProps, IState> {
17     // TODO: render
18     render() {
19         const scale = this.props.scale;
20         const temperature = this.props.temperature;
21         return (
22             <div>
23                 <h3>Temperature Input {scaleNames[scale]}</h3>
24                 <input
25                     type="text"
26                     placeholder="pls enter..."
27                     value={temperature}
28                     onChange={e => this.props.onTemperatureChange(e)} />
29             </div>
30         )
31     }
32 }
```

上述代码说明如下。

在第 4～7 行代码中，定义了一个用于描述摄氏温度和华氏温度类型（Celsius 和 Fahrenheit）的常量对象 scaleNames。

在第 9～13 行代码中，定义了一个用于描述参数的接口 IProps，主要包含一个字符串类型的参数属性 scale，用于描述温度类型，一个数字类型的参数属性 temperature，用于描述温度数值，以及一个事件类型（ChangeEvent）的参数属性 onTemperatureChange，用于自定义的温度文本框文本变化事件。

在第 16～32 行代码中，定义了一个类组件 TemperatureInput，用于构建一个输入温度数值的文本框 UI。

在第 19 行和第 20 行代码中，定义了一组常量 scale 和 temperature，获取了父组件传入的参数属性 scale 和 temperature。

在第 23 行代码中，通过常量对象 scaleNames 和常量 scale 获取了标题内容。

在第 24～28 行代码中，定义了一个文本框，属性（value）值被定义为由父组件传入的参数属性 temperature 的值，onChange 事件被定义为由父组件传入的参数属性方法 onTemperatureChange()。一般情况下，在定义文本框的属性值时，会赋予一个状态属性实现受控组件功能，但这里被赋予一个由父组件传入的参数属性，实际上就是将状态进行了提升。

第 2 步：设计一个通过子组件 TemperatureInput 实现包含摄氏温度文本框和华氏温度文本框的父组件，具体如下。

【例 6.30】基于 React 状态提升功能设计实现 React 温度计组件（2）。

相关源代码如下。

```
--------------- path : ch06/ts-state-enhance/TemperatureMain.tsx -----------
1  import React, { Component } from 'react';
2  import TemperatureInput from './TemperatureInput';
3
4  // TODO: Props & State
5  interface IProps {}
6  interface IState {
7      scale: string,
8      temperature: number
9  }
10 // TODO: Celsius <-> Fahrenheit
11 function toCelsius(fahrenheit: number): number {
12     return (fahrenheit - 32) * 5 / 9;
13 }
14 function toFahrenheit(celsius: number): number {
15     return (celsius * 9 / 5) + 32;
16 }
17 function tryConvert(temperature: number, convert: Function): number {
18     const input = temperature;
19     if (Number.isNaN(input)) {
20         return 0;
```

```
21      }
22      const output = convert(input);
23      const rounded = Math.round(output * 1000) / 1000;
24      return rounded;
25  }
26  // TODO: Class Component
27  export default class TemperatureMain extends Component<IProps, IState> {
28      // TODO: constructor
29      constructor(props: IProps) {
30          super(props);
31          // this.handleCelsiusChange = this.handleCelsiusChange.bind(this);
32           // this.handleFahrenheitChange = this.handleFahrenheitChange.bind
(this);
33          this.state = {
34              scale: 'c',
35              temperature: 0
36          }
37      }
38      // TODO: Event Handle
39       handleCelsiusChange = (e: React.ChangeEvent<HTMLInputElement>): void
=> {
40          this.setState({
41              scale: 'c',
42              temperature: Number(e.target.value),
43          });
44      }
45       handleFahrenheitChange = (e: React.ChangeEvent<HTMLInputElement>):
void => {
46          this.setState({
47              scale: 'f',
48              temperature: Number(e.target.value),
49          });
50      }
51      // TODO: render
52      render() {
53          const scale = this.state.scale;
54          const temperature = Number(this.state.temperature);
55          const celsius = scale === 'f' ? tryConvert(temperature, toCelsius) :
temperature;
56          const fahrenheit = scale === 'c' ? tryConvert(temperature, toFahrenheit) :
temperature;
57          return (
58              <div>
```

```
59              <TemperatureInput
60                  scale="c"
61                  temperature={celsius}
62                   onTemperatureChange={e => this.handleCelsiusChange(e)}
/>
63              <TemperatureInput
64                  scale="f"
65                  temperature={fahrenheit}
66                  onTemperatureChange={e => this.handleFahrenheitChange(e)}
/>
67          </div>
68      )
69    }
70 }
```

上述代码说明如下。

在第 6～9 行代码中，定义了一个用于描述状态的接口 IState，主要包含一个字符串类型的状态属性 scale，用于描述温度类型，一个数字类型的状态属性 temperature，用于描述温度数值。注意：这组状态属性用于实现状态提升功能。

在第 11～13 行、第 14～16 行和第 17～25 行代码中，定义了 3 个自定义方法（toCelsius()、toFahrenheit()和 tryConvert()），分别用于实现摄氏温度和华氏温度的相互换算功能。

在第 27～70 行代码中，定义了一个类组件 TemperatureMain，用于基于子组件 TemperatureInput 构建一个包含摄氏温度文本框和华氏温度文本框的 UI。

在第 53～56 行代码中，定义了一组常量（scale、temperature、celsius 和 fahrenheit），分别用于表示摄氏温度和华氏温度类型、温度数值、摄氏温度数值及华氏温度数值。

在第 59～62 行代码中，定义了用于输入摄氏温度的文本框，包含一个识别摄氏温度的属性 scale="c"，一个记录温度数值的属性 temperature={celsius}，一个自定义事件属性 onTemperatureChange 及其处理方法 handleCelsiusChange()。

在第 63～66 行代码中，定义了用于输入华氏温度的文本框，包含一个识别华氏温度的属性 scale="f"，一个记录温度数值的属性 temperature={fahrenheit}，一个自定义事件属性 onTemperatureChange 及其处理方法 handleFahrenheitChange()。

在第 39～44 行和第 45～50 行代码中，具体实现了事件处理方法 handleCelsiusChange()和 handleFahrenheitChange()，通过 this 关键字调用了方法 setState()，设置了状态属性 scale 和 temperature。

第 3 步：设计实现应用的主入口组件 App，具体如下。

【例 6.31】基于 React 状态提升功能设计实现 React 温度计组件（3）。

相关源代码如下。

```
------------------ path : ch06/ts-state-enhance/App.tsx ------------------
1  import React from 'react';
2  import TemperatureMain from './TemperatureMain';
3
4  // TODO: App
5  function App() {
6    return (
7      <div className="App">
8        <header className="App-header">
9          <TemperatureMain />
10       </header>
11     </div>
12   );
13 }
14
15 export default App;
```

在上述代码中，定义了本应用的主入口组件 App。其中，第 9 行代码引入了类组件 TemperatureMain，实现了在页面中渲染温度组件的操作。

下面测试一下这段 React 应用代码，具体如图 6.23 所示。

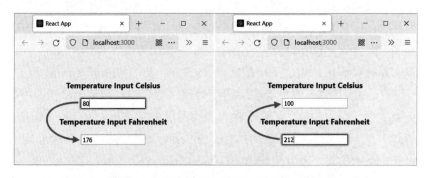

图 6.23　基于 React 状态提升功能设计实现 React 温度计组件

如图 6.23 所示，通过状态提升功能实现了摄氏温度和华氏温度的相互换算功能。

6.12　组合模式与特例关系

本节介绍 React 框架中的组合模式与特例关系。组合模式与特例关系是 React 组件的高级特性。

6.12.1　组合模式与特例关系的介绍

React 框架设计了一种组合模式，用于实现组件代码重用功能。通常情况下，开发人员在定义一些组件时无法提前考虑全部子组件的具体内容，如在定义一个对话框（Dialog）通用组件时，就会遇到类似的情况。

因此，React 框架建议先定义一个对话框通用容器（Box）组件，再使用一个特殊的 Prop 属性（children），将未来的子组件传递到该容器中进行渲染，实现组件组合模式的设计。

在 React 组合模式中，有时我们把一些组件看作其他组件的特殊实例，相当于一种具有特例关系的组合模式。

6.12.2　开发实战：基于组合模式设计实现 UI 组件

下面基于组合模式实现一个由对话框通用容器组件（MainPanel）及相关子组件（Header、Left、Right 和 Footer）组成的 UI 组件。

【例 6.32】基于 React 组合模式设计对话框通用容器组件（MainPanel）。

相关源代码如下。

```
------------------- path : ch06/ts-composition/MainPanel.tsx ---------------
1  import React, { Component, ReactElement } from 'react';
2
3  // TODO: Props & State
4  interface IProps {
5      header: ReactElement,
6      left: ReactElement,
7      right: ReactElement,
8      footer: ReactElement
9  }
10 interface IState {}
11 // TODO: Class Component
12 export default class MainPanel extends Component<IProps, IState> {
13     constructor(props: IProps) {
14         super(props);
15         this.state = {}
16     }
17     // TODO: render
18     render() {
19         return (
20             <div className="main-panel">
```

```
21              <div className="header-panel">
22                  {this.props.header}
23              </div>
24              <div className="mid-panel">
25                  <span className="left-panel">
26                      {this.props.left}
27                  </span>
28                  <span className="right-panel">
29                      {this.props.right}
30                  </span>
31              </div>
32              <div className="footer-panel">
33                  {this.props.footer}
34              </div>
35          </div>
36      )
37   }
38 }
```

上述代码说明如下。

在第 4～9 行代码中，定义了一个用于描述属性的参数接口 IProps，主要包含 header、left、right 和 footer，是用于描述 UI 容器中各个子组件的一组参数属性。

在第 20～35 行代码中，通过<div>标签构建了一个 UI 容器。

在第 22 行、第 26 行、第 29 行和第 33 行代码中，通过参数 props 依次引用了参数属性 header、left、right 和 footer，实现了将子组件组合到 UI 容器中的操作。

下面分别设计各个子组件（Header、Left、Right 和 Footer）。

【例 6.33】子组件 Header。

相关源代码如下。

```
------------------ path : ch06/ts-composition/Header.tsx ------------------
1  import React, { Component } from 'react';
2
3  // TODO: Props & State
4  interface Props {}
5  interface State {}
6  // TODO: Class Component
7  export default class Header extends Component<Props, State> {
8      state = {}
9      // TODO: render
10     render() {
11         return (
```

```
12              <div>
13                  <h3>Header</h3>
14              </div>
15          )
16      }
17  }
```

【例 6.34】子组件 Left。

相关源代码如下。

```
----------------- path : ch06/ts-composition/Left.tsx --------------------
1  import React, { Component } from 'react';
2
3  // TODO: Props & State
4  interface Props {}
5  interface State {}
6  // TODO: Class Component
7  export default class Left extends Component<Props, State> {
8      state = {}
9      // TODO: render
10     render() {
11         return (
12             <div>
13                 <p>Left Panel</p>
14             </div>
15         )
16     }
17 }
```

【例 6.35】子组件 Right。

相关源代码如下。

```
----------------- path : ch06/ts-composition/Right.tsx ------------------
1  import React, { Component } from 'react'
2
3  // TODO: Props & State
4  interface Props {}
5  interface State {}
6  // TODO: Class Component
7  export default class Right extends Component<Props, State> {
8      state = {}
9      // TODO: render
10     render() {
```

```
11        return (
12            <div>
13                <p>Right Panel</p>
14            </div>
15        )
16    }
17 }
```

【例 6.36】子组件 Footer。

相关源代码如下。

```
----------------- path : ch06/ts-composition/Footer.tsx ------------------
1  import React, { Component } from 'react'
2
3  // TODO: Props & State
4  interface Props {}
5  interface State {}
6  // TODO: Class Component
7  export default class Footer extends Component<Props, State> {
8      state = {}
9      // TODO: render
10     render() {
11         return (
12             <div>
13                 <p>Footer</p>
14             </div>
15         )
16     }
17 }
```

下面将对话框通用容器组件 MainPanel 放入主程序入口 App，实现渲染 UI 的操作。

【例 6.37】主程序入口 App。

相关源代码如下。

```
-------------------- path : ch06/ts-composition/App.tsx --------------------
1  import React from 'react';
2  import MainPanel from './MainPanel';
3  import Header from './Header';
4  import Left from './Left';
5  import Right from './Right';
6  import Footer from './Footer';
7
8  function App() {
```

```
9    return (
10     <div className="App">
11       <header className="App-header">
12        <MainPanel
13          header={<Header />}
14          left={<Left />}
15          right={<Right />}
16          footer={<Footer />}
17        />
18       </header>
19     </div>
20   );
21  }
22
23  export default App;
```

上述代码说明如下。

在第 2～6 行代码中，通过 import 关键字引入了组件 MainPanel、Header、Left、Right 和 Footer。

在第 12～17 行代码中，通过组件 MainPanel 定义了一个容器<MainPanel>，并定义了 4 个属性 header、left、right 和 footer，其属性值分别是组件 Header、Left、Right 和 Footer。如此，组件 Header、Left、Right 和 Footer 就被视为组件 MainPanel 的子组件了，从而相互组成一个 UI 组件。以上就是组合模式的设计方式。

下面测试一下这段 React 应用代码，具体如图 6.24 所示。

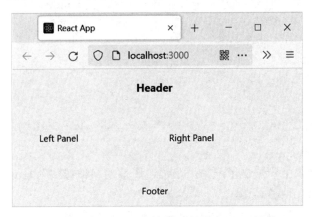

图 6.24　基于 React 组合模式设计实现 UI 组件

如图 6.24 所示，浏览器界面分别由顶部 Header、左侧 Left Panel、右侧 Right Panel 和底部 Footer 这 4 部分组成。

6.12.3　开发实战：基于特例关系设计实现 UI 组件

下面设计一个基于特例关系的 UI 组件，其中组件 MsgDialog 是组件 Dialog 的特殊实例。

【例 6.38】基于 React 特例关系设计对话框通用容器组件 Dialog。

相关源代码如下。

```
---------------- path : ch06/ts-spec-composition/Dialog.tsx ----------------
1   import React, { Component } from 'react'
2
3   // TODO: Props & State
4   interface IProps {
5       title: string,
6       msg: string
7   }
8   interface IState {}
9   // TODO: Class Component
10  export default class Dialog extends Component<IProps, IState> {
11      state = {}
12      // TODO: render
13      render() {
14          return (
15              <div>
16                  <h3>{this.props.title}</h3>
17                  <p>
18                      {this.props.msg}
19                  </p>
20              </div>
21          )
22      }
23  }
```

上述代码说明如下。

在第 4~7 行代码中，定义了一个用于描述属性的参数接口 IProps，包含参数属性 title 和 msg，用于描述对话框的内容。

在第 15~20 行代码中，通过<div>标签构建了一个 UI 容器。

在第 16 行和第 18 行代码中，通过参数 props 引用了参数属性 title 和 msg，实现了将子组件以特例关系的方式引入 UI 容器的操作。

下面设计一个子组件 MsgDialog，将其作为 UI 容器（组件 Dialog）的特殊实例。

【例 6.39】子组件 MsgDialog。

相关源代码如下。

```
--------------- path : ch06/ts-spec-composition/MsgDialog.tsx -------------
1  import React, { Component } from 'react';
2  import Dialog from './Dialog';
3
4  // TODO: Props & State
5  interface IProps {}
6  interface IState {}
7  // TODO: Class Component
8  export default class MsgDialog extends Component<IProps, IState> {
9      state = {}
10     // TODO: render
11     render() {
12         return (
13             <Dialog
14                 title="MsgDialog"
15                 msg="Welcome, Dialog!" />
16         )
17     }
18 }
```

上述代码说明如下。

在第 2 行代码中，通过 import 关键字引入了组件 Dialog。

在第 13～15 行代码中，通过组件 Dialog 定义了一个容器<Dialog>，参数属性 title，用于描述对话框的标题，以及参数属性 msg，用于描述对话框的消息内容。如此，组件 MsgDialog 就会被当作与容器组件 Dialog 具有特例关系的子组件。

下面测试一下这段 React 应用代码，具体如图 6.25 所示。

图 6.25　基于 React 特例关系设计实现 UI 组件

如图 6.25 所示，浏览器界面中包含一个 UI 容器（组件 Dialog），该容器由子组件（MsgDialog）以传递 Props 参数的方式组成，二者之间是一种特例关系。

6.13　小结

本章介绍的 TypeScript + React 内容，是进行 Web 前端项目应用开发的进阶内容。本章通过一系列的开发实战，向读者介绍了使用虚拟 DOM 渲染 UI，使用 Props 参数、状态和生命周期进行 UI 交互，基于组合模式与特例关系设计实现 React 组件等。

第 7 章　React 高级指引

本章是 React 框架的高级进阶内容，将详细向读者介绍 React 框架的代码分割、Context 对象、错误边界、Ref 属性、Ref 转发、高阶组件技巧、PropTypes 静态类型检查。

本章主要涉及的知识点如下。

- React 代码分割。
- React Context 对象。
- 错误边界。
- Ref 属性与 Ref 转发。
- React 高阶组件技巧。
- PropTypes 静态类型检查。

7.1　React 代码分割

本节介绍 React 框架中的代码分割。代码分割是 React 高级开发的重要知识点。

7.1.1　什么是代码分割

第 2 章介绍了借助 webpack 这类构建工具，为 React 应用进行项目打包的操作。打包就是一个将文件引入、合并至一个单独文件的过程，最终形成一个所谓的 bundle 文件，这样在 HTML 页面中引入 bundle 文件，就可以实现将整个应用进行一次性加载的功能了。

虽然打包是一项非常不错的前端技术，但是对大型 Web 前端应用而言，随着代码体量的不断增长，bundle 文件也会随着增长。在需要整合很多第三方库的情况下，打包后的 bundle 文件大小会让人难以接受。这主要也是因为应用上线后，每次加载体量较大文件（如 js 和 css 等）的时间比较长，用户的使用体验必然会大幅度下降。

为了避免打包出体量较大的 bundle 文件，在设计前期考虑对代码包进行分割是非常必要的，这就是代码分割功能的由来。目前，webpack 这类构建工具均已内置了代码分割功能，开发人员在使用时进行相关的配置即可。

所谓代码分割功能，是指先将一个大的代码包按照功能拆分为多个小的代码包，再在运行时根据需要实现动态加载的操作。React 框架基于 ES6 语法和 webpack 工具设计了一种被称为懒加载的功能，尽管没有减少整体应用的代码体量，但通过动态加载操作避免了一次性加载全部代码包的弊端，从而显著地提高了 Web 前端应用的响应性能及用户体验。

7.1.2　开发实战：React 传统加载方式应用

下面尝试通过以传统加载方式编写一个 React 应用，为后续实现代码分割操作进行铺垫。

【例 7.1】React 加法运算的应用（传统加载方式）。

该应用通过传统加载方式完成引入组件 Math 的操作，其源代码如下。

```
--------------------- path : ch07/ts-load/App.tsx ----------------------
1  import React from 'react';
2  import Math from './Math';
3
4  // TODO: App
5  function App() {
6    return (
7      <div className="App">
8        <header className="App-header">
9          <Math x={1} y={2} />
10        </header>
11      </div>
12    );
13  }
14
15 export default App;
```

上述代码说明如下。

在第 2 行代码中，通过 import 关键字引入了组件 Math，这就是传统加载 React 组件的方式。

在第 9 行代码中，通过标签<Math>使用了组件 Math，这就是 React 组件的 JSX/TSX 代码形式。

7.1.3　开发实战：React 动态加载方式应用

下面继续尝试以动态加载（懒加载）方式改写【例 7.1】中的应用，体验一下对 React 应用进行代码分割操作的效果。React 框架中的懒加载方式是通过函数 React.lazy 来实现动态加载操作的。

【例 7.2】React 加法运算的应用（动态加载方式）。

该应用通过动态加载方式完成引入组件 Math 的操作，其源代码如下。

```
---------------------- path : ch07/ts-lazy-load/App.tsx ------------------
1  import React, { Suspense } from 'react';
2
3  // TODO: Lazy import component
4  const LazyMath = React.lazy(() => import('./Math'));
5  // TODO: App
6  function App() {
7    return (
8      <div className="App">
9        <header className="App-header">
10         <Suspense fallback={<div>Loading...</div>}>
11           <LazyMath x={1} y={2} />
12         </Suspense>
13       </header>
14     </div>
15   );
16 }
17
18 export default App;
```

上述代码说明如下。

在第 1 行代码中，通过 import 关键字引入了组件 Suspense。该组件是 React 框架专门为代码分割设计的组件。

在第 4 行代码中，通过函数 React.lazy 和箭头函数调用 import 关键字引入了组件 Math，并将其命名为常量 LazyMath。这就是以懒加载加载来 React 组件的方式。

在第 10～12 行代码中，通过组件 Suspense 渲染了组件 Lazy（LazyMath），其中属性 fallback 用于定义组件在懒加载时所显示的内容（"Loading..."）。

下面通过 "npm run build" 命令分别编译一下【例 7.1】和【例 7.2】这两段 React 应用代码，通过对比编译后的结果，测试代码分割的效果，具体如图 7.1 所示。

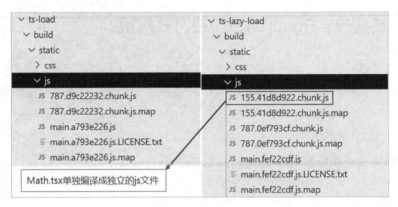

图 7.1　React 代码分割

如图 7.1 所示，基于懒加载方式实现的应用（ts-lazy-load）在编译后，组件 Math.tsx 会以独立的 js 文件形式存在，这样就实现了 React 代码分割功能。

7.2　React Context

本节介绍 React 框架中的 Context（上下文）。Context 可以为 React 组件开发提供全新的数据传递方式。

7.2.1　Context 介绍

对 React 框架应用而言，数据是通过 Props 参数属性自上而下进行流动的，也就是由父组件向子组件方向进行传递的方式。然而，这种方式对某些全局数据而言非常烦琐，因为需要在每个组件中定义相同的 Props 参数属性，这样会造成重复工作。

为了解决这个问题，React 框架设计了一个 Context 功能，该功能可以在组件树（具有上下层级关系）中共享数据，而不需要手动在组件树中手动添加相同的 Props 参数属性进行逐层传递。

React Context 支持自上而下传递参数、动态传递 Context 参数、更新 Context 对象，以及同时消费多个 Context 对象等多种开发方式，为丰富 React 应用特性提供了技术支持。

7.2.2　开发实战：Context 传递参数应用

React 框架设计 Context 的目的是共享那些对一个组件树而言具有"全局"特性的数据。

下面通过 Context 设计一个在组件树中自上而下逐级传递参数的 React 应用。

【例 7.3】通过 Context 传递参数的应用（Context 组件）。

相关源代码如下。

```
-------------------- path : ch07/ts-context/LangContext.tsx --------------
1  import React from 'react';
2
3  // TODO: create context
4   export const LangContext: React.Context<string> = React.createContext
("language");
5  // TODO: Provider
6  export const LangProvider = LangContext.Provider;
7  // TODO: Consumer
8  export const LangConsumer = LangContext.Consumer;
```

上述代码说明如下。

在第 4 行代码中，通过 React 对象调用方法 createContext()创建了 Context 常量对象 LangContext。

在第 6 行代码中，通过常量对象 LangContext 创建了 Provider 常量对象 LangProvider，将其作为 Context 的提供者来使用。

在第 8 行代码中，通过常量对象 LangContext 创建了 Consumer 常量对象 LangConsumer，将其作为 Context 的使用者来使用。

【例 7.4】通过 Context 传递参数的应用（App 应用入口）。

相关源代码如下。

```
-------------------- path : ch07/ts-context/App.tsx --------------------
1  import React, { Component } from 'react';
2  import JsContext from './JsContext';
3
4  // TODO: App
5  function App() {
6    return (
7      <div className="App">
8        <header className="App-header">
9          <h3>App</h3>
10         <JsContext lang='React' />
11       </header>
12     </div>
13   );
14 }
```

```
15
16  export default App;
```

上述代码说明如下。

在第 2 行代码中，通过 import 关键字引入了组件 JsContext，将其作为整个组件树的父级组件来使用。

在第 10 行代码的组件标签<JsContext>中，定义了一个属性 lang='React'，将其作为参数传递给 JsContext 组件。

【例 7.5】通过 Context 传递参数的应用（JsContext 组件）。

相关源代码如下。

```
-------------------- path : ch07/ts-context/JsContext.tsx --------------
1   import React, { Component } from 'react';
2   import { LangContext, LangProvider } from './LangContext';
3   import MidContext from './MidContext';
4
5   // TODO: Props & State
6   interface IProps {
7       lang: string
8   }
9   interface IState {
10      lang: string
11  }
12  // TODO: Class Component
13  export default class JsContext extends Component<IProps, IState> {
14      // TODO: constructor
15      constructor(props: IProps) {
16          super(props);
17          this.state = {
18              lang: props.lang
19          }
20      }
21      // TODO: render
22      render() {
23          return (
24              <div>
25                  <h3>JavaScript Component</h3>
26                  <LangProvider value={this.state.lang} >
27                      <MidContext />
28                  </LangProvider>
29              </div>
```

```
30              )
31          }
32  }
```

上述代码说明如下。

在第 2 行代码中，通过 import 关键字引入了对象 LangProvider，将其作为 Context 的提供者来使用。

在第 3 行代码中，通过 import 关键字引入了组件 MidContext，将其作为整个组件树的中间组件来使用。

在第 6～8 行代码中，定义了一个用于定义参数的接口 IProps，包含一个参数属性 lang。

在第 9～11 行代码中，定义了一个用于定义状态的对象 IState，包含一个状态属性 lang。

在第 26～28 行代码中，定义了一个组件标签<LangProvider>的属性 value，通过 Context 向下传递了状态属性 lang。注意：这里的属性名 value 是不能更改的，这是 React 框架在 Context 中规定的。

在第 27 行代码中，将组件 MidContext 渲染到组件 LangProvider 中。

【例 7.6】通过 Context 传递参数的应用（组件 MidContext）。

相关源代码如下。

```
-------------------- path : ch07/ts-context/MidContext.tsx -----------------
1   import React, { Component } from 'react';
2   import ReactContext from './ReactContext';
3
4   // TODO: Props & State
5   interface IProps {}
6   interface IState {}
7   // TODO: Class Component
8   export default class MidContext extends Component<IProps, IState> {
9       state = {}
10      // TODO: render
11      render() {
12          return (
13              <div>
14                  <h3>Mid Component</h3>
15                  <ReactContext />
16              </div>
17          )
18      }
19  }
```

上述代码说明如下。

在第 2 行代码中，通过 import 关键字引入了组件 ReactContext，将其作为整个组件树的子级组件来使用。

在第 15 行代码中，将组件标签<ReactContext>渲染到页面中。注意：中间组件中没有引入父级的 Props 参数属性，自然也没有向下传递相应的 State 状态属性。

【例 7.7】通过 Context 传递参数的应用（ReactContext 组件）。

相关源代码如下。

```
------------------ path : ch07/ts-context/ReactContext.tsx ----------------
1  import React, { Component } from 'react';
2  import { LangContext, LangConsumer } from './LangContext';
3
4  // TODO: Props & State
5  interface IProps {}
6  interface IState {}
7  // TODO: Class Component
8  export default class ReactContext extends Component<IProps, IState> {
9      // TODO: constructor
10     constructor(props: IProps) {
11         super(props);
12         this.state = {}
13         ReactContext.contextType = LangContext;
14     }
15     // TODO: render
16     render() {
17         return (
18             <div>
19                 <h3>React Component</h3>
20                 <LangConsumer>
21                     {(val) => val}
22                 </LangConsumer>
23             </div>
24         )
25     }
26 }
```

上述代码说明如下。

在第 2 行代码中，通过 import 关键字引入了对象 LangContext 和 LangConsumer，其中对象 LangConsumer 将作为 Context 的使用者来使用。

在第 13 行代码中，通过将属性 contextType 赋值为对象 LangContext，获取由 Context 传递进来的参数值。

在第 20～22 行代码中，通过组件标签<LangConsumer>的方式使用箭头函数渲染了由 Context 传递进来的参数值。

下面测试一下这段 React 应用代码，具体如图 7.2 所示。

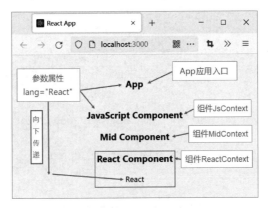

图 7.2　通过 Context 传递参数的应用

如图 7.2 所示，参数属性 lang 通过 Context 在组件树中自上而下地传递。虽然参数属性 lang 在中间组件中没有显式地被声明，但可以从渲染结果中看出其被成功传递下来了，这就是 Context 的功能。

7.2.3　开发实战：Context 传递动态参数应用

在 7.2.2 节的 React 应用中，成功通过 Context 实现了在组件树中自上而下地传递参数。该应用仅仅传递了一个静态参数，但在大多数应用场景下需要传递功能相对复杂的动态参数。

下面通过 Context 设计一个在组件树中自上而下逐级传递动态参数的 React 应用。该应用设计了一个允许用户通过动态操作来改变 CSS 样式的参数，通过 Context 由父组件经过中间组件传递到子组件中。

【例 7.8】通过 Context 传递动态参数的 React 应用（组件 Context）。

相关源代码如下。

```
--------------- path : ch07/react-dyn-context-ts/ThemeContext.tsx -----------
1  import React from "react";
2
3  // TODO: define & export themes
```

```
 4  export const themes = {
 5      light: {
 6          background: '#ffffff',
 7      },
 8      dark: {
 9          background: '#aaaaaa',
10      },
11  };
12  // TODO: Context
13  export const ThemeContext: React.Context<any> = React.createContext(
14      themes.light
15  );
16  // TODO: Provider
17  export const ThemeProvider = ThemeContext.Provider;
18  // TODO: Consumer
19  export const ThemeConsumer = ThemeContext.Consumer;
```

上述代码说明如下。

在第 4~11 行代码中，定义了一个常量对象 themes，包含两个 CSS 样式风格的名称 light 和 dark。

在第 13~15 行代码中，通过 React 对象调用方法 createContext()创建了 Context 常量对象 ThemeContext。

在第 17 行代码中，通过常量对象 ThemeContext 创建了 Provider 常量对象 ThemeProvider，将其作为 Context 的提供者来使用。

在第 19 行代码中，通过常量对象 ThemeContext 创建了 Consumer 常量对象 ThemeConsumer，将其作为 Context 的使用者来使用。

【例 7.9】通过 Context 传递动态参数的 React 应用（App 应用入口）。

相关源代码如下。

```
------------------ path : ch07/react-dyn-context-ts/App.tsx ---------------
 1  import React from 'react';
 2  import TopComp from './TopComp';
 3
 4  // TODO: App
 5  function App() {
 6    return (
 7      <div className="App">
 8        <header className="App-header">
 9          <h3>App Entry Level</h3>
10          <TopComp />
```

```
11        </header>
12      </div>
13    );
14  }
15  // TODO: export App
16  export default App;
```

上述代码说明如下。

在第 2 行代码中，通过 import 关键字在 App 应用入口中引入了组件 TopComp。

在第 9 行代码中，将组件 TopComp 作为整个组件树的父级组件来使用。

【例 7.10】通过 Context 传递动态参数的 React 应用（组件 TopComp）。

相关源代码如下。

```
----------------- path : ch07/react-dyn-context-ts/TopComp.tsx -------------
1  import React, { Component } from 'react';
2  import { ThemeContext, ThemeProvider, themes } from './ThemeContext';
3  import MidComp from './MidComp';
4
5  // TODO: define Props & States
6  interface IProps {}
7  interface IState {
8      theme: any
9  }
10  // TODO: define & export class TopComp
11  export default class TopComp extends Component<IProps, IState> {
12      // TODO: constructor
13      constructor(props: IProps) {
14          super(props);
15          this.state = {
16              theme: themes.light
17          }
18      }
19      // TODO: button click handler
20      toggleTheme = () => {
21          this.setState(state => ({
22              theme: state.theme === themes.light ? themes.dark : themes.light,
23          }))
24      }
25      // TODO: render
26      render() {
27          return (
28              <div>
```

```
29              <h3>TopTheme Level</h3>
30              <ThemeProvider value={this.state.theme}>
31                  <MidComp />
32              </ThemeProvider>
33              <button onClick={this.toggleTheme}>Toggle Theme</button>
34          </div>
35      )
36     }
37 }
```

上述代码说明如下。

在第 2 行代码中，通过 import 关键字引入了对象 ThemeContext、ThemeProvider 和常量对象 themes。其中，对象 ThemeProvider 将作为 Context 的提供者来使用。

在第 3 行代码中，通过 import 关键字引入了组件 MidComp，将其作为整个组件树的中间组件来使用。

在第 7～9 行代码中，定义了一个用于定义状态的对象 IState，包含一个 Any 类型的状态属性 theme。

在第 11～37 行代码中，定义了一个组件 TopComp，将其作为整个组件树的顶部组件来使用。

在第 13～18 行代码中，定义了 TopComp 组件类的构造方法，并初始化了状态属性 theme。

在第 20～24 行代码中，定义了一个按钮（见第 33 行代码）单击事件处理方法 toggleTheme()，调用方法 setState()动态设置了状态属性 theme。

在第 30～32 行代码中，通过组件标签<ThemeProvider>包含了 MidComp 中间组件，并定义了一个属性 value，用于向下传递状态属性 theme。

【例 7.11】通过 Context 传递动态参数的 React 应用（组件 MidComp）。

相关源代码如下。

```
--------------- path : ch07/react-dyn-context-ts/MidComp.tsx --------------
1 import React, { Component } from 'react';
2 import BottomComp from './BottomComp';
3
4 // TODO: define Props & States
5 interface IProps {}
6 interface IState {}
7 // TODO: define & export class MidComp
8 export default class MidComp extends Component<IProps, IState> {
9     state = {}
10    // TODO: render
```

```
11      render() {
12        return (
13          <div>
14            <h3>MidComp Level</h3>
15            <BottomComp />
16          </div>
17        )
18      }
19  }
```

上述代码说明如下。

在第 2 行代码中，通过 import 关键字引入了组件 BottomComp，将其作为整个组件树的子级组件来使用。

在第 15 行代码中，调用组件标签<BottomComp>，将该子组件渲染到页面中。

【例 7.12】通过 Context 传递动态参数的 React 应用（组件 BottomContext）。

相关源代码如下。

```
------------ path : ch07/react-dyn-context-ts/BottomContext.tsx -----------
1  import React, { Component } from 'react';
2  import { ThemeContext, ThemeConsumer, themes } from './ThemeContext';
3
4  // TODO: define Props & States
5  interface IProps {}
6  interface IState {}
7  // TODO: define & export class BottomComp
8  export default class BottomComp extends Component<IProps, IState> {
9      // TODO: render
10     render() {
11       return (
12         <div>
13           <h3>BottomTheme Level</h3>
14           <ThemeConsumer>
15             {
16               context => {
17                 return (
18                   <div>
19  <p style={{background: context.background}}>React Dynamic Context</p>
20                   </div>
21                 )
22               }
23             }
24           </ThemeConsumer>
```

```
25          </div>
26        )
27      }
28  }
```

上述代码说明如下。

在第 2 行代码中，通过 import 关键字引入了对象 ThemeContext 和 ThemeConsumer。其中，对象 ThemeConsumer 将作为 Context 的使用者来使用。

在第 14～24 行代码中，先通过组件标签<ThemeConsumer>的方式，获取了由 Context 对象传递进来的参数值，再以箭头函数方式将参数值渲染到页面标签的样式中。

下面测试一下这段 React 应用代码，具体如图 7.3 所示。

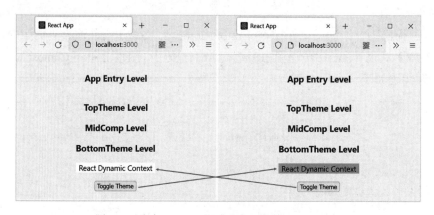

图 7.3　通过 Context 传递动态参数的 React 应用

如图 7.3 所示，动态状态属性 theme 通过 Context 在组件树中自上而下地传递，实现了单击按钮切换段落（<p>）内容背景颜色样式的效果。

7.2.4　开发实战：更新 Context 对象应用

在 7.2.3 节的 React 应用中，成功通过 Context 实现了动态参数在组件树中自上而下地传递。目前我们一直在使用 Context 对象，那能不能更新 Context 对象呢？答案是肯定的。

下面通过修改 7.2.3 节中实现的应用代码（react-dyn-context-ts），实现更新 Context 对象的操作。

【例 7.13】更新 Context 对象的应用（组件 Context）。

相关源代码如下。

```
-------------- path : ch07/react-nest-context-ts/ThemeContext.tsx -----------
1  import React from "react";
```

```
2
3   // TODO: define & export themes
4   export const themes = {
5       light: {
6           background: '#ffffff',
7       },
8       dark: {
9           background: '#aaaaaa',
10      },
11  };
12  // TODO: Context
13  export const ThemeContext: React.Context<any> = React.createContext({
14      theme: themes.light,
15      themeToggle: () => {},
16  });
17  // TODO: Provider
18  export const ThemeProvider = ThemeContext.Provider;
19  // TODO: Consumer
20  export const ThemeConsumer = ThemeContext.Consumer;
```

上述代码说明如下。

在第 13～16 行代码中，通过 React.createContext()创建了 Context 常量对象 ThemeContext。

在第 15 行代码中，定义了一个函数方法 themeToggle()，实现了通过 Context 对象传递函数进行更新 Context 的操作。

【例 7.14】更新 Context 对象的应用（组件 TopComp）。

相关源代码如下。

```
--------------- path : ch07/react-nest-context-ts/TopComp.tsx -------------
1   import React, { Component } from 'react';
2   import { ThemeContext, ThemeProvider, themes } from './ThemeContext';
3   import MidComp from './MidComp';
4
5   // TODO: Props & States
6   interface IProps {}
7   interface IState {
8       theme: any,
9       toggleTheme: () => void
10  }
11  // TODO: define & export TopComp
12  export default class TopComp extends Component<IProps, IState> {
```

```
13      // TODO: constructor
14      constructor(props: IProps) {
15          super(props);
16          this.state = {
17              theme: themes.light,
18              toggleTheme: this.toggleTheme
19          };
20      }
21      // TODO: toggleTheme method
22      toggleTheme = (): void => {
23          this.setState(state => ({
24              theme: state.theme === themes.light ? themes.dark : themes.light,
25          }));
26      };
27      // TODO: render
28      render() {
29          return (
30              <div>
31                  <h3>TopTheme Level</h3>
32                  <ThemeProvider value={this.state}>
33                      <MidComp />
34                  </ThemeProvider>
35              </div>
36          )
37      }
38  }
```

上述代码说明如下。

在第 7～9 行代码中，定义了一个用于定义状态的对象 IState，包含一个 Any 类型的状态属性 theme，以及一个状态方法 toggleTheme()。方法 toggleTheme()将通过 Context 对象在组件树中自上而下地传递。

在第 12～38 行代码中，定义了一个组件 TopComp，将其作为整个组件树的顶部组件来使用。

在第 14～20 行代码中，定义了 TopComp 组件类的构造方法，并初始化了状态属性 theme 和状态方法 toggleTheme()。

在第 22～26 行代码中，定义了一个单击事件处理方法 toggleTheme()，调用方法 setState()动态设置了状态属性 theme。

在第 32～34 行代码中，通过组件标签<ThemeProvider>包含了中间组件 MidComp，并定义了一个属性 value，用于向下传递组件状态。注意：虽然在组件标签<ThemeProvider>中没有显式地定义按钮（按钮是在底层组件中实现的），但按钮的单击事件处理方法 toggleTheme()将随着 Context 对象传递给底层组件（实现了更新 Context 对象的操作）。

【例 7.15】更新 Context 对象的应用（中间组件 MidComp）。

相关源代码如下。

```
---------------- path : ch07/react-nest-context-ts/MidComp.tsx -----------
1  import React, { Component } from 'react';
2  import { ThemeContext, themes } from './ThemeContext';
3  import BottomComp from './BottomComp';
4
5  // TODO: Props & States
6  interface IProps {}
7  interface IState {}
8  // TODO: define & export MidComp
9  export default class MidComp extends Component<IProps, IState> {
10     // TODO: render
11     render() {
12         return (
13             <div>
14                 <h3>MidComp Level</h3>
15                 <BottomComp />
16             </div>
17         )
18     }
19 }
```

在上述代码中，定义了中间组件 MidComp。

【例 7.16】更新 Context 对象的应用（组件 BottomContext）。

相关源代码如下。

```
----------- path : ch07/react-nest-context-ts/BottomContext.tsx ------------
1  import React, { Component } from 'react';
2  import { ThemeContext, ThemeConsumer, themes } from './ThemeContext';
3
4  // TODO: Props & States
5  interface IProps {}
6  interface IState {}
7  // TODO: define & export BottomComp
8  export default class BottomComp extends Component<IProps, IState> {
9      // TODO: render
10     render() {
11         return (
```

```
12              <div>
13                  <h3>BottomTheme Level</h3>
14                  <ThemeConsumer>
15                    {
16                      ({theme, toggleTheme}) => {
17                        return (
18                          <div>
19          <p style={{background: theme.background}}>React Nest Context</p>
20          <button onClick={toggleTheme}>Toggle Theme</button>
21                          </div>
22                        )
23                      }
24                    }
25                  </ThemeConsumer>
26              </div>
27          )
28      }
29  }
```

上述代码说明如下。

在第 14～25 行代码中，通过组件标签<ThemeConsumer>的方式获取了由 Context 对象传递进来的参数值（{theme, toggleTheme}）。其中，参数 toggleTheme 就是按钮的单击事件处理方法。

在第 20 行代码定义的按钮中，通过 onClick 属性绑定了方法 toggleTheme()。

下面测试一下这段 React 应用代码，具体如图 7.4 所示。

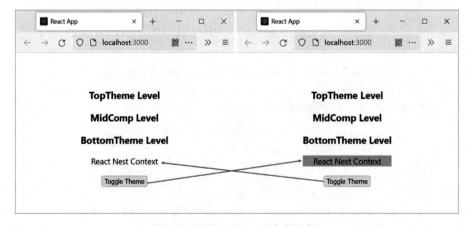

图 7.4　更新 Context 对象的应用

如图 7.4 所示，按钮的单击事件处理方法 toggleTheme()通过 Context 对象在组件树中自上而下地传递，实现了更新 Context 对象的操作。

7.2.5　开发实战：消费多个 Context 对象应用

在 7.2.2～7.2.4 节的 React 应用中，无论是通过 Context 传递属性、动态参数还是函数方法，都是通过单一 Context 对象来完成的。那么，能不能同时消费多个 Context 对象呢？答案当然是可以操作的。

本节基于 7.2.4 节中的应用（react-nest-context-ts），进一步实现消费多个 Context 对象的操作。

【例 7.17】消费多个 Context 对象的应用（组件 ThemeContext）。

相关源代码如下。

```
------------ path : ch07/react-multi-context-ts/ThemeContext.tsx ----------
1  import React from "react";
2
3  // TODO: define & export themes
4  export const themes = {
5      light: {
6          background: '#ffffff',
7      },
8      dark: {
9          background: '#aaaaaa',
10     },
11 };
12 // TODO: Context
13 export const ThemeContext: React.Context<any> = React.createContext({
14     theme: themes.light
15 });
16 // TODO: Provider
17 export const ThemeProvider = ThemeContext.Provider;
18 // TODO: Consumer
19 export const ThemeConsumer = ThemeContext.Consumer;
```

在上述代码中，定义了第一个 Context 对象 ThemeContext，用于传递 CSS 样式。

【例 7.18】消费多个 Context 对象的应用（组件 ToggleContext）。

相关源代码如下。

```
----------- path : ch07/react-multi-context-ts/ToggleContext.tsx -----------
1  import React from "react";
2
```

```
 3  // TODO: Context
 4  export const ToggleContext: React.Context<any> = React.createContext({
 5      themeToggle: () => {}
 6  });
 7  // TODO: Provider
 8  export const ToggleProvider = ToggleContext.Provider;
 9  // TODO: Consumer
10  export const ToggleConsumer = ToggleContext.Consumer;
```

在上述代码中，定义了第二个 Context 对象 ToggleContext，用于传递按钮单击事件的处理方法。

下面将 Context 对象 ThemeContext 和 ToggleContext 整合在一起，应用到组件树中。

【例 7.19】消费多个 Context 对象的应用（组件 TopComp）。

相关源代码如下。

```
---------------- path : ch07/react-multi-context-ts/TopComp.tsx ------------
 1  import React, { Component } from 'react';
 2  import { ThemeProvider, themes } from './ThemeContext';
 3  import { ToggleProvider } from './ToggleContext';
 4  import MidComp from './MidComp';
 5
 6  // TODO: Props & States
 7  interface IProps {}
 8  interface IState {
 9      theme: any,
10      toggleTheme: () => void
11  }
12  // TODO: define & export TopComp
13  export default class TopComp extends Component<IProps, IState> {
14      // TODO: constructor
15      constructor(props: IProps) {
16          super(props);
17          this.state = {
18              theme: themes.light,
19              toggleTheme: this.toggleTheme
20          };
21      }
22      // TODO: toggleTheme method
23      toggleTheme = (): void => {
24          this.setState(state => ({
25              theme: state.theme === themes.light ? themes.dark : themes.light,
```

```
26            }));
27        };
28        // TODO: render
29        render() {
30            return (
31                <div>
32                    <h3>TopTheme Level</h3>
33                    <ThemeProvider value={this.state.theme}>
34                        <ToggleProvider value={this.state.toggleTheme}>
35                            <MidComp />
36                        </ToggleProvider>
37                    </ThemeProvider>
38                </div>
39            )
40        }
41 }
```

上述代码说明如下。

在第 8～11 行代码中，定义了一个用于定义状态的对象 IState，包含一个 Any 类型的状态属性 theme 和一个 Void 类型的状态方法 toggleTheme()。

在第 13～41 行代码中，定义了一个组件 TopComp，将其作为整个组件树的顶部组件来使用。

在第 15～21 行代码中，定义了 TopComp 组件类的构造方法，并初始化了状态属性 theme 和状态方法 toggleTheme()。

在第 23～27 行代码中，定义了一个单击事件处理方法 toggleTheme()，调用方法 setState()动态设置了状态属性 theme。

在第 33～37 行代码中，通过将组件标签<ThemeProvider>和<ToggleProvider>组合在一起来包含中间组件 MidComp，并分别定义了一个属性 value，用于向下传递组件状态（theme 和 toggleTheme）。

【例 7.20】消费多个 Context 对象的应用（中间组件 MidComp）。

相关源代码如下。

```
--------------- path : ch07/react-multi-context-ts/MidComp.tsx ------------
0 import React, { Component } from 'react';
1 import BottomComp from './BottomComp';
2
3 // TODO: Props & States
4 interface IProps {}
5 interface IState {}
```

```
6  // TODO: define & export MidComp
7  export default class MidComp extends Component<IProps, IState> {
8      state = {}
9      // TODO: render
10     render() {
11         return (
12             <div>
13                 <h3>MidComp Level</h3>
14                 <BottomComp />
15             </div>
16         )
17     }
18 }
```

在上述代码中，定义了中间组件 MidComp。

【例 7.21】消费多个 Context 对象的应用（组件 BottomContext）。

相关源代码如下。

```
------------ path : ch07/react-multi-context-ts/BottomContext.tsx ----------
1  import React, { Component } from 'react';
2  import { ThemeConsumer, themes } from './ThemeContext';
3  import { ToggleConsumer } from './ToggleContext';
4
5  // TODO: Props & States
6  interface IProps {}
7  interface IState {}
8  // TODO: define & export BottomComp
9  export default class BottomComp extends Component<IProps, IState> {
10     // TODO: render
11     render() {
12         return (
13             <div>
14                 <h3>BottomTheme Level</h3>
15             <ThemeConsumer>
16             { theme => (
17             <ToggleConsumer>
18                 { toggleTheme => {
19                 return (
20                 <div>
21                     <p style={{background: theme.background}}>React Multi
Context</p>
22                 <button onClick={toggleTheme}>Toggle Theme</button>
23                 </div>
```

```
24                    )
25                    }}
26            </ToggleConsumer>
27            )
28          }
29        </ThemeConsumer>
30        </div>
31      )
32    }
33 }
```

上述代码说明如下。

在第 15～29 行代码中，通过组件标签<ThemeConsumer>的方式获取了由 Context 对象传递进来的参数 theme。该参数就是 CSS 样式属性。

在第 17～26 行代码中，通过组件标签<ToggleConsumer>的方式获取了由 Context 对象传递进来的参数 toggleTheme。该参数就是按钮（见第 22 行代码）的单击事件处理方法。

这样，实现了同时消费多个 Context 对象的操作。

下面测试一下这段 React 应用代码，具体如图 7.5 所示。

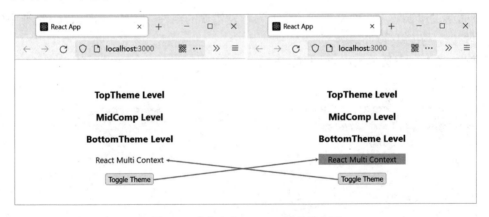

图 7.5　消费多个 Context 对象的应用

如图 7.5 所示，通过组合使用对象 ThemeContext 和 ToggleContext，实现了消费多个 Context 对象的操作。

7.3　错误边界

本节介绍 React 框架中的错误边界。错误边界为 React 组件开发提供安全边界。

7.3.1　错误边界介绍

在传统 React 编程中，自定义组件中的 JavaScript 错误会导致 React 框架的内部状态被破坏，并且在下一次渲染时产生可能无法追踪的错误。这些错误基本上是因较早的非 React 组件代码错误而引起的，遗憾的是早期 React 框架中没有提供一种在组件中优雅处理这些错误的方式，自然无法从错误中进行恢复。

于是，React 16 版本中引入了一个全新的错误边界（Error Boundaries）概念，目的是解决因部分 UI 发生 JavaScript 错误而导致整个应用发生崩溃的问题。

错误边界其实也是一种 React 组件，可以捕获发生在其子组件树任何位置的 JavaScript 错误，并打印输出这些错误。错误边界组件在支持展示降级 UI 的同时，不渲染那些发生错误的子组件树。错误边界可以捕获发生在整个子组件树的渲染期间、生命周期方法及构造函数中的错误。

7.3.2　开发实战：错误边界应用

下面通过错误边界组件来管理一个人为触发错误的组件，体验一下 React 框架中的错误边界功能，了解其设计理念。

【例 7.22】错误边界的应用（App 入口）。

相关源代码如下。

```
----------------- path : ch07/react-err-boundary-ts/App.tsx -----------------
1  import React from 'react';
2  import ErrorBoundary from './ErrorBoundary';
3  import ErrorCounter from './ErrorCounter';
4
5  // TODO: App Entry
6  function App() {
7    return (
8      <div className="App">
9        <header className="App-header">
10         <h3>React Error Boundary</h3>
11         <ErrorBoundary>
12           <ErrorCounter />
13         </ErrorBoundary>
14       </header>
15     </div>
16   );
```

```
17 }
18 // TODO: export default App
19 export default App;
```

上述代码说明如下。

在第 2 行代码中，通过 import 关键字引入了自定义组件 ErrorBoundary，该组件是错误边界组件。

在第 3 行代码中，通过 import 关键字引入了自定义组件 ErrorCounter，该组件是用于模拟触发错误的组件。

在第 11～13 行代码中，使用错误边界组件 ErrorBoundary 包含组件 ErrorCounter 实现了捕捉错误的功能。

【例 7.23】错误边界的应用（组件 ErrorBoundary）。

相关源代码如下。

```
-------------- path : ch07/react-err-boundary-ts/ErrorBoundary.tsx ---------
 1 import React, { Component } from 'react';
 2
 3 // TODO: Props & State
 4 interface IProps {
 5     children: React.ReactNode
 6 }
 7 interface IState {
 8     hasError: boolean
 9 }
10 // TODO: define & export the ErrorBoundary component
11 export default class ErrorBoundary extends Component<IProps, IState> {
12     // TODO: constructor
13     constructor(props: IProps) {
14         super(props);
15         this.state = {
16             hasError: false
17         };
18     }
19     // TODO: getDerivedStateFromError
20     static getDerivedStateFromError(error: Error) {
21         // TODO: 更新 state 使下一次渲染能够显示降级后的 UI
22         return {
23             hasError: true
24         };
25     }
26     // TODO: componentDidCatch
```

```
27      componentDidCatch(error: Error, errorInfo: React.ErrorInfo) {
28          // Catch errors in any components below and re-render with error message
29          console.group();
30          console.log('ErrorBoundary catch an error:');
31          console.info('error', error);
32          console.info('error info', errorInfo);
33          console.groupEnd();
34          // TODO:将错误日志上报给服务器
35      }
36      // TODO: render
37      render() {
38          if (this.state.hasError) {
39              // 自定义降级后的 UI 并进行渲染
40              return <h3>Something went wrong.</h3>;
41          }
42          return this.props.children;
43      }
44  }
```

上述代码说明如下。

在第 4～6 行代码中，定义了一个用于定义参数的接口 IProps，包含一个 ReactNode 类型的参数属性 children。

在第 7～9 行代码中，定义了一个用于定义状态的对象 IState，包含一个布尔类型的状态属性 hasError，用于标记组件是否包含错误状态。

在第 11～44 行代码中，定义了错误边界类组件 ErrorBoundary。

在第 16 行代码中，为状态属性 hasError 初始化了布尔值，这里为 false，表示组件初始默认是无错误的。

在第 20～25 行代码中，定义了实现错误边界功能默认需要使用的生命周期方法 getDerivedStateFromError()。在生命周期方法 getDerivedStateFromError()中，先修改了状态属性 hasError 的值为 true。这样，当组件中的错误被触发后会默认执行该生命周期方法，并通过状态属性 hasError 来标记错误状态。

在第 27～35 行代码的生命周期方法 componentDidCatch()中，通过日志方式记录了错误内容。

在第 37～43 行代码定义的渲染方法 render()中，通过判断状态属性 hasError 的值来确定是否需要显示降级 UI，并用其替换原有 UI 中的内容。

【例 7.24】错误边界的应用（组件 ErrorCounter）。

相关源代码如下。

```
------------ path : ch07/react-err-boundary-ts/ErrorCounter.tsx -----------
1  import React, { Component } from 'react';
2
3  // TODO: Props & State
4  interface IProps {}
5  interface IState {
6      counter: number;
7  }
8  // TODO: define & export the ErrorCounter component
9  export default class ErrorCounter extends Component<IProps, IState> {
10     // TODO: constructor
11     constructor(props: IProps) {
12         super(props);
13         this.state = {
14             counter: 0
15         }
16     }
17     // TODO: handler click event
18     handleClick() {
19         this.setState(({counter}) => ({
20             counter: counter + 1
21         }));
22     }
23     // TODO: render
24     render() {
25         if (this.state.counter === 3) {
26             // Simulate a JS error
27             throw new Error('It crashed!');
28         }
29         return (
30             <div>
31   <p onClick={this.handleClick.bind(this)}>You have clicked {this.state.counter}
times.</p>
32             </div>
33         )
34     }
35 }
```

上述代码说明如下。

在第 5~7 行代码中，定义了一个用于定义状态的对象 IState，包含一个数字类型的状态属性 counter，用于标记用户单击鼠标的次数。

在第 9~35 行代码中，定义了一个组件 ErrorCounter，将其作为模拟触发错误的组件来使用。

在第 11~16 行代码定义的类构造方法中，初始化了状态属性 counter 的值为 0。

在第 31 行代码中，定义了一个段落<p>标签并绑定了单击事件处理方法 handleClick()。

在第 18~22 行代码中，定义了单击事件处理方法 handleClick()，调用方法 setState()动态累加状态属性 counter 的值。

在第 24~28 行代码定义的渲染方法 render()中，通过判断状态属性 counter 的值（这里为===3）来决定是否需要抛出错误。

下面测试一段这个 React 应用代码，具体如图 7.6 所示。

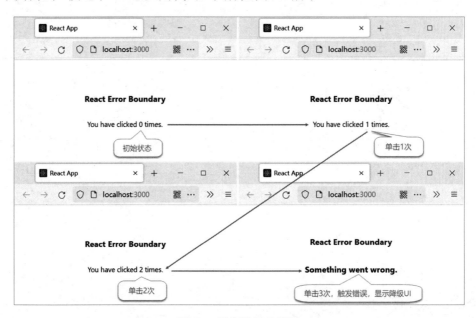

图 7.6　错误边界的应用

如图 7.6 所示，通过连续单击段落内容触发了组件错误，借助错误边界组件处理显示了降级 UI 中的内容。

7.4　Ref 属性与 Ref 转发

本节介绍 React 框架中的 Ref，具体包括 Ref 属性与 Ref 转发。

7.4.1　Ref 属性基础

React 框架包含一个 Ref 属性，使用该属性可以访问 DOM 元素或函数 render 中的元素 React（虚拟 DOM）。由此可见，Ref 与 Props（参数）和状态一样，都是 React 框架中定义的组件属性。

使用 Ref 属性需要先创建 Ref 对象，React 框架支持通过以下方式来创建 Ref 对象。

- Ref 回调方式：可以用于函数组件或类组件（适用于 React 16.2 及以下版本）。
- React.createRef() 方式：适用于类组件（适用于 React 16.3 及以上版本）。
- React.useRef() 方式：适用于函数组件（适用于 React 16.8 及以上版本）。

另外，早期相对简单的字符串方式已经被 React 框架放弃了，目前已经不再推荐使用。

7.4.2　开发实战：Ref 回调方式应用

这里介绍一下 Ref 回调方式。Ref 回调方式适用于 React 框架早期版本的开发，可以使应用具有更好的兼容性。

在组件挂载时，React 框架一般会调用 Ref 回调函数并传入 DOM 元素，而在卸载时，React 框架会调用 Ref 回调函数并传入 null。在生命周期方法 componentDidMount() 或 componentDidUpdate() 触发前，React 框架会保证 Ref 一定是最新的。

使用 Ref 回调函数有两种方式：内联函数方式和类方法函数方式。二者在功能上基本一致。关于 Ref 回调的类方法函数方式这个称谓，目前官方文档没有具体规定，主要以使用方式来区分。

请看下面使用 Ref 回调函数的应用。

【例 7.25】使用 Ref 回调函数的应用。

相关源代码如下。

```
----------------- path : ch07/react-refs-ts/RefsCallback.tsx ---------------
1  import React, { Component } from 'react';
2
3  // TODO: define Props & State
4  interface IProps {}
5  interface IState {}
6  // TODO: export default class RefsCallback
7  export default class RefsCallback extends Component<IProps, IState> {
8      private elParagraphInline: HTMLParagraphElement | null;
9      private elParagraphRef: HTMLParagraphElement | null = null;
10     // TODO: constructor
```

```
11      constructor(props: IProps) {
12          super(props);
13          this.elParagraphInline = null;
14      }
15      // TODO: Refs callback (class)
16      elParagraphClazz = (ref: HTMLParagraphElement | null): void => {
17          this.elParagraphRef = ref;
18      }
19      // TODO: componentDidMount
20      componentDidMount() {
21          // TODO: ref inline
22          console.log("this.refs: " + this.elParagraphInline?.innerHTML);
23          if(this.elParagraphInline) {
24              this.elParagraphInline.innerHTML = "React Ref Callback(inline).";
25          }
26          console.log("this.refs: " + this.elParagraphInline?.innerHTML);
27          // TODO: ref class
28          console.log("this.refs: " + this.elParagraphRef?.innerHTML);
29          if(this.elParagraphRef) {
30              this.elParagraphRef.innerHTML = "React Ref Callback(clazz).";
31          }
32          console.log("this.refs: " + this.elParagraphRef?.innerHTML);
33      }
34      // TODO: render
35      render() {
36          return (
37              <div>
38                  <p ref={(el) => {this.elParagraphInline = el}} />
39                  <p ref={this.elParagraphClazz} />
40              </div>
41          )
42      }
43  }
```

在上述代码中，分别通过内联函数方式和类方法函数方式实现了 Ref 回调的操作，具体说明如下。

在第 38 行代码中，段落<p>标签中 Ref 属性 elParagraphInline 使用的是内联函数方式定义的 Ref 回调，该属性指向了段落<p>标签的 DOM 对象。

在第 8 行和第 13 行代码中，分别对 Ref 属性 elParagraphInline 进行了定义和初始化。

在第 20～33 行代码的生命周期方法 componentDidMount()中，通过 Ref 属性 elParagraphInline 实现了对段落<p>标签的操作。

在第 39 行代码中，段落<p>标签中 Ref 属性 elParagraphClazz 使用的是类方法函数方式定义的 Ref 回调。

在第 16～18 行代码中，实现了 RefsCallback 组件类的方法 elParagraphClazz()，将段落<p>标签的 DOM 对象与 RefsCallback 组件类的成员变量 elParagraphRef 进行绑定。成员变量 elParagraphRef 的定义与初始化是在第 9 行代码中完成的。

在第 20～31 行代码的生命周期方法 componentDidMount() 中，通过 Ref 属性 elParagraphRef 实现了对段落<p>标签的操作。

下面测试一下这段 React 应用代码，具体如图 7.7 所示。

图 7.7　使用 Ref 回调方式的应用

如图 7.7 所示，分别使用两种 Ref 回调方式，均实现了对 DOM 元素的引用。

7.4.3　开发实战：React.createRef()方式应用

下面看一下使用方法 React.createRef() 的方式。方法 React.createRef() 是在 React 16.3 版本中开始引入的，也是目前主流的 Ref 使用方式。

方法 React.createRef() 可以返回一个 Ref 对象，并且该对象只有一个属性 current，该属性的初始值为 null。属性 current 会指向 Ref 对象所绑定的 DOM 元素或 React 类组件，这样既可以直接操作 DOM 元素，也可以通过挂载在 React 组件上实现调用。

请看下面使用方法 React.createRef() 直接绑定 DOM 元素并进行 DOM 操作的应用。

【例 7.26】使用方法 React.createRef() 直接绑定 DOM 元素并进行 DOM 操作的应用。

相关源代码如下。

```
--------------- path : ch07/react-refs-ts/CreateRefsComp.tsx ---------------
1  import React, { Component, createRef } from 'react';
2
```

```
3   // TODO: Props & State
4   interface IProps {}
5   interface IState {}
6   // TODO: Export default class
7   export default class CreateRefsComp extends Component<IProps, IState> {
8       private textRef: React.RefObject<any> = createRef();
9       // TODO: constructor
10      constructor(props: IProps) {
11          super(props);
12          this.textRef = React.createRef();
13      }
14      handleClick(e: React.MouseEvent<HTMLButtonElement, MouseEvent>) {
15          console.log(this.textRef);
16          this.textRef.current.innerText = "Ref has changed(Element by createRef)!";
17      }
18      // TODO: render
19      render() {
20          return (
21              <div>
22                  <p ref={this.textRef}>React Refs(Element by createRef)!</p>
23                  <button onClick={(e) => this.handleClick(e)}>Change Text</button>
24              </div>
25          )
26      }
27  }
```

上述代码说明如下。

在第 22 行代码的段落<p>标签中，定义了 Ref 属性 textRef。

在第 8 行和第 12 行代码中，对 Ref 属性 textRef 进行了定义和初始化。

在第 23 行代码中，定义了一个按钮 button，并将其绑定了一个单击事件处理方法 handleClick()。

在第 14~17 行代码中，实现了单击事件处理方法 handleClick()，通过引用 Ref 属性 textRef 实现了修改段落<p>标签内容的操作。

下面测试一下这段 React 应用代码，具体如图 7.8 所示。

如图 7.8 所示，通过方法 React.createRef()实现了对 DOM 元素的引用，并完成了修改段落<p>标签内容的操作。

请看下面使用方法 React.createRef()绑定 React 类组件并进行 DOM 操作的应用。

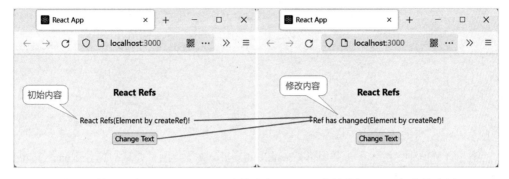

图 7.8　使用方法 React.createRef() 直接绑定 DOM 元素并进行 DOM 操作的应用

【例 7.27】使用方法 React.createRef() 绑定 React 类组件并进行 DOM 操作的应用。
相关源代码如下。

```
--------------- path : ch07/react-refs-ts/CreateRefsComp.tsx --------------
1  import React, { Component, createRef } from 'react';
2  import CreateRefChild from './CreateRefChild';
3
4  // TODO: Props & State
5  interface IProps {}
6  interface IState {
7      pContent: string;
8  }
9  // TODO: Export default class
10 export default class CreateRefsComp extends Component<IProps, IState> {
11     private classRef: React.RefObject<any> = createRef();
12     // TODO: constructor
13     constructor(props: IProps) {
14         super(props);
15         this.state = {
16             pContent: "React Refs(Class)!"
17         }
18         this.classRef = React.createRef();
19     }
20     handleClick(e: React.MouseEvent<HTMLButtonElement, MouseEvent>) {
21         console.log(this.classRef);
22         this.classRef.current.changeText();
23     }
24     // TODO: render
25     render() {
26         return (
27             <div>
```

```
28                <CreateRefChild content={this.state.pContent} ref={this.classRef}
/>
29                <button onClick={(e) => this.handleClick(e)}>Change Text</button>
30            </div>
31        )
32    }
33 }
```

上述代码说明如下。

在第 2 行代码中，引入了子类组件 CreateRefChild，该子类组件是通过方法 React.createRef()
进行绑定的。

在第 28 行代码定义的类组件（CreateRefChild）标签中，定义了 Ref 属性 classRef。

在第 11 行和第 18 行代码中，对 ref 属性 classRef 进行了定义和初始化。

在第 29 行代码中，定义了一个按钮 button，并将其绑定了一个单击事件处理方法
handleClick()。

在第 20～23 行代码中，实现了单击事件处理方法 handleClick()，通过引用 Ref 属性
classRef 实现了调用子类组件 CreateRefChild 中所定义的方法 changeText()。

【例 7.28】使用方法 React.createRef()绑定 React 类组件并进行 DOM 操作的应用（之子
类组件）。

相关源代码如下。

```
---------------- path : ch07/react-refs-ts/CreateRefChild.tsx --------------
 1 import React, { Component } from 'react';
 2
 3 // TODO: Props & State
 4 interface IProps {
 5     content: string;
 6 }
 7 interface IState {
 8     bContent: boolean;
 9     refContent: string;
10 }
11 // TODO: Export default class
12 export default class CreateRefChild extends Component<IProps, IState> {
13     // TODO: constructor
14     constructor(props: IProps) {
15         super(props);
16         this.state = {
17             bContent: true,
18             refContent: props.content
19         }
```

```
20      }
21      // TODO: change text
22      changeText() {
23          console.log("set State:");
24          if(this.state.bContent) {
25              this.setState({
26                  bContent: !this.state.bContent,
27                  refContent: "Ref(Class) has changed!"
28              })
29          } else {
30              this.setState({
31                  bContent: !this.state.bContent,
32                  refContent: "React Refs(Class)!"
33              })
34          }
35      }
36      // TODO: render
37      render() {
38          return (
39              <div>
40                  <p>{this.state.refContent}</p>
41              </div>
42          )
43      }
44  }
```

上述代码说明如下。

在第 40 行代码中，定义了一个段落<p>标签，用于在页面中渲染子类组件 CreateRefChild 中的内容。

在第 22～35 行代码中，实现了方法 changeText()，通过设置状态 refContent 实现了修改段落<p>标签内容的操作。

下面测试一下这段 React 应用代码，具体如图 7.9 所示。

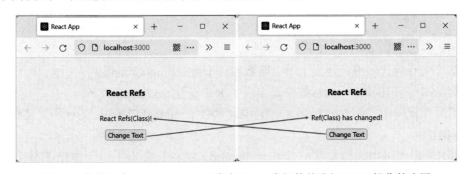

图 7.9　使用方法 React.createRef()绑定 React 类组件并进行 DOM 操作的应用

如图 7.9 所示，通过方法 React.createRef()实现了绑定 React 类组件的操作，并调用子类组件中的方法修改了段落<p>标签的内容。

7.4.4 开发实战：React.useRef()方式应用

下面看一下方法 React.useRef()的使用方式。方法 React.useRef()是在 React 16.8 版本中开始引入的，主要适用于 React 函数组件。

【例 7.29】方法 React.useRef()的应用。

相关源代码如下。

```
----------------- path : ch07/react-refs-ts/useRefFunc.tsx ----------------
1  import React, { MutableRefObject, useRef } from "react";
2
3  // TODO: Props & State
4  interface IProps {}
5  interface IState {}
6  // TODO: export default function component
7  export default function UseRefFuncComp(props: IProps) {
8      const paragraphElement: MutableRefObject<any> = useRef(null);
9      // TODO: handle click event
10     const handleClick = () => {
11         paragraphElement.current.innerHTML = "useRef has changed!";
12     }
13     // TODO: return
14     return(
15         <div>
16             <p ref={paragraphElement}>init useRef.</p>
17             <button onClick={handleClick}>Click it!</button>
18         </div>
19     )
20 }
```

上述代码说明如下。

在第 7~20 行代码中，定义了一个函数组件 UseRefFuncComp。

在第 16 行代码的段落<p>标签中，定义了 Ref 属性 paragraphElement。

在第 8 行代码中，通过方法 useRef()对 Ref 属性 paragraphElement 进行了定义和初始化（这里为 null）。

在第 17 行代码中，定义了一个按钮 button，并将其绑定了一个单击事件处理方法 handleClick()。

在第 10 行和第 11 行代码中，实现了单击事件处理方法 handleClick()，通过引用 Ref 属性 paragraphElement 实现了修改段落<p>标签内容的操作。

下面测试一下这段 React 应用代码，具体如图 7.10 所示。

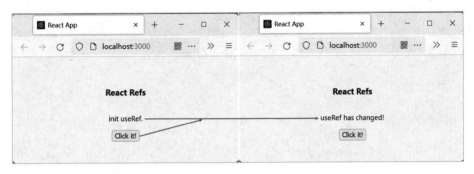

图 7.10　方法 React.useRef()的应用

如图 7.10 所示，通过方法 React.useRef()实现了对函数组件中 DOM 元素的引用，并完成了修改段落<p>标签内容的操作。

7.4.5　Ref 转发介绍

7.4.1～7.4.4 节介绍了 Ref 对象的基础用法，本节将介绍 Ref 的进阶用法——Ref 转发。

在 Ref 基础用法中，通过 Ref 属性只能获取类组件的实例，使用起来十分受限。Ref 转发是将 Ref 属性自动地通过组件传递到其子组件中，从而实现直接操作 DOM 节点的功能。对于高阶组件，Ref 转发非常有用（将在 7.5 节中具体介绍）。

Ref 转发是通过方法 React.forwardRef()实现的，该方法先获取传递进来的 Ref 属性，再将其转发到其所渲染的 DOM 节点上。Ref 转发是 React 16.3 版本中新增的特性，对大多数应用中的组件来说，通常不需要使用 Ref 转发功能。但是，对于某些组件（如可重用的组件库），Ref 转发功能还是非常有用的。

7.4.6　开发实战：Ref 转发应用

下面尝试通过 Ref 转发功能实现一个修改 HTML 页面中 DOM 对象内容的应用。

【例 7.30】通过 Ref 转发功能实现修改 DOM 对象内容的应用。

相关源代码如下。

```
------------ path : ch07/react-forward-refs-ts/forwardRefComp.tsx ----------
 1 import React, { Component, createRef, forwardRef, useEffect } from 'react';
```

```
 2
 3  // TODO: Props & State
 4  interface IProps {}
 5  interface IState {}
 6  // TODO: export default class ForwardRefComp COmponent
 7  export default class ForwardRefComp extends Component<IProps, IState> {
 8      private paraRef: React.RefObject<any> = createRef<HTMLParagraphElement>();
 9      // TODO: constructor
10      constructor(props: IProps) {
11          super(props);
12          this.state = {}
13      }
14      // TODO: componentDidMount
15      componentDidMount () {
16          // TODO: ref points to <p> element
17          console.log("componentDidMount: " + this.paraRef.current);
18      }
19      // TODO: handleClick
20      handleClick(e: React.MouseEvent<HTMLButtonElement, MouseEvent>) {
21          this.paraRef.current.innerHTML = "Text has changed!";
22      }
23      // TODO: render
24      render() {
25          return (
26              <div>
27                  <PChild ref={this.paraRef} />
28                  <button onClick={(e) => this.handleClick(e)}>Change Text</button>
29              </div>
30          )
31      }
32  }
33  // TODO: define forwarding Refs with forwardRef method
34  const PChild = forwardRef<HTMLParagraphElement,
35      React.ComponentPropsWithoutRef<'p'>>((props, ref) => {
36      // TODO: useEffect
37      useEffect(() => {
38          if (typeof ref !== "function" && ref !== null) {
39              console.log("forwardRef: " + ref.current);
40          }
41      }, []);
42      // TODO: return content
```

```
43       return (
44           <p ref={ref}>Init forwardRef</p>
45       )
46   });
```

上述代码说明如下。

在第 7～32 行代码中，定义了一个父组件 ForwardRefComp。

在第 27 行代码中，引入了一个子组件（PChild）标签，该标签内定义了 Ref 属性 paraRef。对于子组件 PChild，将通过 Ref 转发的方式来引用。

在第 8 行代码中，对 Ref 属性 paraRef 进行了定义和初始化。

在第 28 行代码中，定义了一个按钮 button，并将其绑定了一个单击事件处理方法 handleClick()。

在第 20～22 行代码中，实现了单击事件处理方法 handleClick()，引用 Ref 属性 paraRef 实现了操作子组件 PChild 的功能。

在第 34～46 行代码中，定义了子组件 PChild。注意：定义子组件 PChild 是通过方法 forwardRef()实现的。该方法包含两个参数 props 和 ref。其中，参数 ref 就是由父组件传递进来的 Ref 属性 paraRef。

在第 44 行代码中，定义了一个段落<p>标签，其 Ref 属性指向了 Ref 参数（paraRef）。

基于上面的代码定义，父组件 ForwardRefComp 就可以通过 Ref 转发（Ref 属性 paraRef）实现获得子组件 PChild 中 DOM 节点（段落<p>标签）对象的功能，也就可以直接调用子组件 PChild 中的该 DOM 节点（段落<p>标签）。

下面测试一下这段 React 应用代码，具体如图 7.11 所示。

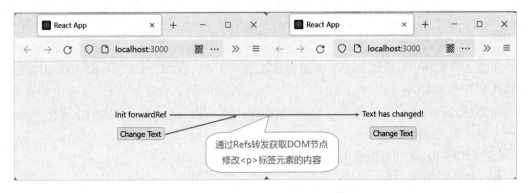

图 7.11　通过 Ref 转发实现修改 DOM 对象内容的应用

如图 7.11 所示，父组件通过 Ref 转发方式获取子组件中的段落<p>标签，进而修改了标签中的文本内容。

7.5　开发实战：React 高阶组件技巧

React 框架中的高阶组件（HOC）是应用于复用组件逻辑的一种高级技巧。高阶组件本身不是 React API 的一部分，而是一种基于 React 框架组合特性形成的设计模式。实际上，React 框架的高阶组件类似于 TypeScript 中的高阶函数的概念，高阶组件是参数为组件，返回值为新组件的函数。

下面使用 React 高阶组件功能实现一个将参数逐级传递并进行显示的应用。

【例 7.31】React 高阶组件的应用（1）。

相关源代码如下。

```
-------------------- path : ch07/react-hoc-ts/App.tsx --------------------
 1  import React from 'react';
 2  import MyHOCComp from './ChildComp';
 3
 4  function App() {
 5    return (
 6      <div className="App">
 7        <header className="App-header">
 8          <h3>React HOC App</h3>
 9          <MyHOCComp name="king" />
10        </header>
11      </div>
12    );
13  }
14
15  export default App;
```

上述代码说明如下。

在第 2 行代码中，通过 import 关键字引入了一个类组件 MyHOCComp。该类组件定义在模块文件 ChildComp.tsx 中。

在第 9 行代码中，通过类组件 MyHOCComp 定义了一个元素，包含一个属性 name，并传递了一个属性值 king。

【例 7.32】React 高阶组件的应用（2）。

相关源代码如下。

```
------------------- path : ch07/react-hoc-ts/ChildComp.tsx -----------------
 1  import React, { Component } from 'react';
 2  import HOCComp from './HOCComp';
 3
```

```
4    // TODO: Props & State
5    interface IProps {
6        name: string;
7        date: string;
8    }
9    interface IState {}
10
11   // TODO: class ChildComp Component
12   class ChildComp extends Component<IProps, IState> {
13       state = {}
14       // TODO: render
15       render() {
16           return (
17               <div>
18                   <h5>HOC Child Component</h5>
19                   <p>written by {this.props.name} on {this.props.date}.</p>
20               </div>
21           )
22       }
23   }
24
25   // TODO: export Component
26   export default HOCComp(ChildComp);
```

上述代码说明如下。

在第 2 行代码中，通过 import 关键字引入了一个类组件 HOCComp。该类组件定义在模块文件 HOCComp.tsx 中，是实现高阶组件功能的类组件。

在第 12～23 行代码中，定义了类组件 ChildComp。

在第 19 行代码的段落<p>标签中，使用了传递进来的两个属性 name 和 date。

在第 26 行代码中，将类组件 ChildComp 作为参数传递了给高阶组件 HOCComp，并导出了该高阶组件。

【例 7.33】React 高阶组件的应用（3）。

相关源代码如下。

```
-------------------- path : ch07/react-hoc-ts/ChildComp.tsx ----------------
1    import React, { Component } from 'react';
2
3    // TODO: Props & State
4    interface IProps {
5        name: string;
6    }
```

```
7   interface IState {
8       date: string;
9   }
10
11  // TODO: HOC Component
12  export default function HOCComp(WrappedComponent: any) {
13      return class extends React.Component<IProps, IState> {
14          // TODO: constructor
15          constructor(props: IProps) {
16              super(props);
17              this.state = {
18                  date: new Date().toDateString()
19              }
20          }
21          // TODO: componentDidMount
22          componentDidMount() {
23              this.setState({
24                  date: new Date().toDateString()
25              });
26          }
27          // TODO: render
28          render() {
29              return (
30                  <div>
31                      <h4>React Wrapped Component</h4>
32                      <WrappedComponent {...this.props} {...this.state} />
33                  </div>
34              )
35          }
36      };
37  }
```

在上述代码中，通过高阶函数实现了 React 高阶组件功能，具体说明如下。

在第 12～37 行代码中，定义了一个高阶函数 HOCComp，包含一个参数 WrappedComponent，用于传递类组件。

在第 13～36 行代码中，返回了一个类组件。

在第 32 行代码中，使用参数 WrappedComponent 作为组件标签，并将属性 props 和状态 state 作为参数进行传递。

如此，在将类组件 ChildComp 传递给参数 WrappedComponent 后，高阶函数 HOCComp 先把类组件 ChildComp 包装成高阶组件并进行导出，再在应用主入口模块 App.tsx 中进行引用。

下面测试一下这段 React 应用代码，具体如图 7.12 所示。

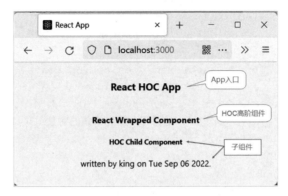

图 7.12　React 高阶组件的应用

如图 7.12 所示，高阶组件 HOCComp 通过包含子组件 ChildComp 实现了多级组件嵌套的功能。

7.6　PropTypes 静态类型检查

本节介绍 React 框架中的 PropTypes 静态类型检查。静态类型检查是 TypeScript 语法的一个特性。

7.6.1　PropTypes 静态类型检查介绍

React 框架自带一个 PropTypes 静态类型检查验证器，当开发的应用程序随着时间的推移不断扩大规模后，通过检查类型可以捕获大量错误。从 React 15.5 之后版本开始，类型检查功能需要通过 prop-types 模块来实现。

PropTypes 提供了一系列验证器，用于确保组件接收的数据类型是有效的，具体清单列表如下。

```
React.PropTypes.array            // 队列
React.PropTypes.bool.isRequired// 布尔类型，必须存在并且通过验证
React.PropTypes.func             // 函数类型
React.PropTypes.number           // 数字类型
React.PropTypes.object           // 对象类型
```

```
React.PropTypes.string              // 字符串类型
React.PropTypes.node                // 任意类型,如数字、字符串、elements 或数组
React.PropTypes.element             // React 元素
React.PropTypes.instanceOf(XXX)// 某种 XXX 类型的对象
React.PropTypes.oneOf(['foo', 'bar'])   // 其中的一个字符串
// 其中的一种类型
React.PropTypes.oneOfType([React.PropTypes.string,React.PropTypes.array])
React.PropTypes.arrayOf(React.PropTypes.string)      // 某种类型的数组(字符串)
React.PropTypes.objectOf(React.PropTypes.string)     // 元素是字符串的对象
React.PropTypes.shape({            // 是否符合指定格式的对象
    color: React.PropTypes.string,
    fontSize: React.PropTypes.number
});
React.PropTypes.any.isRequired // 可以是任何格式的,必须存在并且通过验证。
```

在组件的参数上进行类型检查,只需在组件中配置特定的 PropTypes 属性。当传入的参数值类型不匹配时,JavaScript 控制台将显示警告信息。需要注意的是,React 框架出于性能方面的考虑,PropTypes 仅在 React 开发模式下才会进行类型检查。

7.6.2 开发实战:类型验证应用

下面通过 prop-types 模块中的数字类型验证器和字符串类型验证器实现一个类型验证的应用。

【例 7.34】通过数字类型验证器和字符串类型验证器实现类型验证的应用。

相关源代码如下。

```
--------------- path : ch07/react-proptypes-ts/MyCompNum2Str.tsx ----------
1  import React, { Component } from 'react';
2  import PropTypes from 'prop-types';
3
4  // TODO: Props & State
5  interface IProps {
6      uname: string,
7      id: number
8  }
9  interface IState {
10 }
11
12 // TODO: export class MyComp
13 export default class MyCompNum2Str extends Component<IProps, IState> {
```

```
14        constructor(props: IProps) {
15            super(props);
16            this.state = {
17            }
18        }
19        static propTypes = {
20            uname: PropTypes.string,
21            id: PropTypes.number
22        }
23        static defaultProps = {
24            uname: "king",
25            id: "123",
26        }
27        // TODO: render
28        render() {
29            return (
30                <div>
31                    <h3>PropTypes: string & number</h3>
32                    <p>Name is {this.props.uname}.</p>
33                    <p>Id is {this.props.id}.</p>
34                </div>
35            )
36        }
37 }
```

上述代码说明如下。

在第 2 行代码中，通过 import 关键字从 prop-types 模块中引入了 PropTypes 静态类型检查验证器组件。

在第 5~8 行代码中，定义了属性接口 IProps，分别定义了一个字符串类型的属性 uname和一个数字类型的属性 id。

在第 19~22 行代码中，定义了一个静态属性 propTypes，通过 PropTypes 静态类型检查验证器组件为属性 uname 规定了类型 PropTypes.string，并为属性 id 规定了类型PropTypes.number，这样就实现了为属性 uname 和 id 定义静态类型检查的操作。

在第 23~26 行代码中，通过静态属性 defaultProps 为属性 uname 和 id 定义了默认值，这里在定义属性 id 的默认值时使用了字符串类型。注意：在第 21 行代码中，定义了属性id 为强制验证数字类型。

在第 32 行和第 33 行代码中，尝试通过属性 uname 和 id 在页面中渲染用户姓名和用户 id。

下面测试一下这段 React 应用代码，具体如图 7.13 所示。

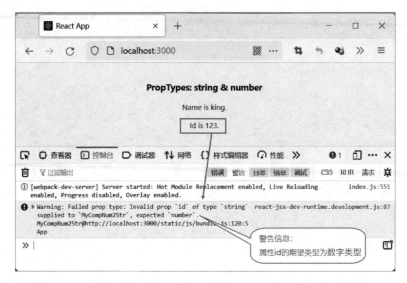

图 7.13　通过数字类型验证器和字符串验证器实现类型验证的应用

如图 7.13 所示，虽然属性 id 的内容在页面中渲染成功了，但是浏览器控制台中显示了警告信息（属性 id 的期望类型为数字类型），这表明 PropTypes 静态类型检查验证器生效了。

7.6.3　开发实战：属性验证应用

下面通过 prop-types 模块中的 isRequired 验证器，实现一个强制父级组件向子组件传递属性的验证应用。

【例 7.35】通过 isRequired 验证器实现强制父级组件向子组件传递属性的应用。

相关源代码如下。

```
------------- path : ch07/react-proptypes-ts/MyCompIsRequired.tsx ----------
1  import React, { Component } from 'react';
2  import PropTypes from 'prop-types';
3
4  // TODO: Props & State
5  interface IProps {
6      name?: string;
7  }
8  interface IState {}
9
10 // TODO: export class MyComp
11 export default class MyCompIsRequired extends Component<IProps, IState> {
12     constructor(props: IProps) {
```

```
13          super(props);
14          this.state = {
15          }
16      }
17
18      static propTypes = {
19          name: PropTypes.string.isRequired,
20      }
21
22      static defaultProps = {
23          name: "king"
24      }
25
26      render() {
27          return (
28          <div>
29              <h3>PropTypes: string</h3>
30              <p>Hello, this is {this.props.name}.</p>
31          </div>
32          )
33      }
34  }
```

上述代码说明如下。

在第 2 行代码中，通过 import 关键字从 prop-types 模块中引入了 PropTypes 静态类型检查验证器组件。

在第 5~7 行代码中，定义了属性接口 IProps。

在第 6 行代码中，定义了一个字符串类型的可选属性 name?。

在第 18~20 行代码中，定义了一个静态属性 propTypes。

在第 19 行代码中，通过 PropTypes 静态类型检查验证器组件为属性 name 规定了类型 PropTypes.string.isRequired，这样就实现了强制属性 name 必须由父组件传递到子组件的验证操作。

在第 22~24 行代码中，通过静态属性 defaultProps 为属性 name 定义了默认值。

在第 30 行代码中，尝试通过属性 name 在页面中渲染用户姓名。

下面测试一下这段 React 应用代码。首先，通过注释标签停止第 19 行代码的执行，具体如图 7.14 所示。

如图 7.14 所示，页面中成功渲染了属性 name 的用户姓名内容，浏览器控制台中也没有显示任何错误信息或警告信息。

然后，通过注释标签停止第 23 行代码的执行，具体如图 7.15 所示。

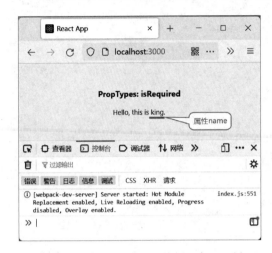

图 7.14　通过 isRequired 验证器实现强制父级组件向子组件传递属性的应用（1）

图 7.15　通过 isRequired 验证器实现强制父级组件向子组件传递属性的应用（2）

如图 7.15 所示，属性 name 没有传递进来任何值，浏览器控制台中也没有显示任何错误信息或警告信息。

最后，取消第 19 行代码中的注释标签，恢复该行代码的执行，具体如图 7.16 所示。

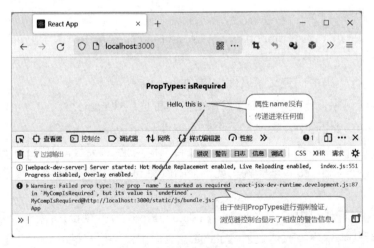

图 7.16　通过 isRequired 验证器实现强制父级组件向子组件传递属性的应用（3）

如图 7.16 所示，属性 name 没有传递进来任何值，但由于第 19 行代码通过 prop-types 模块的 isRequired 验证器进行了属性传递的强制验证操作，因此浏览器控制台中显示了相应的警告信息。

7.6.4　开发实战：限制单一子代元素验证应用

下面通过 prop-types 模块中的 element.isRequired 验证器，实现一个限制单一子代元素的应用。

【例 7.36】通过 element.isRequired 验证器实现限制单一子代元素的应用（1）。
相关源代码如下。

```
-------------- path：ch07/react-proptypes-ts/MyCompSingleComp.tsx ---------
1  import React, { Component } from 'react';
2  import PropTypes from 'prop-types';
3
4  // TODO: Props & State
5  interface IProps {
6      children?: React.ReactNode
7  }
8  interface IState {}
9  // TODO: export MyCompSingleComp
10 export default class MyCompSingleComp extends Component<IProps, IState> {
11     // TODO: constructor
12     constructor(props: IProps) {
13         super(props);
14         this.state = {}
15     }
16     static propTypes = {
17         children: PropTypes.element.isRequired
18     }
19     // TODO: render
20     render() {
21         const children = this.props.children;
22         return (
23             <div>
24                 {children}
25             </div>
26         )
27     }
28 }
```

上述代码说明如下。

在第 2 行代码中，通过 import 关键字从 prop-types 模块中引入了 PropTypes 静态类型检查验证器组件。

在第 5～7 行代码中，定义了属性接口 IProps，以及 ReactNode 节点类型的属性 children。

在第 16～18 行代码中，定义了一个静态属性 propTypes，通过 PropTypes 静态类型检查验证器组件为属性 children 规定了类型 PropTypes.element.isRequired，表明为属性 children 添加了单一子代元素的强制验证。

在第 20～27 行代码中，尝试通过属性 children 在页面中渲染由父组件传递进来的属性内容。

【例 7.37】通过 element.isRequired 验证器实现限制单一子代元素的应用（2）。

相关源代码如下。

```
------------------ path : ch07/react-proptypes-ts/App.tsx ----------------
1  import React from 'react';
2  import MyCompSingleComp from './MyCompSingleComp';
3  import './App.css';
4
5  function App() {
6    return (
7      <div className="App">
8        <header className="App-header">
9          <MyCompSingleComp>
10            <h3>PropTypes: Element.isRequired</h3>
11            <p>This is a PropTypes.element.isRequired test.</p>
12          </MyCompSingleComp>
13        </header>
14      </div>
15    );
16  }
17
18  export default App;
```

在上述代码中，第 9～12 行代码在子组件<MyCompSingleComp>中先定义了两个同级的节点元素，再将其传递给子组件 MyCompSingleComp。

下面测试一下这段 React 应用代码，具体如图 7.17 所示。

如图 7.17 所示，虽然页面中成功渲染了属性 children 的内容，但是浏览器控制台中显示了警告信息（属性 children 期望一个单一的 ReactElement 类型的元素），这表明了 PropTypes 单一子代元素类型验证器生效了。

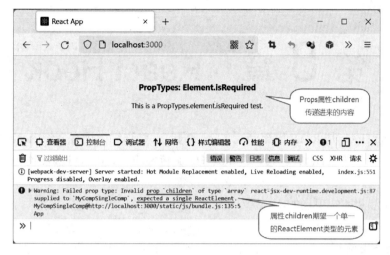

图 7.17　通过 element.isRequired 验证器实现限制单一子代元素的应用

7.7　小结

　　本章是 React 框架的基础进阶内容，向读者介绍了 React 框架的代码分割、Context 对象、错误边界、Ref 属性、Ref 转发、高阶组件技巧、PropTypes 静态类型检查等功能的使用方法。本章介绍的 TypeScript + React 高级指引内容，是进行 Web 前端项目应用开发的高级进阶内容。

第 8 章　React Hook

本章 React Hook 是 React 框架新增的高阶内容，将详细向读者介绍 React Hook 基础、State Hook 应用、Effect Hook 应用、Context Hook 特性应用、React Hook 使用规则、自定义 Hook 应用。

本章主要涉及的知识点如下。

- React Hook 基础。
- State Hook 应用。
- Effect Hook 应用。
- Context Hook 特性应用。
- React Hook 使用规则。
- 自定义 Hook 应用。

8.1　React Hook 基础

React Hook 是自 React 16.8 版本之后新增的高阶特性，可以让开发人员在不编写类组件的情况下使用状态及其他 React 框架特性，同时该特性向下兼容。

那么，什么是 React Hook 呢？其实，Hook（钩子）这个概念对操作系统（OS）或大部分编程语言来讲并不陌生，大体上是一种通过以中断进程、捕获事件或拦截消息的方式，执行自定义方法的技术。

React Hook 的功能也是如此，Hook 可以让开发人员在函数组件中捕获 React State 及生命周期函数，并执行自定义任务。请读者注意，React Hook 不能在类组件中使用，这恰恰支持了开发人员在不使用类组件的条件下同样可以使用 React 框架功能。

讲到这里，有必要引申一下人们设计 React Hook 的动机了。相信读者也会有类似的疑问——React Hook 为什么仅支持函数组件，而无法在类组件中使用呢？大多数人认为类是相对于函数（Function）更高级的一种方式，React 框架设计的类组件看上去已经很强大、很完美了。

但是，在实际的大型项目开发中，往往需要维护成千上万的类组件，而 React 框架并不支持将可复用性行为"添加"到类组件中的简单途径。这样会非常糟糕，人们将不得不使用高阶组件或 render props 的方式来解决这类问题。对成千上万的类组件而言，这将会造成可怕的"组件嵌套"，因此使代码很难被理解和维护。以上问题说明，React 框架需要为共享状态逻辑提供更好的原生解决途径。

React Hook 就是这样诞生的，开发人员通过 Hook 可以从组件中提取状态逻辑，并支持单独测试和重复利用这些逻辑。因此，React Hook 满足不需要修改组件结构的复用状态逻辑，从而提高代码在公共资源上的共享特性。

本章将介绍 React 框架中 3 个比较常用的 Hook 方法——useState()（更新状态 Hook）、useEffect()（处理副作用 Hook）、userContext()（上下文共享 Hook）。这 3 个 Hook 方法的说明如下。

1. 方法 useState()

useState()是一个定义并更新状态的方法，常规使用方法为 const[state, setState] = useState(initialState)。在初始渲染时，返回的状态与传入第 1 个参数（initialState）的状态值相同。函数 setState 用于更新状态，接收一个新的状态值并将组件的一次重新渲染加入队列。在后续的重新渲染中，方法 useState()返回的第 1 个值将始终是更新后最新的状态值。

2. 方法 useEffect()

方法 useEffect()可以在函数组件中替代类组件的生命周期，还可以用于避免渲染 DOM 时产生的副作用，常规使用方法为 useEffect(function, val)。方法 useEffect()的第 1 个参数是函数，第 2 个参数是依赖项（可选）。在没有传入依赖项的情况下，方法 useEffect()每次都会执行第 1 个参数定义的函数。在传入依赖项的情况下，每当依赖项发生改变时，方法 useEffect()才会执行第 1 个参数定义的函数；当依赖项为一个空数组时，页面加载后只执行一次。

3. 方法 useContext()

方法 useContext()接收一个 Context 对象（从方法 React.createContext()中返回的值）并返回当前 Context 值，由最近的 Context 提供程序（Provider）提供 Context，而当提供程序更新时，该方法将使用最新的 Context 值触发重新渲染操作。方法 useEffect()的常规使用方法为 const context = useContext(context)。

8.2　State Hook 应用

本节介绍如何基于 State Hook 设计 React 应用。具体方法是使用方法 useState()操作状态并完成渲染函数组件。通过在函数组件中调用方法 useState()来给组件添加一些内部状态，React 框架会在重复渲染时保留这个状态。

8.2.1　开发实战：State Hook 计数器应用

下面尝试使用方法 useState()实现一个简单的计数器的应用，体验一下该 Hook 方法在操作组件状态上的功能特性。

【例 8.1】使用方法 useState()实现计数器的应用。

相关源代码如下。

```
------------ path : ch08/react-statehook-ts/UseStateCountComp.tsx ----------
1  import React, { useState } from 'react';
2
3  // TODO: export function component
4  export default function UseStateCountComp() {
5      const [count, setCount] = useState<number>(0);
6      // TODO: render
7      return (
8          <div>
9              <h3>useState: update state</h3>
10             <p>You clicked {count} times.</p>
11             <button onClick={() => setCount(count + 1)}>
12                 Click Add Count
13             </button>
14         </div>
15     );
16 }
```

上述代码说明如下。

在第 1 行代码中，通过 import 关键字引入了组件 useState。

在第 4～15 行代码中，定义了一个函数组件 UseStateCountComp。

在第 5 行代码中，使用方法 useState()定义了一个 Hook。其中，第 1 个参数 count 表示计数器状态，第 2 个参数 setCount 表示更新计数器状态的回调方法。

在第 11～13 行代码中，定义了按钮 button，在其单击事件（onClick）处理方法中，通过方法 setCount()来更新计数器状态参数 count 的值（累加 1）。

下面测试一下这段 React 应用代码，具体如图 8.1 所示。

如图 8.1 所示，单击 "Click Add Count" 按钮实现了计数器状态参数 count 的累加操作。

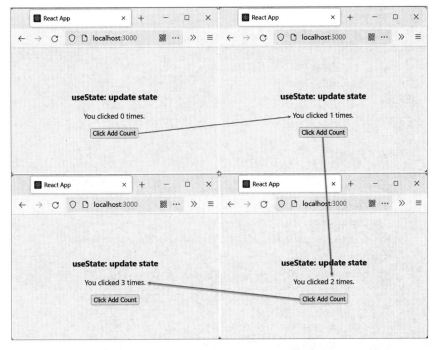

图 8.1 使用方法 useState()实现计数器的应用

8.2.2 开发实战：State Hook 动态更新用户信息应用

8.2.1 节实现了通过 Hook 创建一个状态参数的操作，如果想创建多个状态参数该如何操作呢？一般大家都可能会想到通过方法 useState()来创建多个状态参数，其实更合理的做法是通过创建一个对象来包含多个状态参数。

下面使用方法 useState()创建一个包含多个状态参数的对象，实现一个动态更新用户信息的应用。

【例 8.2】使用方法 useState()实现动态更新用户信息的应用。

相关源代码如下。

```
------------ path : ch08/react-statehook-ts/UseStateObjComp.tsx -----------
1  import React, { useState } from 'react';
2
3  // TODO: define type interface
4  interface UserInfo {
5      uname: string;
6      gender: boolean;
7      age: number;
```

```
 8  }
 9  // TODO: export function component
10  export default function UseStateObjComp() {
11      const [ui, setUserInfo] = useState<UserInfo>({
12          uname: "king",
13          gender: true,
14          age: 26
15      });
16      // TODO: render
17      return (
18          <div>
19              <h3>useState: multi states object</h3>
20              <p>Username: {ui.uname}</p>
21              <p>Gender: {ui.gender ? "male" : "female"}</p>
22              <p>Age: {ui.age}</p>
23              <button onClick={() => setUserInfo(
24                  {
25                      ...ui,
26                      uname: ui.uname==="king"? "tina":"king",
27                      gender: !ui.gender,
28                      age: ui.age+1
29                  })}>
30                  Click to update userinfo
31              </button>
32          </div>
33      );
34  }
```

上述代码说明如下。

在第 1 行代码中，通过 import 关键字引入了组件 useState。

在第 4～8 行代码中，定义了一个接口类型 UserInfo，包含 3 个用户信息项 uname、gender 和 age。

在第 10～34 行代码中，定义了一个函数组件 UseStateObjComp。

在第 11～15 行代码中，使用方法 useState()定义了一个 Hook。其中，第 1 个参数 ui 表示用户信息接口类型（UserInfo）的参数，第 2 个参数 setUserInfo 表示更新用户信息的回调方法。

在第 23～31 行代码中，定义了按钮 button，在其单击事件处理方法 onClick()中，通过方法 setUserInfo()来更新 3 个用户信息项（uname、gender 和 age）的值。

下面测试一下这段 React 应用代码，具体如图 8.2 所示。

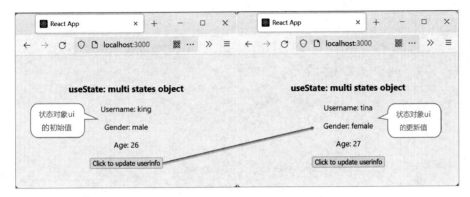

图 8.2　使用方法 useState()实现动态更新用户信息的应用

如图 8.2 所示，单击"Click to update userinfo"按钮实现了更新状态对象 ui 中定义的用户信息的操作。

8.2.3　开发实战：State Hook 页面动态时钟应用

读者还记得第 6 章中实现的页面动态时钟应用吗？下面尝试使用 State Hook 方式实现一个页面动态时钟的应用。

【例 8.3】使用 State Hook 方式实现页面动态时钟的应用。

相关源代码如下。

```
------------ path : ch08/react-statehook-ts/UseStateDateComp.tsx ----------
1  import React, { useState } from 'react';
2
3  // TODO: define type interface
4  interface AutoDate {
5      year: number;
6      month: number;
7      date: number;
8      time: string;
9  }
10 // TODO: export function component
11 export default function UseStateDateComp() {
12     const [ad, setAutoDate] = useState<AutoDate>({
13         year: new Date().getFullYear(),
14         month: new Date().getMonth() + 1,
15         date: new Date().getDate(),
16         time: new Date().toLocaleTimeString()
17     });
```

```
18      // TODO: render
19      return (
20        <div>
21          <h3>useState: Auto Date</h3>
22          <p>yyyy-mm-dd: {ad.year}-{ad.month}-{ad.date}</p>
23          <p>time: {ad.time}</p>
24          <button onClick={() => setAutoDate(
25            {
26              ...ad,
27              year: new Date().getFullYear(),
28              month: new Date().getMonth() + 1,
29              date: new Date().getDate(),
30              time: new Date().toLocaleTimeString()
31            })}>
32            Click to update time
33          </button>
34        </div>
35      );
36    }
```

上述代码说明如下。

在第 1 行代码中，通过 import 关键字引入了组件 useState。

在第 4～9 行代码中，定义了一个接口类型 AutoDate，包含 4 个日期和时间（year、month、date 和 time）子项。

在第 11～36 行代码中，定义了一个函数组件 UseStateDateComp。

在第 12～17 行代码中，使用方法 useState()定义了一个 Hook。其中，第 1 个参数 ad 表示接口类型（AutoDate）的参数，第 2 个参数 setAutoDate 表示更新日期与事件的回调方法。

在第 24～33 行代码中，定义了按钮 button，在其单击事件处理方法 onClick()中，通过方法 setAutoDate()来更新 4 个日期和时间（year、month、date 和 time）子项的值。

下面测试一下这段 React 应用代码，具体如图 8.3 所示。

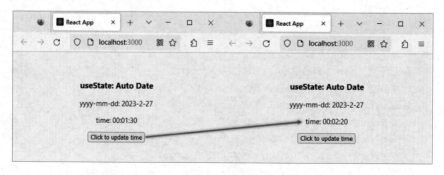

图 8.3　使用 State Hook 方式实现页面动态时钟的应用

如图 8.3 所示，单击"Click to update time"按钮实现了更新状态对象 ad 中定义的日期和时间信息的操作。

但是，这个基于 State Hook 的页面动态时钟只能手动更新，而无法实时自动更新。如果想实现自动更新的功能，则需要借助 React 组件的生命周期来实现。那么，React 函数组件能不能使用生命周期的特性呢？下面将对该问题进行讲解。

8.3　Effect Hook 应用

本节介绍如何结合 Effect Hook 和 State Hook 进行 React 应用设计。具体方法是使用方法 useState()和 useEffect()实现函数组件生命周期的功能。对 React Hook 而言，Effect Hook 通常是结合 State Hook 来使用的。

8.3.1　开发实战：Effect Hook 计数器应用改进

下面尝试使用方法 useState()和 useEffect()对【例 8.1】中实现的计数器应用进行改进，体验一下 Effect Hook 在函数组件状态上的功能特性。

【例 8.4】使用方法 useState()和 useEffect()改进计数器的应用。

相关源代码如下。

```
---------- path : ch08/react-effecthook-ts/UseEffectCountComp.tsx ----------
 1  import React, { useState, useEffect } from 'react';
 2
 3  // TODO: export function component
 4  export default function UseEffectCountComp() {
 5      const [count, setCount] = useState<number>(0);
 6      // TODO: Similar to componentDidMount and componentDidUpdate
 7      useEffect(() => {
 8          console.log(`console: You clicked ${count} times.`);
 9      });
10      // TODO: render
11      return (
12          <div>
13              <h3>useState & useEffect</h3>
14              <h3>update state</h3>
15              <p>You clicked {count} times.</p>
16              <button onClick={() => setCount(count + 1)}>
```

```
17              Click Add Count
18          </button>
19      </div>
20    );
21 }
```

上述代码说明如下。

在第 1 行代码中，通过 import 关键字同时引入了组件 useState 和 useEffect。

在第 4～21 行代码中，定义了一个函数组件 UseEffectCountComp。

在第 5 行代码中，使用方法 useState()定义了一个 Hook。其中，第 1 个参数 count 表示计数器状态，第 2 个参数 setCount 表示更新计数器状态的回调方法。

在第 7～9 行代码中，使用方法 useEffect()实现了函数组件的生命周期方法，当组件状态发生变化时在浏览器控制台中输出一行日志信息。

在第 16～18 行代码中，定义了按钮 button，在其单击事件处理方法 onClick()中，先通过方法 setCount()来更新计数器状态参数 count 的值（累加 1），再通过第 15 行代码中定义的段落<p>标签在页面中显示状态变化。

下面测试一下这段 React 应用代码，具体如图 8.4 所示。

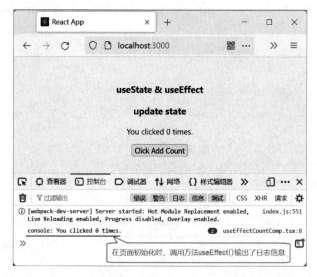

图 8.4　使用方法 useState()和 useEffect()改进计数器的应用（1）

如图 8.4 所示，页面在初始化时就调用了方法 useEffect()，浏览器控制台中输出了第 8 行代码中定义的日志信息。由此可见，方法 useEffect()实现了函数组件的生命周期功能。

下面尝试单击"Click Add Count"按钮实现计数器状态参数 count 的累加操作，具体如图 8.5 所示。

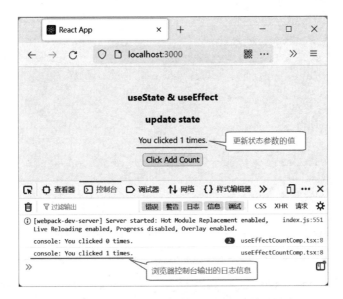

图 8.5　使用方法 useState()和 useEffect()改进计数器的应用（2）

如图 8.5 所示，在单击"Click Add Count"按钮后，页面更新了状态参数（count）的值（+1），并调用方法 useEffect()在浏览器控制台中输出了第 8 行代码中定义的日志信息。

8.3.2　开发实战：Effect Hook 动态更新用户信息应用改进

【例 8.4】通过方法 useEffect()实现了函数组件生命周期的操作，但如果想清除 React 函数组件 DOM 的副作用该如何操作呢？我们可以通过在方法 useEffect()中跟踪状态参数的变化来实现该功能特性。

下面尝试使用方法 useState()和 useEffect()，对【例 8.2】中实现的动态更新用户信息应用进行改进，体验一下 Effect Hook 在函数组件状态上的功能特性。

【例 8.5】使用方法 useState()和 useEffect()改进动态更新用户信息的应用。

相关源代码如下。

```
------------ path : ch08/react-effecthook-ts/UseEffectObjComp.tsx ---------
1  import React, { useState, useEffect } from 'react';
2
3  // TODO: define type interface
4  interface UserInfo {
5      uname: string;
6      gender: boolean;
7      age: number;
```

```
 8  }
 9  // TODO: export function component
10  export default function UseEffectObjComp() {
11      const [ui, setUserInfo] = useState<UserInfo>({
12          uname: "king",
13          gender: true,
14          age: 26
15      });
16      // TODO: Similar to componentDidMount and componentDidUpdate
17      useEffect(() => {
18          console.log(`console: age has changed to ${ui.age}.`);
19      }, [ui.age]);
20      // TODO: render
21      return (
22          <div>
23              <h3>useState & useEffect</h3>
24              <h3>multi states object</h3>
25              <p>Username: {ui.uname}</p>
26              <p>Gender: {ui.gender ? "male" : "female"}</p>
27              <p>Age: {ui.age}</p>
28              <button onClick={() => setUserInfo(
29                  {
30                      ...ui,
31                      uname: ui.uname === "king"? "tina" : "king",
32                      gender: !ui.gender,
33                      age: ui.age + 1
34                  })}>
35                  Click to update userinfo
36              </button>
37          </div>
38      );
39  }
```

上述代码说明如下。

在第 1 行代码中，通过 import 关键字同时引入了组件 useState 和 useEffect。

在第 4~8 行代码中，定义了一个接口类型 UserInfo，包含 3 个用户信息项 uname、gender 和 age。

在第 10~39 行代码中，定义了一个函数组件 UseEffectObjComp。

在第 11~15 行代码中，使用方法 useState()定义了一个 Hook。其中，第 1 个参数 ui 表示用户信息接口类型（UserInfo）的参数，第 2 个参数 setUserInfo 表示更新用户信息的回调方法。

在第 17～19 行代码中，使用方法 useEffect()实现了函数组件的生命周期方法。其中，第 1 个参数 ui.age 用于当组件状态发生变化时在浏览器控制台中输出一行日志信息，第 2 个参数 ui.age 指定了跟踪监控的状态参数 ui.age 为用户年龄。这样，只有当状态参数 ui.age 发生更新时，才会执行方法 useEffect()。

在第 28～36 行代码中定义了按钮 button，在其单击事件处理方法 onClick()中，先通过方法 setUserInfo()来更新 3 个用户信息项状态参数（uname、gender 和 age）的值，再通过第 25～27 行代码中定义的一组段落<p>标签在页面中显示状态变化。

下面测试一下这段 React 应用代码，具体如图 8.6 所示。

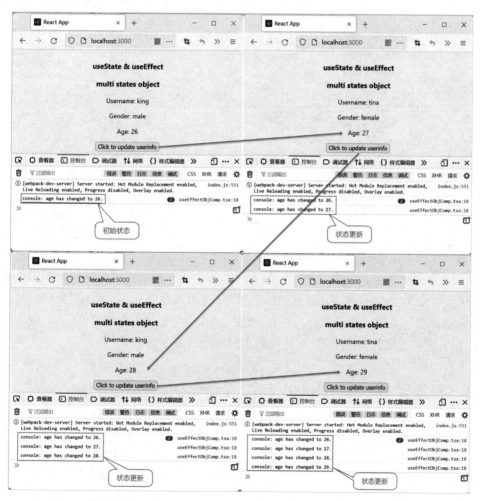

图 8.6 使用方法 useState()和 useEffect()改进动态更新用户信息的应用（1）

如图 8.6 所示，页面在初始化时就调用方法 useEffect()在浏览器控制台中输出了第 18

行代码中定义的日志信息。每次单击按钮都会触发方法 useEffect()，并在浏览器控制台中输出了第 18 行代码中定义的日志信息。

另外，本例中方法 useEffect()增加了第 2 个参数，用于跟踪状态参数 ui.age 的更新情况。那么，状态参数 ui.age 没有产生更新，方法 useEffect()会有什么样的执行结果呢？

下面将第 33 行代码中状态参数 ui.age 所定义的累加（+1）操作取消，并单击"Click to update userinfo"按钮来测试一下，具体如图 8.7 所示。

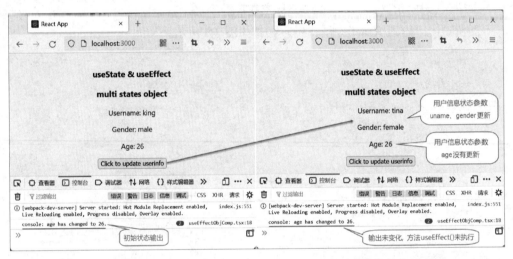

图 8.7　使用方法 useState()和 useEffect()改进动态更新用户信息的应用（2）

如图 8.7 所示，在单击"Click to update userinfo"按钮后，页面更新了用户信息状态参数 uname、gender 的值，没有更新用户信息状态参数 age 的值，这与我们预想的代码执行效果一样。由于本例中的方法 useEffect()增加了第 2 个参数 ui.age，因此其会根据状态参数 ui.age 的更新情况来决定是否执行方法 useEffect()（不更新就不执行）。所以，我们看到应用仅仅在页面初始化时输出了第 18 行代码中定义的日志信息。

8.3.3　开发实战：Effect Hook 页面动态时钟应用改进

下面尝试使用方法 useState()和 useEffect()，对【例 8.3】中实现的页面动态时钟应用进行改进，实现时间自动更新的功能，体验一下 Effect Hook 在函数组件状态上的功能特性。

【例 8.6】使用方法 useState()和 useEffect()改进页面动态时钟的应用。

相关源代码如下。

```
------------ path : ch08/react-effecthook-ts/UseStateDateComp.tsx ----------
1  import React, { useState, useEffect } from 'react';
```

```
2  import { setInterval } from 'timers/promises';
3
4  // TODO: define type interface
5  interface AutoDate {
6      year: number;
7      month: number;
8      date: number;
9      time: string;
10 }
11 // TODO: export function component
12 export default function UseStateDateComp() {
13     // TODO: useState
14     const [ad, setAutoDate] = useState<AutoDate>({
15         year: new Date().getFullYear(),
16         month: new Date().getMonth() + 1,
17         date: new Date().getDate(),
18         time: new Date().toLocaleTimeString()
19     });
20     // TODO: useEffect is similar to componentDidMount and componentDidUpdate
21     useEffect(() => {
22         const timerId = window.setInterval(() => {
23             setAutoDate({
24                 year: new Date().getFullYear(),
25                 month: new Date().getMonth() + 1,
26                 date: new Date().getDate(),
27                 time: new Date().toLocaleTimeString()
28             });
29         }, 1000);
30         // TODO: return
31         return () => {
32             window.clearInterval(timerId);
33         }
34     });
35     // TODO: render
36     return (
37         <div>
38             <h3>useState: Auto Date</h3>
39             <p>yyyy-mm-dd: {ad.year}-{ad.month}-{ad.date}</p>
40             <p>time: {ad.time}</p>
41         </div>
42     );
43 }
```

上述代码说明如下。

在第 1 行代码中，通过 import 关键字引入了组件 useState。

在第 5～10 行代码中，定义了一个接口类型 AutoDate，包含 4 个日期与时间（year、month、date 和 time）子项。

在第 12～43 行代码中，定义了一个函数组件 UseStateDateComp。

在第 14～19 行代码中，使用方法 useState()定义了一个 Hook。其中，第 1 个参数 ad 表示接口类型（AutoDate）的参数，第 2 个参数 setAutoDate 表示更新日期与事件的回调方法。

在第 21～34 行代码中，使用方法 useEffect()实现了函数组件的生命周期方法。

在第 22～29 行代码中，调用方法 setInterval()定义了一个计时器 timerId，其时间间隔为 1000ms。

在第 23～28 行代码中，通过方法 setAutoDate()更新了 4 个日期与时间（year、month、date 和 time）子项的值。

在第 31～33 行代码中，通过 return 语句调用方法 clearInterval()清除了计时器 timerId。这样，当 State 状态对象 ad 发生更新时，会通过方法 useEffect()实现自动更新时间的功能。

下面测试一下这段 React 应用代码，具体如图 8.8 所示。

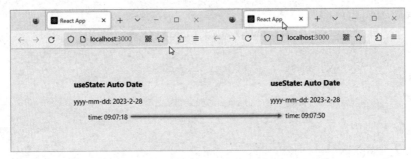

图 8.8　使用方法 useState()和 useEffect()改进页面动态时钟的应用

如图 8.8 所示，通过 Effect Hook，页面中的日期和时间信息实现了自动更新的功能。

8.4　开发实战：Context Hook 特性应用

本节介绍如何基于 Context Hook 设计 React 应用。具体方法是使用方法 useContext()操作全局变量。如果要使用 Context Hook 特性，就需要首先通过方法 createContext()来创建并初始化全局 Context 对象，然后通过提供程序（Provider）来指定 Context 对象的作用范围并传入读写对象，最后使用方法 useContext()操作全局 Context 对象。

下面尝试使用 Context Hook 特性，并结合 State Hook 特性重构一下【例 8.1】中实现的计数器应用，体验一下方法 useContext()结合方法 useState()在操作全局状态对象上的功能特性。

【例 8.7】使用 Context Hook 和 State Hook 特性重构计数器的应用（App 入口）。

相关源代码如下。

```
----------------- path : ch08/react-contexthook-ts/App.tsx --------------
1  import React from 'react';
2  import MathCalculateComp from './mathCalculateComp';
3
4  function App() {
5    return (
6      <div className="App">
7        <header className="App-header">
8          <MathCalculateComp />
9        </header>
10     </div>
11   );
12 }
13
14 export default App;
```

上述代码说明如下。

在第 2 行代码中，通过 import 关键字引入了组件 MathCalculateComp。该组件是计数器的父组件。

在第 4～12 行代码中，定义了计数器应用的 App 入口组件。

在第 8 行代码中，通过引入组件 MathCalculateComp 定义了一个标签。

【例 8.8】使用 Context Hook 和 State Hook 特性重构计数器的应用（计数器父组件）。

相关源代码如下。

```
---------- path : ch08/react-contexthook-ts/mathCalculateComp.tsx ----------
1  import React, { createContext, useContext, useState } from 'react';
2  import MathCountComp from './mathCountComp';
3
4  // TODO: define type ContextCount
5  type ContextCount = {
6    count: number,
7    setCount: React.Dispatch<number>
8  }
9  // TODO: create global context
10 export const CtC = createContext<ContextCount>({
11   count: 0,
12   setCount: () => {}
```

```
13    });
14    // TODO: export function component
15    export default function MathCalculateComp() {
16        const [count, setCount] = useState<number>(0);
17        // TODO: render
18        return (
19            <div>
20                <h3>useContext & useState(MathCalculateComp)</h3>
21                <p>You clicked {count} times.</p>
22                <CtC.Provider value={{count, setCount}} >
23                    <MathCountComp />
24                </CtC.Provider>
25            </div>
26        );
27    }
```

上述代码说明如下。

在第 1 行代码中，通过 import 关键字引入了组件 useContext 和 useState。

在第 2 行代码中，通过 import 关键字引入了组件 MathCountComp。该组件是计数器的子组件。

在第 5～8 行代码中，通过 type 命令定义了一个自定义类型 ContextCount，并包含两个参数。其中，第 1 个为数字类型的计数值参数 count，第 2 个为 React.Dispatch 类型的回调方法参数 setCount。

在第 10～13 行代码中，使用方法 createContext()创建了一个全局 Context 对象，并返回了一个自定义类型 ContextCount 的对象 CtC。

在第 15～27 行代码中，定义了计数器应用的父函数组件 MathCalculateComp。

在第 16 行代码中，使用方法 useState()定义了一个 Hook。其中，第 1 个参数 count 表示计数器状态，第 2 个参数 setCount 表示更新计数器状态的回调方法。

在第 21 行代码中，通过状态参数 count 在页面中显示计数器的值。

在第 22～24 行代码中，通过 Context 对象 CtC 的提供者（Provider）定义了<CtC.Provider>标签，并将状态参数 count 和 setCount 通过属性 value 传递给了子组件 MathCountComp。

【例 8.9】使用 Context Hook 和 State Hook 特性重构计数器的应用（计数器子组件）。

相关源代码如下。

```
------------ path : ch08/react-contexthook-ts/mathCountComp.tsx ------------
1    import React, { useContext } from 'react';
2    import { CtC } from './mathCalculateComp';
3
4    // TODO: export function component
5    export default function MathCountComp() {
```

```
6        const {count, setCount} = useContext(CtC);
7        // TODO: render
8        return (
9            <div>
10               <h3>useContext & useState(MathCountComp)</h3>
11               <p>You clicked {count} times.</p>
12               <button onClick={() => setCount(count + 1)}>
13                   Click Add Count
14               </button>
15           </div>
16       );
17   }
```

上述代码说明如下。

在第 1 行代码中，通过 import 关键字引入了组件 useContext。

在第 2 行代码中，通过 import 关键字从组件 mathCalculateComp 中引入了全局 Context 对象 CtC。该对象的定义在【例 8.8】的第 10～13 行代码中。

在第 6 行代码中，使用方法 useContext()调用 Context 对象 CtC，获取了状态参数 count 和 setCount，从而实现了通过 Context Hook 特性在应用中共享全局 Context 对象来操作状态参数。

在第 11 行代码中，通过状态参数 count 在页面中显示计数器的值。

在第 12～14 行代码中，定义了按钮 button，在其单击事件处理方法 onClick()中，通过方法 setCount()来更新计数器状态参数（count）的值（累加 1）。

下面测试一下这段 React 应用代码，具体如图 8.9 所示。

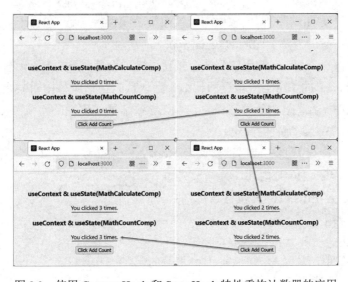

图 8.9　使用 Context Hook 和 State Hook 特性重构计数器的应用

如图 8.9 所示，单击"Click Add Count"按钮实现了计数器状态参数 count 的累加操作。读者一定注意到了，无论是在父组件 MathCalculateComp 中，还是在子组件 MathCountComp 中，状态参数 count 都是同步进行更新的。

8.5 React Hook 使用规则

React Hook 本质上也是一种 JavaScript 函数，虽然开发人员可以自由地使用，但是在使用时还需要遵守以下两条规则——只在应用顶层使用 Hook 和只在 React 函数组件中调用 Hook。

在 React 应用中，切记不要在循环语句（Loop）、条件语句（if...else...）或嵌套函数中调用 Hook，而要保证 Hook 调用总是在 React 函数组件的顶层及任何 return 语句之前。遵守这条规则能够确保 Hook 每次渲染都按照相同的顺序被调用，让 React 框架能够在多次的方法 useState()和 useEffect()调用之间正确地保持 Hook 状态。

另外，要确保只在 React 函数组件中调用 Hook，切记不要在普通的 JavaScript 函数中调用 Hook。在大型 Web 项目中设计较为复杂的应用逻辑时，React 框架还支持在自定义 Hook（将在 8.6 节中详细介绍）中调用其他 Hook。开发人员务必遵守上述规则，以确保组件的状态逻辑在代码中清晰可见。

我们知道，单个 React 函数组件支持同时使用多个 State Hook 或 Effect Hook，那么 React 框架是怎么知道哪个状态对应哪个方法 useState()呢？其实，React 框架是依据 Hook 的调用顺序来识别的。只要 Hook 的调用顺序在多次渲染之间保持一致，React 框架就能保证正确地将内部状态和对应的方法 useState()进行关联。

但是，如果将一个 Hook 调用放到一个条件语句中会怎样呢？React 框架无法确定组件中某个方法 useState()的 Hook 应该返回什么，默认认为在该组件中对某个 Hook 的调用与前一次渲染的顺序一致，但由于存在条件语句，导致结果与预期的不一致（后面的 Hook 调用都被提前执行了），从而产生错误。

以上解释了为什么需要在应用顶层调用 Hook，如果想要有条件地执行某个 Hook，则可以将判断放到 Effect Hook 内部，具体形式如下。

【例 8.10】通过 Effect Hook 执行条件判断。

相关源代码如下。

```
1  useEffect(function funcName() {
2    // TODO: 将条件判断放到 Effect Hook 内部
3    if (name !== '') {
```

```
4      // TODO: Doing something
5    }
6 });
```

React 框架提供了一个 ESLint 插件（eslint-plugin-react-hooks）来强制执行上述几项规则。如果读者打算尝试使用该插件，则可以将此插件添加到 React 项目的配置文件中，具体形式如下。

```
// ESLint 插件配置
{
  "plugins": [
    // ...
    "react-hooks"
  ],
  "rules": {
    // ...
    "react-hooks/rules-of-hooks": "error", // 检查 Hook 的规则
    "react-hooks/exhaustive-deps": "warn" // 检查 Effect 的依赖
  }
}
```

8.6　自定义 Hook 应用

本节介绍如何在 React 应用中使用自定义 Hook，以及通过该技术实现 React 应用设计。

8.6.1　自定义 Hook 基础介绍

在 React v16.8 之后版本中，支持开发人员通过一种自定义 Hook，将组件逻辑提取到可重用的函数中，以减少代码重复带来的冗余。

使用自定义 Hook 的关键是在组件中提取自定义 Hook。当打算在两个函数组件之间共享逻辑时，一般需要将其提取到第三个函数中，这样被提取出来的函数就可以在组件之间进行共享了。

自定义 Hook 其实就是一个函数，React 框架约定其名称必须以单词 "use" 开头（类似于 useState()这些内置方法），在函数内部可以调用其他的 Hook（如 useState()和 useEffect()）。注意：自定义 Hook 同样需要定义在应用顶层。

自定义 Hook 不需要具有特殊的标识，开发人员可以自由地决定其参数是什么，以及其应该返回什么（在有需要的情况下）。但是，自定义 Hook 的函数名称必须始终以单词

"use" 开头，确保其符合 React Hook 的规则。

自定义 Hook 的使用规则说明如下。

- 自定义 Hook 的函数名称必须以单词 "use" 开头，这个规则非常重要。如果不遵循此规则，由于无法判断某个函数是否包含对其内部自定义 Hook 的调用，React 框架将无法自动检查你的自定义 Hook 是否违反了 React Hook 规则。
- 在两个组件中使用相同的 Hook 时，它们不会共享状态。自定义 Hook 是一种重用状态逻辑的机制，所以每次使用自定义 Hook 时，其中的所有状态和副作用都是完全隔离的。
- 自定义 Hook 每次调用 Hook 都会获取独立的状态，可以在一个组件中多次调用方法 useState() 和 useEffect()，因为这两个方法是完全独立的。

8.6.2　开发实战：基于自定义 Hook 改进计数器应用

这里尝试使用自定义 Hook 的特性，将【例 8.1】中实现的计数器应用进行改进，体验一下自定义 Hook 特性的灵活与强大之处。

【例 8.11】使用自定义 Hook 改进计数器的应用（设计自定义 Hook）。

相关源代码如下。

```
--------------- path : ch08/react-selfhook-ts/useCountState.tsx ------------
1  import React, { useState } from 'react';
2
3  // TODO: define self useState
4  export default function useCountState(init:number = 0, step:number = 1) {
5    // TODO: useState
6    const [count, setCount] = useState<number>(init);
7    // TODO: define inc & dec & reset function
8    const inc = (): void => {
9      setCount(count + step);
10   };
11   const dec = (): void => {
12     setCount(count - step);
13   }
14   const reset = (): void => {
15     setCount(init);
16   }
17   // TODO: return self state
18   return {count, inc, dec, reset};
19 }
```

上述代码说明如下。

在第 1 行代码中，通过 import 关键字引入了组件 useState。

在第 4～19 行代码中，定义了一个自定义 Hook 函数 useCountState。其中，第 1 个参数 init 表示初始值，第 2 个参数 step 表示计数器的累加值。

在第 6 行代码中，使用方法 useState()定义了一个 Hook。其中，第 1 个参数 count 表示计数器状态，第 2 个参数 setCount 表示更新计数器状态的回调方法。

在第 8～10 行、第 11～13 行和第 14～16 行代码中，分别定义了一组方法 inc()、dec() 和 reset()，分别用于实现计数器的累加、累减和重置。

在第 18 行代码中，返回了一个对象 count、inc、dec 和 reset，分别表示计数器的值、累加方法、累减方法和重置方法。

经过上面的定义，函数 useCountState 被设计为了一个自定义 Hook 方法，其接收两个参数（init 和 step），返回一个对象（计数器的值和一组计数方法）。

下面在 React 应用中使用自定义 Hook 方法 useCountState()实现计数器，具体如下面代码所示。

【例 8.12】使用自定义 Hook 改进计数器的应用（使用自定义 Hook 方法）。

相关源代码如下。

```
-------------- path：ch08/react-statehook-ts/myCountComp.tsx --------------
1  import React from 'react';
2  import useCountState from './useCountState';
3
4  // TODO: export function component
5  export default function MyCountComp() {
6      const {count, inc, dec, reset} = useCountState(0, 1);
7      // TODO: render
8      return (
9          <div>
10             <h3>useCountState: self state</h3>
11             <p>Your count is {count}.</p>
12             <button onClick={() => {inc()}}>
13                 Click Increase Count
14             </button>
15             <button onClick={() => {dec()}}>
16                 Click Decrease Count
17             </button>
18             <button onClick={() => {reset()}}>
19                 Click Reset Count
20             </button>
21         </div>
```

```
22      );
23  }
```

上述代码说明如下。

在第 2 行代码中，通过 import 关键字引入了自定义 Hook 组件（useCountState()）。

在第 5~23 行代码中，定义了一个函数组件 MyCountComp。

在第 6 行代码中，使用自定义 Hook 方法 useCountState()定义了一个 Hook。其中，第 1 个参数 count 表示计数器状态，第 2 个参数 inc、第 3 个参数 dec 和第 4 个参数 reset，分别表示累加、累减和重置计数器状态的回调方法。

在第 12~20 行代码中，定义了一组按钮 button，在各自的单击事件处理方法中，通过各自方法（inc()、dec()和 reset()）更新计数器状态参数 count 的值，并渲染到第 11 行代码定义的段落<p>标签中。

下面测试一下这段 React 应用代码，具体如图 8.10 所示。

图 8.10　使用自定义 Hook 改进计数器的应用

如图 8.10 所示，分别单击"Click Increase Count"按钮、"Click Decrease Count"按钮和"Click Reset Count"按钮实现了计数器状态参数 count 的累加、累减和重置操作。

8.6.3　开发实战：基于自定义 Hook 实现页面动态时钟应用

下面尝试使用方法 useState()、useEffect()及自定义 Hook 方法，将【例 8.6】中实现的页面动态时钟应用以自定义 Hook 的方式实现，体验一下自定义 Hook 特性在函数组件状态上的功能特性。

【例 8.13】使用自定义 Hook 实现页面动态时钟的应用（设计自定义 Hook）。

相关源代码如下。

```
--------------- path : ch08/react-datehook-ts/useDateState.tsx ------------
 1  import React, { useState, useEffect } from 'react';
 2
 3  // TODO: define type interface
 4  interface AutoDate {
 5      year: number;
 6      month: number;
 7      date: number;
 8      time: string;
 9  }
10  // TODO: define self useState
11  export default function useDateState() {
12      // TODO: useState
13      const [ad, setAutoDate] = useState<AutoDate>({
14          year: new Date().getFullYear(),
15          month: new Date().getMonth() + 1,
16          date: new Date().getDate(),
17          time: new Date().toLocaleTimeString(),
18      });
19      // TODO: useEffect is similar to componentDidMount and componentDidUpdate
20      useEffect(() => {
21          const timerId = window.setInterval(() => {
22              setAutoDate({
23                  year: new Date().getFullYear(),
24                  month: new Date().getMonth() + 1,
25                  date: new Date().getDate(),
26                  time: new Date().toLocaleTimeString(),
27              });
28          }, 1000);
29          // TODO: return
30          return () => {
31              window.clearInterval(timerId);
32          };
33      });
34      // TODO: return self state
35      return { ad };
36  }
```

上述代码说明如下。

在第 1 行代码中，通过 import 关键字引入了组件 useState 和 useEffect。

在第 4~9 行代码中，定义了一个接口类型 AutoDate，包含 4 个日期与时间（year、month、date 和 time）子项。

在第 11~36 行代码中，定义了一个自定义 Hook 函数（useDateState）组件。

在第 13~18 行代码中，使用方法 useState()定义了一个 Hook。其中，第 1 个参数 ad 表示接口类型（AutoDate）的参数，第 2 个参数 setAutoDate 表示更新日期与事件的回调方法。

在第 20~33 行代码中，使用方法 useEffect()实现了函数组件的生命周期方法。

在第 21~28 行代码中，调用方法 setInterval()定义了一个计时器 timerId，其时间间隔为 1000ms。

在第 22~27 行代码中，通过方法 setAutoDate()更新了 4 个日期与时间（year、month、date 和 time）子项的值。

在第 30~32 行代码中，通过 return 语句调用方法 clearInterval()清除了计时器 timerId。这样，当 State 状态对象 ad 发生更新时，会通过方法 useEffect()实现时间自动更新的功能。

在第 35 行代码中，通过 return 语句返回了一个对象 ad，包含日期与时间（year、month、date 和 time）子项中的内容。

经过上面的定义，函数 useDateState 被设计为了一个自定义 Hook 方法，我们就可以在 React 应用中使用该自定义 Hook 方法 useDateState()获取日期与时间了，具体如下。

【例 8.14】使用自定义 Hook 实现页面动态时钟的应用（使用自定义 Hook 方法）。

相关源代码如下。

```
----------------- path : ch08/react-datehook-ts/myDateComp.tsx -------------
1  import React from 'react';
2  import useDateState from './useDateState';
3
4  // TODO: export function component
5  export default function MyDateComp() {
6      const { ad } = useDateState();
7      // TODO: render
8      return (
9        <div>
10          <h3>User Define State: useDateState</h3>
11          <p>
12              yyyy-mm-dd: {ad.year}-{ad.month}-{ad.date}
13          </p>
14          <p>time: {ad.time}</p>
15        </div>
```

```
16        );
17  }
```

上述代码说明如下。

在第 2 行代码中，通过 import 关键字引入了自定义 Hook 组件 useDateState。

在第 5～17 行代码中，定义了一个函数组件 MyDateComp。

在第 6 行代码中，使用自定义 Hook 方法 useDateState()定义了一个 Hook，其中包含 1 个参数 ad，用于获取日期与时间（year、month、date 和 time）子项中的内容。

在第 9～15 行代码中，通过对象 ad 获取了日期与时间的数值，并渲染到页面的段落 <p>标签中。

下面测试一下这段 React 应用代码，具体如图 8.11 所示。

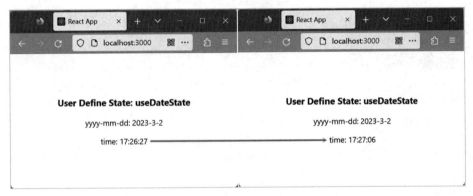

图 8.11　使用自定义 Hook 实现页面动态时钟的应用

如图 8.11 所示，通过 State Hook、Effect Hook 和自定义 Hook 技术，页面中的日期和时间信息实现了自动更新。

8.7　小结

本章介绍的 React Hook 技术，有助于开发人员以灵活多变的方式进行 Web 项目开发。本章通过一系列开发实战，向读者介绍了 State Hook、Effect Hook、Contex Hook 特性，以及自定义 Hook 的使用方法。

第 3 篇

TypeScript + React 开发实战

基于 TypeScript + React Hook + antd 构建 Web 计算器应用

基于 TypeScript + React + antd+ Vite 构建 Web 应用管理系统

第9章 基于 TypeScript + React Hook + antd 构建 Web 计算器应用

前面两篇主要介绍了 TypeScript 语言和 React 框架的基本知识点及应用方法。目前，React 框架是一款非常受欢迎的开源前端 Web 框架，借助 TypeScript 强类型语法的支持，基于 TypeScript 语言，在 Web 前端设计开发领域发挥出了十分强悍的性能优势。

本章主要涉及的知识点如下。

- TypeScript + React 项目的构建。
- React Hook 的使用方法。
- antd 组件库的介绍与项目应用。

9.1 Web 计算器应用功能介绍

相信读者对 Windows 操作系统、Android 手机、iPhone 手机或 iPad 平板电脑中的计算器应用或 App 已经非常熟悉了，这些程序或 App 具有界面美观、操作方便、功能实用和强大的特点，并且都是依赖于操作系统平台的桌面级应用。

本章所介绍的项目实战，是基于 TypeScript + React 框架设计实现的一款 Web 计算器应用。我们将尽最大的努力在这款 Web 计算器应用中模仿上述桌面级应用的功能，以满足用户使用类似桌面应用的需求。本章的目的是让读者体会如何将学习和掌握的 React 框架开发知识应用到项目的实际开发中。

Web 计算器应用界面如图 9.1 所示。该 Web 计算器应用界面主要包括计算显示、数据修改、数据输入、一元运算符、二元运算符和等于（=）运算符 6 个计算面板。

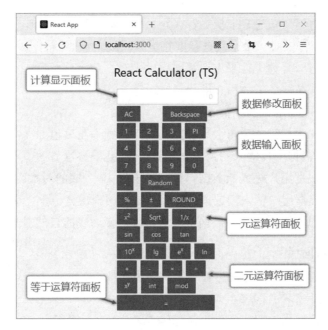

图 9.1　Web 计算器应用界面（TypeScript ＋ React）

下面详细介绍这 6 个计算面板的功能。

1．计算显示面板

计算显示面板的主要功能是显示用户输入的数据、运算符及运算结果。另外，用户修改数据的操作会同步显示在该面板中。注意：计算显示面板是通过一个只读的文本框设计来实现的，并且用户无法直接修改数据。

2．数据修改面板

数据修改面板的主要功能是让用户修改已输入的数据、运算符或运算得出的结果。数据修改面板包括 AC 和 Backspace 两个按钮。其中，AC 按钮用于清空计算显示面板中的全部数据，Backspace 按钮用于清除单个数字或运算符（整体清除运算结果）。

3．数据输入面板

数据输入面板的主要功能是让用户输入原始数据，包括数字、小数点、圆周率、欧拉常数及随机数等。

4．一元运算符面板

一元运算符是操作单个数据的运算符，具体说明如下。

- %运算符：将一个数转换为百分小数（除以 100）。

- ±运算符：对一个数进行取反运算（正数取负、负数取正）。
- ROUND 运算符：对一个小数进行取整运算（规则按照四舍五入）。
- x^2 运算符：对一个数进行平方运算。
- Sqrt 运算符：对一个正数和 0 进行开方运算。
- 1/x 运算符：取一个数的倒数。
- sin、cos、tan 运算符：三角函数运算（输入数据为角度值）。
- 10^x 运算符：根据用户输入的数据，计算得出 10 的幂次方。
- lg 运算符：根据用户输入的数据，计算得出以 10 为底的对数。
- e^x 运算符：根据用户输入的数据，计算得出 e 的幂次方。
- ln 运算符：根据用户输入的数据，计算得出以 e 为底的自然对数。

5．二元运算符面板

二元运算符是操作两个数据的运算符，具体说明如下。

- +、−、×和÷运算符：基本的加、减、乘、除运算。
- x^y 运算符：根据用户输入的数据，如输入 x 和 y，计算得出 x 的 y 次方。
- int 运算符：根据用户输入的数据，如输入 n 和 m，计算得出 n 除以 m 的整数部分。
- mod 运算符：根据用户输入的数据，如输入 n 和 m，计算得出 n 除以 m 的余数部分。

6．等于运算符面板

等于运算符面板仅包括一个等于运算符，用于计算包含二元运算符的算术表达式。

9.2　应用架构设计

本章基于 TypeScript + React 框架设计 Web 计算器应用，主要使用 npx 工具、React 组件、antd 组件库，以及 TypeScript 类型强制、React Props、React State、React Context、React Hook、React UI 等关键技术。

首先，通过 npx 工具获取 create-react-app 组件，创建基于 TypeScript + React 框架的 Web 计算器应用。npx 工具需要在命令行终端中使用，具体命令如下。

```
npx create-react-app react-calculator-ts -template typescript
```

在上述命令中，react-calculator-ts 是 Web 计算器应用的项目名称，参数-template 规定本项目（react-calculator-ts）需要加入 TypeScript 语法支持。

在上述命令成功执行后，创建好的 Web 计算器应用目录架构如图 9.2 所示。

　　然后，在本项目中加入 antd 组件库的支持。由于 React 框架主要用于设计前端应用，因此 UI 的设计需要重点关注。antd 组件库是目前较为流行的 React UI 组件库，为 React 项目 UI 设计提供较为完美的支持。

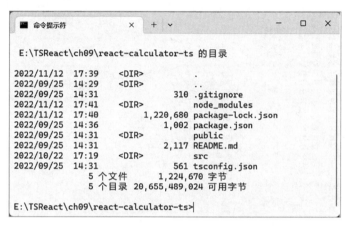

图 9.2　创建好的 Web 计算器应用目录架构

　　antd 是基于 Ant Design 体系的 React UI 组件库，也是阿里蚂蚁金服团队基于 React 框架开发的 UI 组件，主要用于研发企业级的中后台产品。Ant Design 的设计价值观是通过模块化的解决方案来降低冗余的生产成本，让开发人员能够专注于提升用户体验。

　　如果想在 React 项目中加入 antd 组件库的支持，则需要使用 Node（npm）命令在命令行终端中进行操作，具体命令如下。

```
npm install antd --save
```

　　在上述命令中，antd 是加入的 antd 组件库名称。在上述命令成功执行后，react-calculator-ts 项目就成功加入了 antd 组件库的支持。

　　最后，将 React UI 组件、React Context 和 React 自定义 State 几大内容进行分离，构建功能模块更加清晰合理的应用架构，具体操作是在项目目录的源码目录 src 中完成的，如图 9.3 所示。其中，目录 state 用于定义自定义 State，目录 context 用于定义上下文参数，目录 comp 用于定义 UI 组件。

　　Web 计算器应用的 UI 组件按照模块分为主面板容器和子功能面板容器，具体架构如图 9.4 所示。其中，主面板容器包含计算显示面板容器、数据修改面板容器、数据输入面板容器、一元运算符面板容器、二元运算符面板容器和等于运算符面板容器 6 个子功能面板容器。同时，计算显示面板容器与其他 5 个子功能面板容器之间有直接数据关联，可实时显示数据。

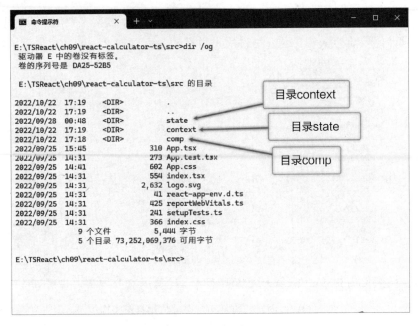

图 9.3　源码目录 src

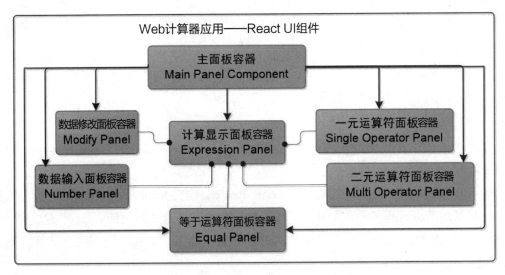

图 9.4　Web 计算器应用的 UI 组件架构

Web 计算器应用基于 React Hook 技术定义了相关的 Context 和自定义 State，用于在主面板容器和子功能面板容器之间传递数据并维护组件状态，具体架构如图 9.5 所示。其中，主面板容器与 6 个子功能面板容器之间是通过 Context 进行数据传递的，同时在运算结果的组件中使用自定义 State 实现运算操作。

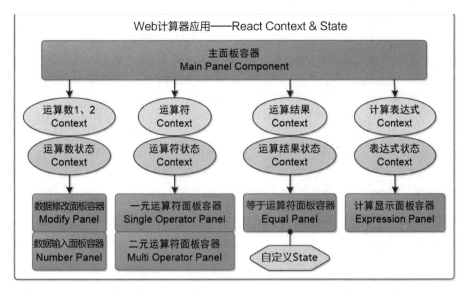

图 9.5　Web 计算器应用的 Context & State 架构

9.3　主面板容器

【例 9.1】Web 计算器应用主面板容器组件。

主面板容器组件的主要源代码如下。

```
---------- path : ch09/react-calculator-ts/comp/MainPanelComp.tsx ---------
 1  import React, { Component } from "react";
 2  import PropTypes from 'prop-types';
 3  import { useState } from "react";
 4  import { ExpContext, ExpContextProvider } from "../context/ExpContext";
 5  import { ModifyContext, ModifyContextProvider } from "../context/ModifyContext";
 6  import { SelNumAContext, SelNumAContextProvider } from "../context/SelNumAContext";
 7  import { SelNumBContext, SelNumBContextProvider } from "../context/SelNumBContext";
 8  import { SelOprContext, SelOprContextProvider } from "../context/SelOprContext";
 9  import { NumAContext, NumAContextProvider } from "../context/NumAContext";
10  import { NumBContext, NumBContextProvider } from "../context/NumBContext";
11  import { OprAContext, OprAContextProvider } from "../context/OprAContext";
12  import { OprBContext, OprBContextProvider } from "../context/OprBContext";
13  import { OprCContext, OprCContextProvider } from "../context/OprCContext";
14  import { OprDContext, OprDContextProvider } from "../context/OprDContext";
15  import { OprEContext, OprEContextProvider } from "../context/OprEContext";
```

```
16   import { EqualContext, EqualContextProvider } from "../context/EqualContext";
17   import { SelEqualContext, SelEqualContextProvider } from "../context/SelEqualContext";
18   import { ResultContext, ResultContextProvider } from "../context/ResultContext";
19   import ModifyPanelComp from "./ModifyPanelComp";
20   import NumPanelComp from "./NumPanelComp";
21   import OprAPanelComp from "./OprAPanelComp";
22   import OprBPanelComp from "./OprBPanelComp";
23   import OprCPanelComp from "./OprCPanelComp";
24   import OprDPanelComp from "./OprDPanelComp";
25   import OprEPanelComp from "./OprEPanelComp";
26   import OprE2PanelComp from "./OprE2PanelComp";
27   import EqualPanelComp from "./EqualPanelComp";
28   import ExpPanelComp from './ExpPanelComp';
29
30   // TODO: export function component
31   export default function MainPanelComp() {
32       const [sExpression, setExpression] = useState<string>("");
33       const [sModify, setModify] = useState<string>("");
34       const [selNumA, setSelNumA] = useState<boolean>(true);
35       const [selOpr, setSelOpr] = useState<boolean>(false);
36       const [selNumB, setSelNumB] = useState<boolean>(false);
37       const [sNumA, setNumA] = useState<string>("");
38       const [sNumB, setNumB] = useState<string>("");
39       const [sOprA, setOprA] = useState<string>("");
40       const [sOprB, setOprB] = useState<string>("");
41       const [sOprC, setOprC] = useState<string>("");
42       const [sOprD, setOprD] = useState<string>("");
43       const [sOprE, setOprE] = useState<string>("");
44       const [sEqual, setEqual] = useState<string>("");
45       const [selEqual, setSelEqual] = useState<boolean>(false);
46       const [sResult, setResult] = useState<string>("");
47       // TODO: render
48       return (
49           <div>
50               <ExpContextProvider value={{sExpression, setExpression}} >
51               <ModifyContextProvider value={{sModify, setModify}} >
52               <SelNumAContextProvider value={{selNumA, setSelNumA}} >
53               <SelOprContextProvider value={{selOpr, setSelOpr}} >
54               <SelNumBContextProvider value={{selNumB, setSelNumB}} >
55               <NumAContextProvider value={{sNumA, setNumA}} >
```

```
56              <NumBContextProvider value={{sNumB, setNumB}} >
57              <OprAContextProvider value={{sOprA, setOprA}} >
58              <OprBContextProvider value={{sOprB, setOprB}} >
59              <OprCContextProvider value={{sOprC, setOprC}} >
60              <OprDContextProvider value={{sOprD, setOprD}} >
61              <OprEContextProvider value={{sOprE, setOprE}} >
62              <EqualContextProvider value={{sEqual, setEqual}} >
63              <SelEqualContextProvider value={{selEqual, setSelEqual}} >
64              <ResultContextProvider value={{sResult, setResult}} >
65                  <ExpPanelComp />
66                  <ModifyPanelComp />
67                  <NumPanelComp />
68                  <OprAPanelComp />
69                  <OprBPanelComp />
70                  <OprCPanelComp />
71                  <OprDPanelComp />
72                  <OprEPanelComp />
73                  <OprE2PanelComp />
74                  <EqualPanelComp />
75              </ResultContextProvider>
76              </SelEqualContextProvider>
77              </EqualContextProvider>
78              </OprEContextProvider>
79              </OprDContextProvider>
80              </OprCContextProvider>
81              </OprBContextProvider>
82              </OprAContextProvider>
83              </NumBContextProvider>
84              </NumAContextProvider>
85              </SelNumBContextProvider>
86              </SelOprContextProvider>
87              </SelNumAContextProvider>
88              </ModifyContextProvider>
89              </ExpContextProvider>
90          </div>
91      );
92  }
93
94  // TODO: PropTypes
95  MainPanelComp.propTypes = {
96      sExpression: PropTypes.any,
```

```
97        setExpression: PropTypes.func
98  }
```

上述代码说明如下。

在第 1 行代码中，引入了 React 和 Component 组件。

在第 2 行代码中，引入了 PropTypes 组件。

在第 3 行代码中，引入了 useState 组件。

在第 4～18 行代码中，引入了一组 Context 组件，这组组件是自定义的上下文组件。

在第 19～28 行代码中，引入了一组 UI 子组件，这组组件是定义了各个子功能面板的组件。

在第 31～92 行代码中，定义了 Web 计算器应用主面板容器的函数组件 MainPanelComp。

在第 32～46 行代码中，通过方法 useState() 定义了一组 State Hook，用于在函数组件中设置状态值。

在第 48～91 行代码中，通过将各个 Context 组件与相应的 State Hook 绑定，实现了全局 Context 的数据传递。

在第 65～74 行代码中，在主面板容器中依次加入了各个子功能面板组件。

在第 95～98 行代码中，通过 PropTypes 为计算表达式参数 sExpression 和设置计算表达式方法 setExpression() 引入了类型强制检查。

9.4 计算显示面板容器

【例 9.2】Web 计算器应用计算显示面板容器组件。

计算显示面板容器组件的主要源代码如下。

```
---------- path : ch09/react-calculator-ts/comp/ExpPanelComp.tsx ----------
1  import React, { Component } from 'react';
2  import PropTypes from 'prop-types';
3  import { useContext, useState } from "react";
4  import { ExpContext, ExpContextConsumer } from "../context/ExpContext";
5  import { Button, Col, Row, Space } from "antd";
6  import { Input } from 'antd';
7
8  // TODO: export function component
9  export default function ExpPanelComp() {
10     const {sExpression, setExpression} = useContext(ExpContext);
```

```
11        // TODO: return and render
12        return (
13            <Row>
14                <Space>
15                    <Col span={24}>
16                        <Input
17                            type='text'
18                            style={{textAlign: 'right', width: '128%'}}
19                            value={sExpression}
20                            placeholder="0"
21                            readOnly>
22                        </Input>
23                    </Col>
24                </Space>
25            </Row>
26        )
27 }
```

上述代码说明如下。

在第 3 行代码中，引入了 useContext 和 useState 组件。

在第 4 行代码中，引入了关联计算表达式的 Context 组件（ExpContext、ExpContextConsumer）。

在第 5 行和第 6 行代码中，通过 antd 组件库引入了 Button（按钮）、Col（列）、Row（行）、Input（文本框）控件。

在第 10 行代码中，通过方法 useContext()调用计算表达式 Context 对象 ExpContext，获取了计算表达式参数 sExpression 和设置计算表达式方法 setExpression()。

在第 13～25 行代码中，通过 antd 组件库的<Row>、<Space>、<Col>构建了计算器操作面板的布局。

在第 16～22 行代码中，通过文本框<input>定义了计算显示面板，用于显示计算表达式和运算结果。

Context 对象 ExpContext、计算表达式参数 sExpression 和设置计算表达式方法 setExpression()是以单独文件形式定义的，全部放在了目录 context 中。

【例 9.3】Web 计算器应用计算表达式 Context。

相关源代码如下。

```
---------- path : ch09/react-calculator-ts/context/ExpContext.tsx ----------
 1 import React from 'react';
 2
```

```
3  // TODO: define type Exp Context
4  export type TExpContext = {
5      sExpression: string,
6      setExpression: React.Dispatch<string>
7  }
8
9  // TODO: create context
10 export const ExpContext = React.createContext<TExpContext>({
11     sExpression: "",
12     setExpression: () => {}
13 });
14 // TODO: Provider
15 export const ExpContextProvider = ExpContext.Provider;
16 // TODO: Consumer
17 export const ExpContextConsumer = ExpContext.Consumer;
```

上述代码说明如下。

在第 4～7 行代码中，通过 type 命令定义了一个自定义类型 TExpContext，用于描述计算表达式。该类型包含两个参数，第 1 个是字符串类型的计算表达式参数 sExpression，第 2 个是 React.Dispatch 类型的回调方法参数 setExpression。

在第 10～13 行代码中，使用方法 createContext()创建了一个全局 Context 对象，并返回了一个自定义类型 TExpContext 的 Context 对象 ExpContext。

在第 15 行和第 17 行代码中，分别通过 Context 对象 ExpContext 导出了 Provider 对象 ExpContextProvider 和 Consumer 对象 ExpContextConsumer。

9.5　数据输入面板容器

【例 9.4】Web 计算器应用数据输入面板容器组件。

数据输入面板容器组件的主要源代码如下。

```
------------ path : ch09/react-calculator-ts/comp/NumPanelComp.tsx ---------
1  import React, { Component } from 'react';
2  import PropTypes from 'prop-types';
3  import { useContext, useEffect, useState } from "react";
4  import { Button, Col, Row, Space } from "antd";
5  import { ExpContext, ExpContextConsumer } from "../context/ExpContext";
6  import { SelNumAContext, SelNumAContextConsumer } from "../context/SelNumAContext";
```

```
 7  import { SelOprContext, SelOprContextConsumer } from "../context/SelOprContext";
 8  import { SelNumBContext, SelNumBContextConsumer } from "../context/SelNumBContext";
 9  import { NumAContext, NumAContextConsumer } from "../context/NumAContext";
10  import { OprEContext, OprEContextConsumer } from "../context/OprEContext";
11  import { NumBContext, NumBContextConsumer } from "../context/NumBContext";
12  import { SelEqualContext, SelEqualContextConsumer } from "../context/SelEqualContext";
13
14  // TODO: export function component
15  export default function NumPanelComp() {
16      // TODO: useContext
17      const {sExpression, setExpression} = useContext(ExpContext);
18      const {selNumA, setSelNumA} = useContext(SelNumAContext);
19      const {selOpr, setSelOpr} = useContext(SelOprContext);
20      const {selNumB, setSelNumB} = useContext(SelNumBContext);
21      const {sNumA, setNumA} = useContext(NumAContext);
22      const {sOprE, setOprE} = useContext(OprEContext);
23      const {sNumB, setNumB} = useContext(NumBContext);
24      const {selEqual, setSelEqual} = useContext(SelEqualContext);
25
26      function onBtnClick(n: string) {
27          // let regExpNumEPI: RegExp = /^e|\bPI$/;
28          let regExpNumEPI: RegExp = /^3.14159|2.718$/;
29          let regExpNumDot: RegExp = /^\d+(\.\d+)$/;
30          if(n === "PI") {
31              if(selNumA && !selOpr && !selNumB) {
32                  setNumA(Math.PI.toFixed(5));
33              } else if(!selNumA && selOpr && !selNumB) {
34                  setSelNumA(false);
35                  setSelOpr(false);
36                  setSelNumB(true);
37                  setNumB(Math.PI.toFixed(5));
38              } else if(!selNumA && !selOpr && selNumB) {
39                  setNumB(Math.PI.toFixed(5));
40              } else {}
41          } else if(n === "e") {
42              if(selNumA && !selOpr && !selNumB) {
43                  setNumA(Math.E.toFixed(3));
44              } else if(!selNumA && selOpr && !selNumB) {
45                  setSelNumA(false);
46                  setSelOpr(false);
```

```
47              setSelNumB(true);
48              setNumB(Math.E.toFixed(3));
49          } else if(!selNumA && !selOpr && selNumB) {
50              setNumB(Math.E.toFixed(3));
51          } else {}
52      } else if(n === "RAND") {
53          if(selNumA && !selOpr && !selNumB) {
54              setNumA(Math.random().toFixed(2));
55          } else if(!selNumA && selOpr && !selNumB) {
56              setSelNumA(false);
57              setSelOpr(false);
58              setSelNumB(true);
59              setNumB(Math.random().toFixed(2));
60          } else if(!selNumA && !selOpr && selNumB) {
61              setNumB(Math.random().toFixed(2));
62          } else {}
63      } else if(n === ".") {
64          if(selNumA && !selOpr && !selNumB) {
65              if(!regExpNumDot.test(sNumA) && !regExpNumEPI.test(sNumA)) {
66                  let sTempNumA = "";
67                  if(sNumA.indexOf('-') === -1) {
68                      setNumA(sNumA + n);
69                  } else {
70                      sTempNumA = sNumA.substring(1, sNumA.length-1);
71                      sTempNumA += n;
72                      sTempNumA = "(" + sTempNumA + ")";
73                      setNumA(sTempNumA);
74                  }
75              } else {}
76          } else if(!selNumA && selOpr && !selNumB) {
77              setSelNumA(false);
78              setSelOpr(false);
79              setSelNumB(true);
80              if(!regExpNumDot.test(sNumB) && !regExpNumEPI.test(sNumB)) {
81                  let sTempNumB = "";
82                  if(sNumB.indexOf('-') === -1) {
83                      setNumB(sNumB + n);
84                  } else {
85                      sTempNumB = sNumB.substring(1, sNumB.length-1);
86                      sTempNumB += n;
87                      sTempNumB = "(" + sTempNumB + ")";
```

```
88                      setNumB(sTempNumB);
89                  }
90              } else {}
91          } else if(!selNumA && !selOpr && selNumB) {
92              if(!regExpNumDot.test(sNumB) && !regExpNumEPI.test(sNumB)) {
93                  let sTempNumB = "";
94                  if(sNumB.indexOf('-') === -1) {
95                      setNumB(sNumB + n);
96                  } else {
97                      sTempNumB = sNumB.substring(1, sNumB.length-1);
98                      sTempNumB += n;
99                      sTempNumB = "(" + sTempNumB + ")";
100                     setNumB(sTempNumB);
101                 }
102             } else {}
103         } else {}
104     } else {
105         let sTempNumA = "";
106         let sTempNumB = "";
107         if(selNumA && !selOpr && !selNumB) {
108             if(regExpNumEPI.test(sNumA)) {
109                 setNumA(n);
110             } else {
111                 if(sNumA.indexOf('-') === -1) {
112                     setNumA(sNumA + n);
113                 } else {
114                     sTempNumA = sNumA.substring(1, sNumA.length-1);
115                     sTempNumA += n;
116                     sTempNumA = "(" + sTempNumA + ")";
117                     setNumA(sTempNumA);
118                 }
119             }
120         } else if(!selNumA && selOpr && !selNumB) {
121             setSelNumA(false);
122             setSelOpr(false);
123             setSelNumB(true);
124             if(regExpNumEPI.test(sNumB)) {
125                 setNumB(n);
126             } else {
127                 if(sNumB.indexOf('-') === -1) {
128                     setNumB(sNumB + n);
```

```
129                  } else {
130                      sTempNumB = sNumB.substring(1, sNumB.length-1);
131                      sTempNumB += n;
132                      sTempNumB = "(" + sTempNumB + ")";
133                      setNumB(sTempNumB);
134                  }
135              }
136          } else if(!selNumA && !selOpr && selNumB) {
137              if(regExpNumEPI.test(sNumB)) {
138                  setNumB(n);
139              } else {
140                  if(sNumB.indexOf('-') === -1) {
141                      setNumB(sNumB + n);
142                  } else {
143                      sTempNumB = sNumB.substring(1, sNumB.length-1);
144                      sTempNumB += n;
145                      sTempNumB = "(" + sTempNumB + ")";
146                      setNumB(sTempNumB);
147                  }
148              }
149          } else {}
150      }
151  }
152
153  useEffect(() => {
154      console.log("Num Panel Log: begins");
155      console.log("sNumA:" + sNumA);
156      setExpression(sNumA + sOprE + sNumB);
157      console.log(sExpression);
158      console.log("Num Panel Log: ends");
159  }, [sNumA]);
160
161  useEffect(() => {
162      console.log("Num Panel Log: begins");
163      console.log("sNumB:" + sNumB);
164      setExpression(sNumA + sOprE + sNumB);
165      console.log(sExpression);
166      console.log("Num Panel Log: ends");
167  }, [sNumB]);
168
169  return (
```

```
170            <div>
171                <Row>
172                    <Space>
173                        <Col span={6}>
174                            <Button type="primary" onClick={()=>{onBtnClick
("1")}}>1</Button>
175                        </Col>
176                        <Col span={6}>
177                            <Button type="primary" onClick={()=>{onBtnClick
("2")}}>2</Button>
178                        </Col>
179                        <Col span={6}>
180                            <Button type="primary" onClick={()=>{onBtnClick
("3")}}>3</Button>
181                        </Col>
182                        <Col span={6}>
183                            <Button type="primary" onClick={()=>{onBtnClick
("PI")}}>PI</Button>
184                        </Col>
185                    </Space>
186                </Row>
187                <Row>
188                    <Space>
189                        <Col span={6}>
190                            <Button type="primary" onClick={()=>{onBtnClick
("4")}}>4</Button>
191                        </Col>
192                        <Col span={6}>
193                            <Button type="primary" onClick={()=>{onBtnClick
("5")}}>5</Button>
194                        </Col>
195                        <Col span={6}>
196                            <Button type="primary" onClick={()=>{onBtnClick
("6")}}>6</Button>
197                        </Col>
198                        <Col span={6}>
199                            <Button type="primary" onClick={()=>{onBtnClick
("e")}}>e</Button>
200                        </Col>
201                    </Space>
202                </Row>
```

```
203              <Row>
204                <Space>
205                  <Col span={6}>
206                    <Button type="primary" onClick={()=>{onBtnClick
("7")}}>7</Button>
207                  </Col>
208                  <Col span={6}>
209                    <Button type="primary" onClick={()=>{onBtnClick
("0")}}>8</Button>
210                  </Col>
211                  <Col span={6}>
212                    <Button type="primary" onClick={()=>{onBtnClick
("9")}}>9</Button>
213                  </Col>
214                  <Col span={6}>
215                    <Button type="primary" onClick={()=>{onBtnClick
("0")}}>0</Button>
216                  </Col>
217                </Space>
218              </Row>
219              <Row>
220                <Space>
221                  <Col span={6}>
222                    <Button type="primary" onClick={()=>{onBtnClick
(".")}}>.</Button>
223                  </Col>
224                  <Col offset={2} span={10}>
225                <Button type="primary" onClick={()=>{onBtnClick("RAND")}}>
Random</Button>
226                  </Col>
227                  <Col span={6}>
228                  </Col>
229                </Space>
230              </Row>
231          </div>
232      )
233  }
234
235  // TODO: PropTypes
236  NumPanelComp.propTypes = {
237      sNum: PropTypes.string,
```

```
238        sExpression: PropTypes.string,
239 }
```

上述代码说明如下。

在第 3 行代码中，引入了 useContext、useEffect 和 useState 组件。

在第 4 行代码中，通过 antd 组件库引入了 Button（按钮）、Col（列）、Row（行）控件。

在第 5～12 行代码中，引入了控制数据输入的 Context 组件（SelNumAContext、SelNumBContext、NumAContext、NumBContext 等）。

在第 17～24 行代码中，使用方法 useContext()调用数据输入 Context 对象 NumAContext 和 NumBContext 获取了运算数参数 sNumA、sNumB 和设置运算数方法 setNumA()、setNumB()；通过对象 SelNumAContext 和 SelNumBContext 获取了用于标识运算数参数状态的布尔类型参数 selNumA、selNumB 和设置运算数参数状态方法 setSelNumA()、setSelNumB()。

在第 169～232 行代码中，通过 antd 组件库的<Row>、<Col>、<Button>构建了计算器操作面板的布局，同时为每个数字按钮绑定了单击事件处理方法 onBtnClick()。

在第 26～151 行代码中，具体实现了单击事件处理方法 onBtnClick()。这里通过布尔类型参数 selNumA 和 selNumB 来标识用户输入的运算数是运算数 A 还是运算数 B，根据判断结果实时更新运算数 A（sNumA）和 B（sNumB）的数值。

Context 对象 NumAContext、SelNumAContext、NumBContext、SelNumBContext，运算数参数 sNumA、selNumA、sNumB、selNumB，设置运算数方法 setNumA()、setSelNumA()、setNumB()、setSelNumB()是以单独文件形式定义的，全部放在了目录 context 中。

【例 9.5】Web 计算器应用运算数 Context（1）。

相关源代码如下。

```
----------- path : ch09/react-calculator-ts/context/NumAContext.tsx --------
 1 import React from 'react';
 2
 3 // TODO: define type NumA Context
 4 export type TNumAContext = {
 5     sNumA: string,
 6     setNumA: React.Dispatch<string>
 7 }
 8
 9 // TODO: create context
10 export const NumAContext = React.createContext<TNumAContext>({
11     sNumA: "",
12     setNumA: () => {}
```

```
13  });
14  // TODO: Provider
15  export const NumAContextProvider = NumAContext.Provider;
16  // TODO: Consumer
17  export const NumAContextConsumer = NumAContext.Consumer;
```

上述代码说明如下。

在第 4~7 行代码中，通过 type 命令定义了一个自定义类型 TNumAContext，用于描述运算数 A。该类型包含两个参数，第 1 个是字符串类型的计算表达式参数 sNumA，第 2 个是 React.Dispatch 类型的回调方法参数 setNumA。

在第 10~13 行代码中，使用方法 createContext() 创建了一个全局 Context 对象，并返回了一个自定义类型（TNumAContext）的 Context 对象 NumAContext。

在第 15 行和第 17 行代码中，分别通过 Context 对象 NumAContext 导出了 Provider 对象 NumAContextProvider 和 Consumer 对象 NumAContextConsumer。

【例 9.6】Web 计算器应用运算数 Context（2）。

相关源代码如下。

```
-------- path : ch09/react-calculator-ts/context/SelNumBContext.tsx --------
1   import React from 'react';
2
3   // TODO: define type NumB Context
4   export type TNumBContext = {
5       sNumB: string,
6       setNumB: React.Dispatch<any>
7   }
8
9   // TODO: create context
10  export const NumBContext = React.createContext<TNumBContext>({
11      sNumB: "",
12      setNumB: () => {}
13  });
14  // TODO: Provider
15  export const NumBContextProvider = NumBContext.Provider;
16  // TODO: Consumer
17  export const NumBContextConsumer = NumBContext.Consumer;
```

上述代码说明如下。

在第 4~7 行代码中，通过 type 命令定义了一个自定义类型 TNumBContext，用于描述运算数 B。该类型包含两个参数，第 1 个是字符串类型的计算表达式参数 sNumB，第 2 个是 React.Dispatch 类型的回调方法参数 setNumB。

在第 10～13 行代码中，使用方法 createContext() 创建了一个全局 Context 对象，并返回了一个自定义类型（TNumBContext）的 Context 对象 NumBContext。

在第 15 行和第 17 行代码中，分别通过 Context 对象 NumBContext 导出了 Provider 对象 NumBContextProvider 和 Consumer 对象 NumBContextConsumer。

数据输入面板的操作效果如图 9.6 所示。

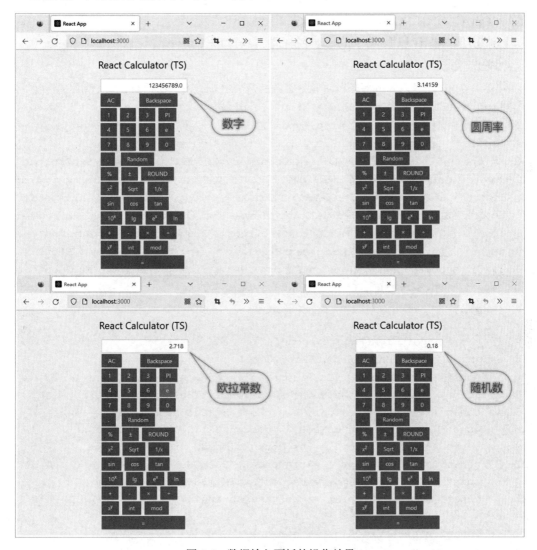

图 9.6　数据输入面板的操作效果

如图 9.6 所示，我们分别尝试了数字、圆周率、欧拉常数和随机数的输入，结果显示均是正常的。

9.6　一元运算符面板容器

　　为了便于 React 组件的设计，将一元运算符面板容器按照功能含义进行拆分，由 4 个子面板 OprA、OprB、OprC 和 OprD 组成，具体如下。

　　【例 9.7】Web 计算器应用一元运算符面板容器 OprA 组件。

　　相关源代码如下。

```
----------- path : ch09/react-calculator-ts/comp/OprAPanelComp.tsx ---------
 1  import React, { Component } from 'react';
 2  import PropTypes from 'prop-types';
 3  import { useContext, useEffect, useState } from "react";
 4  import { ExpContext, ExpContextConsumer } from "../context/ExpContext";
 5  import { SelNumAContext, SelNumAContextProvider } from "../context/SelNumAContext";
 6  import { SelOprContext, SelOprContextConsumer } from "../context/SelOprContext";
 7  import { SelNumBContext, SelNumBContextProvider } from "../context/SelNumBContext";
 8  import { NumAContext, NumAContextProvider } from "../context/NumAContext";
 9  import { OprEContext, OprEContextProvider } from "../context/OprEContext";
10  import { NumBContext, NumBContextProvider } from "../context/NumBContext";
11  import { OprAContext, OprAContextProvider } from "../context/OprAContext";
12  import { Button, Col, Row, Space } from "antd";
13
14  // TODO: export function component
15  export default function OprAPanelComp() {
16      const {sExpression, setExpression} = useContext(ExpContext);
17      const {selNumA, setSelNumA} = useContext(SelNumAContext);
18      const {selOpr, setSelOpr} = useContext(SelOprContext);
19      const {selNumB, setSelNumB} = useContext(SelNumBContext);
20      const {sNumA, setNumA} = useContext(NumAContext);
21      const {sOprE, setOprE} = useContext(OprEContext);
22      const {sNumB, setNumB} = useContext(NumBContext);
23      const [sOprA, setOprA] = useState<string>("");
24
25      function onBtnClick(oprA: string) {
26          if(oprA === "%") {
27              if(selNumA && !selOpr && !selNumB) {
28                  let sTempNumA = "";
29                  if(sNumA.indexOf('-') === -1) {
```

```
30                  setNumA((Number.parseFloat(sNumA)*0.01).toString());
31              } else {
32                  sTempNumA = sNumA.substring(1, sNumA.length-1);
33                      sTempNumA = (Number.parseFloat(sTempNumA)*0.01).
toString();
34                  sTempNumA = "(" + sTempNumA + ")";
35                  setNumA(sTempNumA);
36              }
37          } else if(!selNumA && !selOpr && selNumB) {
38              let sTempNumB = "";
39              if(sNumB.indexOf('-') === -1) {
40                  setNumB((Number.parseFloat(sNumB)*0.01).toString());
41              } else {
42                  sTempNumB = sNumB.substring(1, sNumB.length-1);
43                      sTempNumB = (Number.parseFloat(sTempNumB)*0.01).
toString();
44                  sTempNumB = "(" + sTempNumB + ")";
45                  setNumB(sTempNumB);
46              }
47          } else {}
48      } else if (oprA === "±") {
49          if(selNumA && !selOpr && !selNumB) {
50              if(sNumA.indexOf('-') === -1) {
51                  let sTempNumA = "";
52                  sTempNumA = "-" + sNumA;
53                  sTempNumA = "(" + sTempNumA + ")";
54                  setNumA(sTempNumA);
55              } else {
56                  setNumA(sNumA.substring(2, sNumA.length-1));
57              }
58          } else if(!selNumA && !selOpr && selNumB) {
59              if(sNumB.indexOf('-') === -1) {
60                  let sTempNumB = "";
61                  sTempNumB = "-" + sNumB;
62                  sTempNumB = "(" + sTempNumB + ")";
63                  setNumB(sTempNumB);
64              } else {
65                  setNumB(sNumB.substring(2, sNumB.length-1));
66              }
67          } else {}
```

```
68              } else if (oprA === "ROUND") {
69                  if(selNumA && !selOpr && !selNumB) {
70                      let sTempNumA = "";
71                      if(sNumA.indexOf('-') === -1) {
72                          sTempNumA = Math.round(Number.parseFloat(sNumA)).
toString();
73                          setNumA(sTempNumA);
74                      } else {
75                          sTempNumA = sNumA.substring(1, sNumA.length 1);
76                          sTempNumA = Math.round(Number.parseFloat(sTempNumA)).
toString();
77                          sTempNumA = "(" + sTempNumA + ")";
78                          setNumA(sTempNumA);
79                      }
80                  } else if(!selNumA && !selOpr && selNumB) {
81                      let sTempNumB = "";
82                      if(sNumB.indexOf('-') === -1) {
83                          sTempNumB = Math.round(Number.parseFloat(sNumB)).
toString();
84                          setNumA(sTempNumB);
85                      } else {
86                          sTempNumB = sNumB.substring(1, sNumB.length-1);
87                          sTempNumB = Math.round(Number.parseFloat(sTempNumB)).
toString();
88                          sTempNumB = "(" + sTempNumB + ")";
89                          setNumB(sTempNumB);
90                      }
91                  } else {}
92              } else {}
93          }
94
95      useEffect(() => {
96          console.log("OprA Panel Log: begins");
97          console.log("sNumA:" + sNumA);
98          setExpression(sNumA + sOprE + sNumB);
99          console.log("OprA Panel Log: ends");
100     }, [sNumA]);
101
102     useEffect(() => {
103         console.log("OprA Panel Log: begins");
```

```
104        console.log("sNumB:" + sNumB);
105        setExpression(sNumA + sOprE + sNumB);
106        console.log("OprA Panel Log: ends");
107    }, [sNumB]);
108
109    return (
110        <Row>
111            <Space>
112                <Col span={6}>
113                    <Button type="primary" onClick={()=>{onBtnClick("%")}}>%
</Button>
114                </Col>
115                <Col span={6}>
116                    <Button type="primary" onClick={()=>{onBtnClick("±")}}>
&plusmn;</Button>
117                </Col>
118                <Col span={6}>
119                <Button type="primary" onClick={()=>{onBtnClick("ROUND")}}>
ROUND</Button>
120                </Col>
121                <Col span={6}>
122                </Col>
123            </Space>
124        </Row>
125    )
126 }
127
128 // TODO: PropTypes
129 OprAPanelComp.propTypes = {
130    sOprA: PropTypes.string,
131    sExpression: PropTypes.string,
132 }
```

上述代码说明如下。

在第 3 行代码中，引入了 useContext、useEffect 和 useState 组件。

在第 4～11 行代码中，引入了一元运算符的 Context 组件（OprAContext 和 SelOprContext）及相关的 Context 组件（ExpContext、NumAContext、SelNumAContext、NumBContext、SelNumBContext 等）。

在第 12 行代码中，通过 antd 组件库引入了 Button（按钮）、Col（列）、Row（行）控件。

在第 16～22 行代码中，使用方法 useContext()调用计算表达式 Context 对象 ExpContext

获取了计算表达式参数 sExpression 和设置计算表达式方法 setExpression()；通过运算符状态 Context 对象 SelOprContext，获取了运算符状态参数 selOpr 和设置运算符状态方法 setSelOpr()；通过数据输入 Context 对象 NumAContext 和 NumBContext 获取了运算数参数 sNumA、sNumB 和设置运算数方法 setNumA()、setNumB()；通过对象 SelNumAContext 和 SelNumBContext 获取了用于标识运算数参数状态的布尔类型参数 selNumA、selNumB 和设置运算数参数状态方法 setSelNumA()、setSelNumB()。

在第 23 行代码中，通过方法 useState()创建了一元运算符状态参数 sOprA 和设置一元运算符状态方法 setOprA()。

在第 109～125 行代码中，通过 antd 组件库的<Row>、<Col>、<Button>构建了一元运算符面板 OprA 的布局，具体包括%运算符、±运算符和 ROUND 运算符，同时为每个运算符按钮绑定了单击事件处理方法 onBtnClick()。

在第 25～93 行代码中，具体实现了单击事件处理方法 onBtnClick()。这里先通过布尔类型参数 selOpr、selNumA、selNumB 判断需要操作的运算数是运算数 A 还是运算数 B，再通过判断一元运算符变量 oprA 的值来进行相应的一元运算。

在第 95～100 行和第 102～107 行代码中，通过方法 useEffect()将一元运算的结果实时更新到运算数 A（sNumA）或 B（sNumB）的状态值中。

Context 组件（OprAContext）的介绍如下。

【例 9.8】Web 计算器应用一元运算符面板容器 Context 组件（关于 OprAContext）。
相关源代码如下。

```
---------- path : ch09/react-calculator-ts/context/OprAContext.tsx ----------
1  import React from 'react';
2
3  // TODO: define type Opr Context
4  export type TOprAContext = {
5      sOprA: string,
6      setOprA: React.Dispatch<string>
7  }
8
9  // TODO: create context
10 export const OprAContext = React.createContext<TOprAContext>({
11     sOprA: "",
12     setOprA: () => {}
13 });
14 // TODO: Provider
15 export const OprAContextProvider = OprAContext.Provider;
16 // TODO: Consumer
17 export const OprAContextConsumer = OprAContext.Consumer;
```

上述代码说明如下。

在第 4～7 行代码中，通过 type 命令定义了一个自定义类型 TOprAContext，用于描述一元运算符（OprA）。该类型包含两个参数，第 1 个是字符串类型的计算表达式参数 sOprA，第 2 个是 React.Dispatch 类型的回调方法参数 setOprA。

在第 10～13 行代码中，使用方法 createContext()创建了一个全局 Context 对象，并返回了一个自定义类型（TOprAContext）的 Context 对象 OprAContext。

在第 15 行和第 17 行代码中，分别通过 Context 对象 OprAContext 导出了 Provider 对象 OprAContextProvider 和 Consumer 对象 OprAContextConsumer。

一元运算符面板 OprA 的操作效果如图 9.7、图 9.8 和图 9.9 所示。

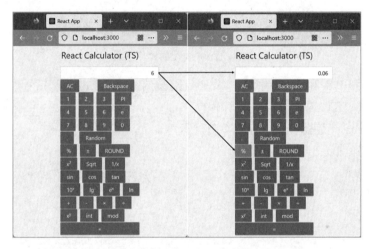

图 9.7　一元运算符面板 OprA 的操作效果（%）

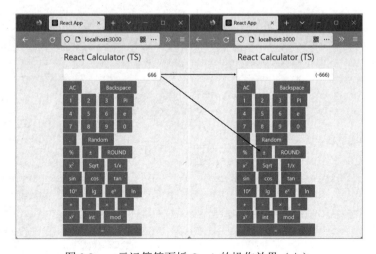

图 9.8　一元运算符面板 OprA 的操作效果（±）

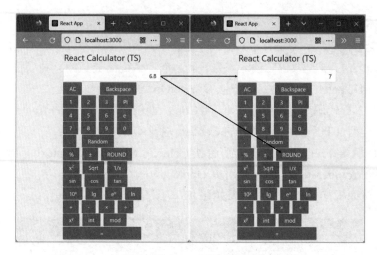

图 9.9　一元运算符面板 OprA 的操作效果（ROUND）

如图 9.7、图 9.8 和图 9.9 所示，我们分别尝试了%、±（以圆括号形式作为标识）、ROUND 的操作，运算结果显示均是正确的。

【例 9.9】Web 计算器应用一元运算符面板容器 OprB 组件。

相关源代码如下。

```
----------- path : ch09/react-calculator-ts/comp/OprBPanelComp.tsx ---------
1  import React, { Component } from 'react';
2  import PropTypes from 'prop-types';
3  import { useContext, useEffect, useState } from "react";
4  import { ExpContext, ExpContextConsumer } from "../context/ExpContext";
5  import { SelNumAContext, SelNumAContextConsumer } from "../context/SelNumAContext";
6  import { SelOprContext, SelOprContextConsumer } from "../context/SelOprContext";
7  import { SelNumBContext, SelNumBContextConsumer } from "../context/SelNumBContext";
8  import { NumAContext, NumAContextProvider } from "../context/NumAContext";
9  import { OprEContext, OprEContextProvider } from "../context/OprEContext";
10 import { NumBContext, NumBContextProvider } from "../context/NumBContext";
11 import { OprBContext, OprBContextProvider } from "../context/OprBContext";
12 import { Button, Col, Row, Space } from "antd";
13
14 // TODO: export function component
15 export default function OprBPanelComp() {
16     const {sExpression, setExpression} = useContext(ExpContext);
17     const {selNumA, setSelNumA} = useContext(SelNumAContext);
18     const {selOpr, setSelOpr} = useContext(SelOprContext);
19     const {selNumB, setSelNumB} = useContext(SelNumBContext);
20     const {sNumA, setNumA} = useContext(NumAContext);
21     const {sOprE, setOprE} = useContext(OprEContext);
```

```
22        const {sNumB, setNumB} = useContext(NumBContext);
23        const [sOprB, setOprB] = useState<string>("");
24
25        function onBtnClick(oprB: string) {
26            if(oprB === "SQR") {
27                if(selNumA && !selOpr && !selNumB) {
28                    let sTempNumA = "";
29                    if(sNumA.indexOf('-') === -1) {
30        setNumA((Number.parseFloat(sNumA)*Number.parseFloat(sNumA)).
toString());
31                    } else {
32                        sTempNumA = sNumA.substring(1, sNumA.length-1);
33        sTempNumA=(Number.parseFloat(sTempNumA)*Number.parseFloat(sTempNumA));
34                        setNumA(sTempNumA);
35                    }
36                } else if(!selNumA && !selOpr && selNumB) {
37                    let sTempNumB = "";
38                    if(sNumB.indexOf('-') === -1) {
39        setNumB((Number.parseFloat(sNumB)*Number.parseFloat(sNumB)).
toString());
40                    } else {
41                        sTempNumB = sNumB.substring(1, sNumB.length-1);
42        sTempNumB=(Number.parseFloat(sTempNumB)*Number.parseFloat(sNumB));
43                        sTempNumB = "(" + sTempNumB + ")";
44                        setNumB(sTempNumB);
45                    }
46                } else {}
47            } else if (oprB === "SQRT") {
48                if(selNumA && !selOpr && !selNumB) {
49                    if(sNumA.indexOf('-') === -1) {
50                        setNumA(Math.sqrt((Number.parseFloat(sNumA))).toFixed(3));
51                    } else {
52                        console.log("SQRT: Can not operates negative number.");
53                    }
54                } else if(!selNumA && !selOpr && selNumB) {
55                    if(sNumB.indexOf('-') === -1) {
56                        setNumB(Math.sqrt((Number.parseFloat(sNumB))).toFixed(3));
57                    } else {
58                        console.log("SQRT: Can not operates negative number.");
59                    }
60                } else {}
61            } else if (oprB === "Reciprocal") {
62                if(selNumA && !selOpr && !selNumB) {
```

```
63                let sTempNumA = "";
64                if(sNumA.indexOf('-') === -1) {
65                    setNumA((1. /Number.parseFloat(sNumA)).toFixed(3));
66                } else {
67                    sTempNumA = sNumA.substring(1, sNumA.length-1);
68                    sTempNumA = (1. /Number.parseFloat(sTempNumA)).toFixed(3);
69                    sTempNumA = "(" + sTempNumA + ")";
70                    setNumA(sTempNumA);
71                }
72            } else if(!selNumA && !selOpr && selNumB) {
73                let sTempNumB = "";
74                if(sNumB.indexOf('-') === -1) {
75                    setNumB((1.0/Number.parseFloat(sNumB)).toFixed(3));
76                } else {
77                    sTempNumB = sNumB.substring(1, sNumB.length-1);
78                    sTempNumB = (1.0/Number.parseFloat(sTempNumB)).toFixed(3);
79                    sTempNumB = "(" + sTempNumB + ")";
80                    setNumB(sTempNumB);
81                }
82            }
83        } else {}
84    }
85
86    useEffect(() => {
87        console.log("OprB Panel Log: begins");
88        console.log("sNumA:" + sNumA);
89        setExpression(sNumA + sOprE + sNumB);
90        console.log("OprB Panel Log: ends");
91    }, [sNumA]);
92
93    useEffect(() => {
94        console.log("OprB Panel Log: begins");
95        console.log("sNumB:" + sNumB);
96        setExpression(sNumA + sOprE + sNumB);
97        console.log("OprB Panel Log: ends");
98    }, [sNumB]);
99
100    return (
101        <Row>
102            <Space>
103                <Col span={6}>
104    <Button type="primary" onClick={()=>{onBtnClick("SQR")}}>x<sup>2</sup>
</Button>
```

```
105              </Col>
106              <Col span={6}>
107   <Button type="primary" onClick={()=>{onBtnClick("SQRT")}}>Sqrt</Button>
108              </Col>
109              <Col span={6}>
110    <Button type="primary" onClick={()=>{onBtnClick("Reciprocal")}}>1/x
</Button>
111              </Col>
112              <Col span={6}>
113              </Col>
114          </Space>
115       </Row>
116    )
117  }
118
119  // TODO: PropTypes
120  OprBPanelComp.propTypes = {
121      sOprB: PropTypes.string,
122      sExpression: PropTypes.string,
123  }
```

上述代码说明如下。

在第 1～11 行代码中，引入了一元运算符的 Context 组件（OprBContext）及相关的 Context 组件（ExpContext、NumAContext、SelNumAContext、NumBContext、SelNumBContext、SelOprContext 等）。

在第 23 行代码中，通过方法 useState()创建了一元运算符状态参数 sOprB 和设置一元运算符状态方法 setOprB()。

在第 100～116 行代码中，通过 antd 组件库的<Row>、<Col>、<Button>构建了一元运算符面板 OprB 的布局，具体包括 x^2 运算符、Sqrt 运算符和 1/x 运算符，同时为每个运算符按钮绑定了单击事件（onClick）处理方法 onBtnClick()。

在第 25～84 行代码中，具体实现了单击事件处理方法 onBtnClick()。这里先通过布尔类型参数 selOpr、selNumA、selNumB 判断需要操作的运算数是运算数 A 还是运算数 B，再通过判断一元运算符变量 oprB 的值来进行相应的一元运算。

在第 86～91 行和第 93～98 行代码中，通过方法 useEffect()将一元运算的结果实时更新到运算数 A（sNumA）或 B（sNumB）的状态值中。

Context 组件（OprBContext）的介绍如下。

【例 9.10】Web 计算器应用一元运算符面板容器 Context 组件（关于 OprBContext）。

相关源代码如下。

```
---------- path : ch09/react-calculator-ts/context/OprBContext.tsx ---------
 1  import React from 'react';
```

```
 2
 3  // TODO: define type ContextCount
 4  export type TOprBContext = {
 5      sOprB: string,
 6      setOprB: React.Dispatch<string>
 7  }
 8
 9  // TODO: create context
10  export const OprBContext = React.createContext<TOprBContext>({
11      sOprB: "",
12      setOprB: () => {}
13  });
14  // TODO: Provider
15  export const OprBContextProvider = OprBContext.Provider;
16  // TODO: Consumer
17  export const OprBContextConsumer = OprBContext.Consumer;
```

上述代码说明如下。

在第4～7行代码中，通过 type 命令定义了一个自定义类型 TOprBContext，用于描述一元运算符（OprB）。该类型包含两个参数，第 1 个是字符串类型的计算表达式参数 sOprB，第 2 个是 React.Dispatch 类型的回调方法参数 setOprB。

在第10～13行代码中，使用方法 createContext()创建了一个全局 Context 对象，并返回了一个自定义类型（TOprBContext）的 Context 对象 OprBContext。

在第15行和第17行代码中，分别通过 Context 对象 OprBContext 导出了 Provider 对象 OprBContextProvider 和 Consumer 对象 OprBContextConsumer。

一元运算符面板 OprB 的操作效果如图 9.10、图 9.11 和图 9.12 所示。

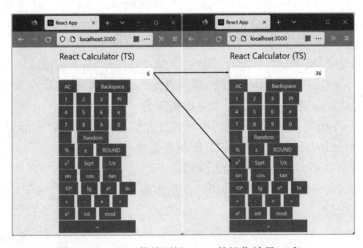

图 9.10 一元运算符面板 OprB 的操作效果（x^2）

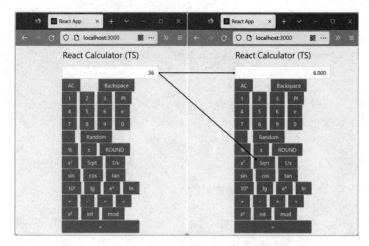

图 9.11　一元运算符面板 OprB 的操作效果（Sqrt）

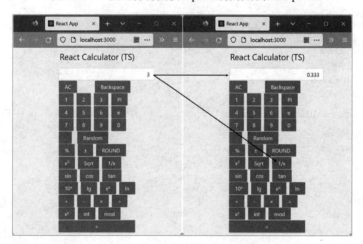

图 9.12　一元运算符面板 OprB 的操作效果（1/x）

如图 9.10、图 9.11 和图 9.12 所示，我们分别尝试了 x^2（算术平方）、Sqrt（算术开方）和 1/x（倒数）的操作，运算结果显示均是正确的。

【例 9.11】Web 计算器应用一元运算符面板容器 OprC 组件。

相关源代码如下。

```
---------- path : ch09/react-calculator-ts/comp/OprCPanelComp.tsx ----------
1  import React, { Component } from 'react';
2  import PropTypes from 'prop-types';
3  import { useContext, useEffect, useState } from "react";
4  import { ExpContext, ExpContextConsumer } from "../context/ExpContext";
5  import { SelNumAContext, SelNumAContextConsumer } from "../context/
SelNumAContext";
```

```
 6  import { SelOprContext, SelOprContextConsumer } from "../context/
SelOprContext";
 7  import { SelNumBContext, SelNumBContextConsumer } from "../context/
SelNumBContext";
 8  import { NumAContext, NumAContextProvider } from "../context/NumAContext";
 9  import { NumBContext, NumBContextProvider } from "../context/NumBContext";
10  import { OprCContext, OprCContextProvider } from "../context/OprCContext";
11  import { OprEContext, OprEContextProvider } from "../context/OprEContext";
12  import { Button, Col, Row, Space } from "antd";
13
14  // TODO: export function component
15  export default function OprCPanelComp() {
16      const {sExpression, setExpression} = useContext(ExpContext);
17      const {selNumA, setSelNumA} = useContext(SelNumAContext);
18      const {selOpr, setSelOpr} = useContext(SelOprContext);
19      const {selNumB, setSelNumB} = useContext(SelNumBContext);
20      const {sNumA, setNumA} = useContext(NumAContext);
21      const {sOprE, setOprE} = useContext(OprEContext);
22      const {sNumB, setNumB} = useContext(NumBContext);
23      const [sOprC, setOprC] = useState<string>("");
24
25      function onBtnClick(oprC: string) {
26        if(oprC === "SIN") {
27          if(selNumA && !selOpr && !selNumB) {
28              let sTempNumA = "";
29              if(sNumA.indexOf('-') === -1) {
30
setNumA((Math.sin(Number.parseFloat(sNumA)/180.0*Math.PI)).toFixed(3));
31              } else {
32                  sTempNumA = sNumA.substring(1, sNumA.length-1);
33      sTempNumA=(Math.sin(Number.parseFloat(sTempNumA)/180.0*Math.PI)).
toFixed(3);
34                  sTempNumA = "(" + sTempNumA + ")";
35                  setNumA(sTempNumA);
36              }
37          } else if(!selNumA && !selOpr && selNumB) {
38              let sTempNumB = "";
39              if(sNumB.indexOf('-') === -1) {
40          setNumB((Math.sin(Number.parseFloat(sNumB)/180.0*Math.PI)).
toFixed(3));
41              } else {
42                  sTempNumB = sNumB.substring(1, sNumB.length-1);
43      sTempNumB=(Math.sin(Number.parseFloat(sTempNumB)/180.0*Math.PI)).
toFixed(3);
```

```
44                sTempNumB = "(" + sTempNumB + ")";
45                setNumB(sTempNumB);
46            }
47         } else {}
48     } else if (oprC === "COS") {
49         if(selNumA && !selOpr && !selNumB) {
50            let sTempNumA = "";
51            if(sNumA.indexOf('-') === -1) {
52         setNumA((Math.cos(Number.parseFloat(sNumA)/180.0*Math.PI)).
toFixed(3));
53            } else {
54                sTempNumA = sNumA.substring(1, sNumA.length-1);
55      sTempNumA=(Math.cos(Number.parseFloat(sTempNumA)/180.0*Math.PI)).
toFixed(3);
56                sTempNumA = "(" + sTempNumA + ")";
57                setNumA(sTempNumA);
58            }
59         } else if(!selNumA && !selOpr && selNumB) {
60            let sTempNumB = "";
61            if(sNumB.indexOf('-') === -1) {
62         setNumB((Math.cos(Number.parseFloat(sNumB)/180.0*Math.PI)).
toFixed(3));
63            } else {
64                sTempNumB = sNumB.substring(1, sNumB.length-1);
65      sTempNumB=(Math.cos(Number.parseFloat(sTempNumB)/180.0*Math.PI)).
toFixed(3);
66                sTempNumB = "(" + sTempNumB + ")";
67                setNumB(sTempNumB);
68            }
69         } else {}
70     } else if (oprC === "TAN") {
71         if(selNumA && !selOpr && !selNumB) {
72            let sTempNumA = "";
73            if(sNumA.indexOf('-') === -1) {
74         setNumA((Math.tan(Number.parseFloat(sNumA)/180.0*Math.PI)).
toFixed(3));
75            } else {
76                sTempNumA = sNumA.substring(1, sNumA.length-1);
77       sTempNumA=(Math.tan(Number.parseFloat(sNumA)/180.0*Math.PI)).
toFixed(3);
78                sTempNumA = "(" + sTempNumA + ")";
79                setNumA(sTempNumA);
80            }
```

```
81              } else if(!selNumA && !selOpr && selNumB) {
82                  let sTempNumB = "";
83                  if(sNumB.indexOf('-') === -1) {
84                  setNumB((Math.tan(Number.parseFloat(sNumB)/180.0*Math.PI)).
toFixed(3));
85                  } else {
86                      sTempNumB = sNumB.substring(1, sNumB.length-1);
87              sTempNumB = (Math.tan(Number.parseFloat(sNumB)/180.0*Math.PI)).
toFixed(3);
88                      sTempNumB = "(" + sTempNumB + ")";
89                      setNumB(sTempNumB);
90                  }
91              }
92          } else {}
93      }
94
95      useEffect(() => {
96          console.log("OprB Panel Log: begins");
97          console.log("sNumA:" + sNumA);
98          setExpression(sNumA + sOprE + sNumB);
99          console.log("OprB Panel Log: ends");
100     }, [sNumA]);
101
102     useEffect(() => {
103         console.log("OprB Panel Log: begins");
104         console.log("sNumB:" + sNumB);
105         setExpression(sNumA + sOprE + sNumB);
106         console.log("OprB Panel Log: ends");
107     }, [sNumB]);
108
109     return (
110         <Row>
111             <Space>
112                 <Col span={6}>
113                 <Button type="primary" onClick={()=>{onBtnClick("SIN")}}>sin
</Button>
114                 </Col>
115                 <Col span={6}>
116                 <Button type="primary" onClick={()=>{onBtnClick("COS")}}>cos
</Button>
117                 </Col>
118                 <Col span={6}>
```

```
119              <Button type="primary" onClick={()=>{onBtnClick("TAN")}}>tan
</Button>
120              </Col>
121              <Col span={6}>
122              </Col>
123          </Space>
124       </Row>
125    )
126 }
127
128 // TODO: PropTypes
129 OprCPanelComp.propTypes = {
130    sOprC: PropTypes.string,
131    sExpression: PropTypes.string,
132 }
```

上述代码说明如下。

在第 1～11 行代码中，引入了一元运算符的 Context 组件（OprCContext）及相关的 Context 组件（ExpContext、NumAContext、SelNumAContext、NumBContext、SelNumBContext、SelOprContext 等）。

在第 23 行代码中，通过方法 useState()创建了一元运算符状态参数 sOprC 和设置一元运算符状态方法 setOprC()。

在第 109～125 行代码中，通过 antd 组件库的<Row>、<Col>、<Button>构建了一元运算符面板 OprC 的布局，具体包括 sin 运算符、cos 运算符和 tan 运算符，同时为每个运算符按钮绑定了单击事件处理方法 onBtnClick()。

在第 25～93 行代码中，具体实现了单击事件处理方法 onBtnClick()。这里先通过布尔类型参数 selOpr、selNumA、selNumB 判断需要操作的运算数是运算数 A 还是运算数 B，再通过判断一元运算符变量 oprC 的值来进行相应的一元运算。

在第 95～100 行和第 102～107 行代码中，通过方法 useEffect()将一元运算的结果实时更新到运算数 A（sNumA）或 B（sNumB）的状态值中。

Context 组件（OprCContext）的介绍如下。

【例 9.12】Web 计算器应用一元运算符面板容器 Context 组件（关于 OprCContext）。
相关源代码如下。

```
---------- path : ch09/react-calculator-ts/context/OprCContext.tsx ---------
1 import React from 'react';
2
3 // TODO: define type ContextCount
4 export type TOprCContext = {
```

```
 5     sOprC: string,
 6     setOprC: React.Dispatch<string>
 7 }
 8
 9 // TODO: create context
10 export const OprCContext = React.createContext<TOprCContext>({
11     sOprC: "",
12     setOprC: () => {}
13 });
14 // TODO: Provider
15 export const OprCContextProvider = OprCContext.Provider;
16 // TODO: Consumer
17 export const OprCContextConsumer = OprCContext.Consumer;
```

上述代码说明如下。

在第 4~7 行代码中，通过 type 命令定义了一个自定义类型 TOprCContext，用于描述一元运算符（OprC）。该类型包含两个参数，第 1 个是字符串类型的计算表达式参数 sOprC，第 2 个是 React.Dispatch 类型的回调方法参数 setOprC。

在第 10~13 行代码中，使用方法 createContext()创建了一个全局 Context 对象，并返回了一个自定义类型（TOprCContext）的 Context 对象 OprCContext。

在第 15 行和第 17 行代码中，分别通过 Context 对象 OprCContext 导出了 Provider 对象 OprCContextProvider 和 Consumer 对象 OprCContextConsumer。

一元运算符面板 OprC 的操作效果如图 9.13、图 9.14 和图 9.15 所示。

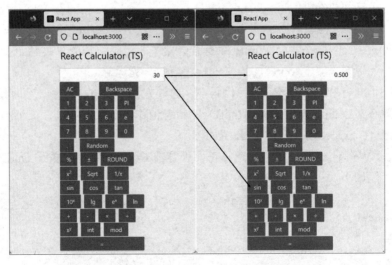

图 9.13　一元运算符面板 OprC 的操作效果（sin）

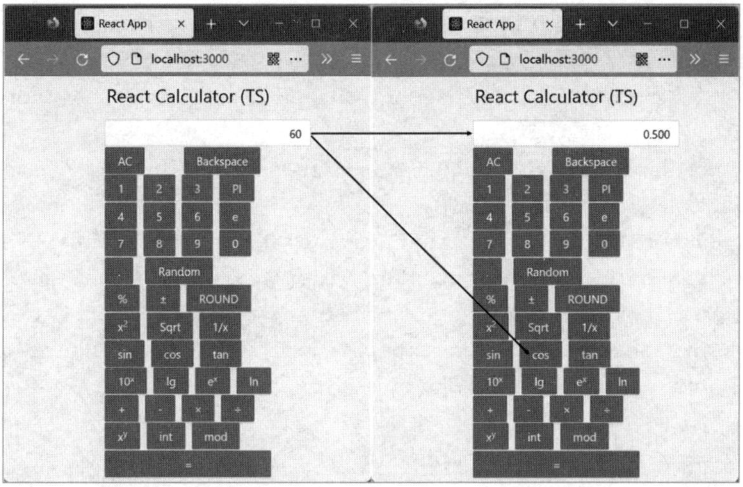

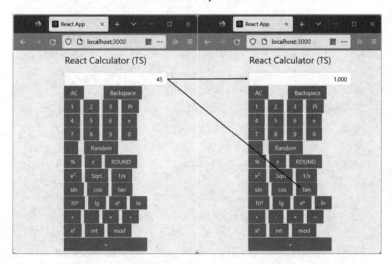

图 9.14　一元运算符面板 OprC 的操作效果（cos）

图 9.15　一元运算符面板 OprC 的操作效果（tan）

如图 9.13、图 9.14 和图 9.15 所示，我们分别输入了不同的角度值，尝试了 sin（正弦）、cos（余弦）和 tan（正切）的操作，运算结果显示均是正确的。

【例 9.13】Web 计算器应用一元运算符面板容器 OprD 组件。

相关源代码如下。

```
----------- path : ch09/react-calculator-ts/comp/OprDPanelComp.tsx ---------
1  import React, { Component } from 'react';
2  import PropTypes from 'prop-types';
3  import { useContext, useEffect, useState } from "react";
4  import { ExpContext, ExpContextConsumer } from "../context/ExpContext";
```

```
 5  import { SelNumAContext, SelNumAContextConsumer } from "../context/
SelNumAContext";
 6  import { SelOprContext, SelOprContextConsumer } from "../context/
SelOprContext";
 7  import { SelNumBContext, SelNumBContextConsumer } from "../context/
SelNumBContext";
 8  import { NumAContext, NumAContextProvider } from "../context/NumAContext";
 9  import { OprEContext, OprEContextProvider } from "../context/OprEContext";
10  import { NumBContext, NumBContextProvider } from "../context/NumBContext";
11  import { OprDContext, OprDContextProvider } from "../context/OprDContext";
12  import { Button, Col, Row, Space } from "antd";
13
14  // TODO: export function component
15  export default function OprCPanelComp() {
16      const {sExpression, setExpression} = useContext(ExpContext);
17      const {selNumA, setSelNumA} = useContext(SelNumAContext);
18      const {selOpr, setSelOpr} = useContext(SelOprContext);
19      const {selNumB, setSelNumB} = useContext(SelNumBContext);
20      const {sNumA, setNumA} = useContext(NumAContext);
21      const {sOprE, setOprE} = useContext(OprEContext);
22      const {sNumB, setNumB} = useContext(NumBContext);
23      const [sOprD, setOprD] = useState<string>("");
24
25      function onBtnClick(oprD: string) {
26          if(oprD === "ten") {
27              if(selNumA && !selOpr && !selNumB) {
28                  let sTempNumA = "";
29                  if(sNumA.indexOf('-') === -1) {
30                      setNumA((Math.pow(10.0, Number.parseFloat(sNumA))).
toFixed(3));
31                  } else {
32                      sTempNumA = sNumA.substring(1, sNumA.length-1);
33                  sTempNumA=(Math.pow(10.0, Number.parseFloat(sNumA))).
toFixed(3);
34                      sTempNumA = "(" + sTempNumA + ")";
35                      setNumA(sTempNumA);
36                  }
37              } else if(!selNumA && !selOpr && selNumB) {
38                  let sTempNumB = "";
39                  if(sNumB.indexOf('-') === -1) {
```

```
40                  setNumB((Math.pow(10.0, Number.parseFloat(sNumB))).
toFixed(3));
41              } else {
42                  sTempNumB = sNumB.substring(1, sNumB.length-1);
43                  sTempNumB=(Math.pow(10.0, Number.parseFloat(sNumB))).
toFixed(3);
44                  sTempNumB = "(" + sTempNumB + ")";
45                  setNumB(sTempNumB);
46              }
47          } else {}
48      } else if (oprD === "lg") {
49          if(selNumA && !selOpr && !selNumB) {
50              let sTempNumA = "";
51              if(sNumA.indexOf('-') === -1) {
52                  setNumA((Math.log10(Number.parseFloat(sNumA))). toFixed(3));
53              } else {
54                  sTempNumA = sNumA.substring(1, sNumA.length-1);
55                  sTempNumA = (Math.log10(Number.parseFloat(sNumA))).
toFixed(3);
56                  sTempNumA = "(" + sTempNumA + ")";
57                  setNumA(sTempNumA);
58              }
59          } else if(!selNumA && !selOpr && selNumB) {
60              let sTempNumB = "";
61              if(sNumB.indexOf('-') === -1) {
62                  setNumB((Math.log10(Number.parseFloat(sNumB))).
toFixed(3));
63              } else {
64                  sTempNumB = sNumB.substring(1, sNumB.length-1);
65                  sTempNumB = (Math.log10(Number.parseFloat(sNumA))).
toFixed(3);
66                  sTempNumB = "(" + sTempNumB + ")";
67                  setNumB(sTempNumB);
68              }
69          } else {}
70      } else if (oprD === "exp") {
71          if(selNumA && !selOpr && !selNumB) {
72              let sTempNumA = "";
73              if(sNumA.indexOf('-') === -1) {
74                  setNumA((Math.exp(Number.parseFloat(sNumA))).
toFixed(3));
```

```
 75                  } else {
 76                      sTempNumA = sNumA.substring(1, sNumA.length-1);
 77                      sTempNumA = (Math.exp(Number.parseFloat(sNumA))).
toFixed(3);
 78                      sTempNumA = "(" + sTempNumA + ")";
 79                      setNumA(sTempNumA);
 80                  }
 81              } else if(!selNumA && !selOpr && selNumB) {
 82                  let sTempNumB = "";
 83                  if(sNumB.indexOf('-') === -1) {
 84                      setNumB((Math.exp(Number.parseFloat(sNumB))).toFixed(3));
 85                  } else {
 86                      sTempNumB = sNumB.substring(1, sNumB.length-1);
 87                      sTempNumB = (Math.exp(Number.parseFloat(sNumB))).
toFixed(3);
 88                      sTempNumB = "(" + sTempNumB + ")";
 89                      setNumB(sTempNumB);
 90                  }
 91              } else {}
 92          } else if(oprD === "ln") {
 93              if(selNumA && !selOpr && !selNumB) {
 94                  let sTempNumA = "";
 95                  if(sNumA.indexOf('-') === -1) {
 96                      setNumA((Math.log(Number.parseFloat(sNumA))).toFixed(3));
 97                  } else {
 98                      sTempNumA = sNumA.substring(1, sNumA.length-1);
 99                      sTempNumA = (Math.log(Number.parseFloat(sNumA))).
toFixed(3);
100                      sTempNumA = "(" + sTempNumA + ")";
101                      setNumA(sTempNumA);
102                  }
103              } else if(!selNumA && !selOpr && selNumB) {
104                  let sTempNumB = "";
105                  if(sNumB.indexOf('-') === -1) {
106                      setNumB((Math.log(Number.parseFloat(sNumB))).toFixed(3));
107                  } else {
108                      sTempNumB = sNumB.substring(1, sNumB.length-1);
109                      sTempNumB = (Math.log(Number.parseFloat(sNumA))).
toFixed(3);
110                      sTempNumB = "(" + sTempNumB + ")";
```

```
111              setNumB(sTempNumB);
112             }
113         } else {}
114     } else {}
115   }
116
117   useEffect(() => {
118       console.log("OprB Panel Log: begins");
119       console.log("sNumA:" + sNumA);
120       setExpression(sNumA + sOprE + sNumB);
121       console.log("OprB Panel Log: ends");
122   }, [sNumA]);
123
124   useEffect(() => {
125       console.log("OprB Panel Log: begins");
126       console.log("sNumB:" + sNumB);
127       setExpression(sNumA + sOprE + sNumB);
128       console.log("OprB Panel Log: ends");
129   }, [sNumB]);
130
131   return (
132       <Row>
133           <Space>
134               <Col span={6}>
135   <Button type="primary" onClick={()=>{onBtnClick("ten")}}>10<sup>x</sup></Button>
136               </Col>
137               <Col span={6}>
138   <Button type="primary" onClick={()=>{onBtnClick("lg")}}>lg</Button>
139               </Col>
140               <Col span={6}>
141   <Button type="primary" onClick={()=>{onBtnClick("exp")}}>e<sup>x</sup></Button>
142               </Col>
143               <Col span={6}>
144   <Button type="primary" onClick={()=>{onBtnClick("ln")}}>ln</Button>
145               </Col>
146           </Space>
147       </Row>
```

```
148        )
149  }
150
151  // TODO: PropTypes
152  OprCPanelComp.propTypes = {
153      sOprC: PropTypes.string,
154      sExpression: PropTypes.string,
155  }
```

上述代码说明如下。

在第 1~11 行代码中，引入了一元运算符的 Context 组件（OprDContext）及相关的 Context 组件（ExpContext、NumAContext、SelNumAContext、NumBContext、SelNumBContext、SelOprContext 等）。

在第 23 行代码中，通过方法 useState() 创建了一元运算符状态参数 sOprD 和设置一元运算符状态方法 setOprD()。

在第 131~148 行代码中，通过 antd 组件库的 <Row>、<Col>、<Button> 构建了一元运算符面板 OprD 的布局，具体包括 10^x 运算符、lg 运算符、e^x 运算符和 ln 运算符，同时为每个运算符按钮绑定了单击事件处理方法 onBtnClick()。

在第 25~115 行代码中，具体实现了单击事件处理方法 onBtnClick()。这里先通过布尔类型参数 selOpr、selNumA、selNumB 判断需要操作的运算数是运算数 A 还是运算数 B，再通过判断一元运算符变量 oprD 的值来进行相应的一元运算。

在第 117~122 行和第 124~129 行代码中，通过方法 useEffect() 将一元运算的结果实时更新到运算数 A（sNumA）或 B（sNumB）的状态值中。

Context 组件（OprDContext）的介绍如下。

【例 9.14】Web 计算器应用一元运算符面板容器 Context 组件（关于 OprDContext）。

相关源代码如下。

```
---------- path : ch09/react-calculator-ts/context/OprDContext.tsx ----------
1  import React from 'react';
2
3  // TODO: define type ContextCount
4  export type TOprDContext = {
5      sOprD: string,
6      setOprD: React.Dispatch<string>
7  }
8
9  // TODO: create context
10 export const OprDContext = React.createContext<TOprDContext>({
```

```
11       sOprD: "",
12       setOprD: () => {}
13  });
14  // TODO: Provider
15  export const OprDContextProvider = OprDContext.Provider;
16  // TODO: Consumer
17  export const OprDContextConsumer = OprDContext.Consumer;
```

上述代码说明如下。

在第 4～7 行代码中，通过 type 命令定义了一个自定义类型 TOprDContext，用于描述一元运算符（OprD）。该类型包含两个参数，第 1 个是字符串类型的计算表达式参数 sOprD，第 2 个是 React.Dispatch 类型的回调方法参数 setOprD。

在第 10～13 行代码中，使用方法 createContext()创建了一个全局 Context 对象，并返回了一个自定义类型（TOprDContext）的 Context 对象 OprDContext。

在第 15 行和第 17 行代码中，分别通过 Context 对象 OprDContext 导出了 Provider 对象 OprDContextProvider 和 Consumer 对象 OprDContextConsumer。

一元运算符面板 OprD 的操作效果如图 9.16 和图 9.17 所示。

如图 9.16 和图 9.17 所示，我们分别尝试了第 1 组互为逆运算的 10^x（10 的幂）和 lg（对数），以及第 2 组互为逆运算的 e^x（e 的幂）和自然对数 ln 的操作，运算结果显示均是正确的。

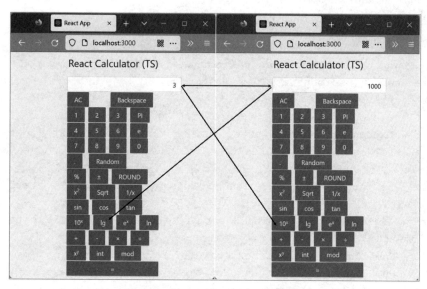

图 9.16　一元运算符面板 OprD 的操作效果（10^x 与 lg）

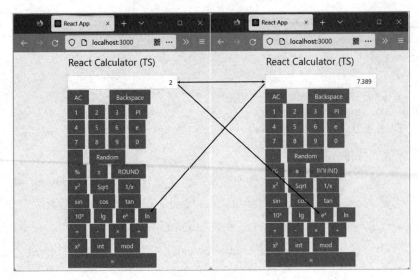

图 9.17　一元运算符面板 OprD 的操作效果（e^x 与 $\ln$）

9.7　二元运算符面板容器

为了便于 React 组件的设计，我们将二元运算符面板按照功能含义进行了拆分，由两个子面板 OprE 和 OprE2 组成，具体如下。

【例 9.15】Web 计算器应用二元运算符面板容器 OprE 组件。

相关源代码如下。

```
----------- path : ch09/react-calculator-ts/comp/OprEPanelComp.tsx ---------
1  import React, { Component } from 'react';
2  import PropTypes from 'prop-types';
3  import { useContext, useEffect, useState } from "react";
4  import { ExpContext, ExpContextConsumer } from "../context/ExpContext";
5  import { SelNumAContext, SelNumAContextConsumer } from "../context/
SelNumAContext";
6  import { SelOprContext, SelOprContextConsumer } from "../context/
SelOprContext";
7  import { SelNumBContext, SelNumBContextConsumer } from "../context/
SelNumBContext";
8  import { NumAContext, NumAContextConsumer } from "../context/NumAContext";
9  import { NumBContext, NumBContextConsumer } from "../context/NumBContext";
10 import { OprEContext, OprEContextConsumer } from "../context/OprEContext";
11 import { Button, Col, Row, Space } from "antd";
```

```
12
13   // TODO: export function component
14   export default function OprEPanelComp() {
15       const {sExpression, setExpression} = useContext(ExpContext);
16       const {selNumA, setSelNumA} = useContext(SelNumAContext);
17       const {selOpr, setSelOpr} = useContext(SelOprContext);
18       const {selNumB, setSelNumB} = useContext(SelNumBContext);
19       const {sNumA, setNumA} = useContext(NumAContext);
20       const {sNumB, setNumB} = useContext(NumBContext);
21       const {sOprE, setOprE} = useContext(OprEContext);
22
23       function onBtnClick(oprE: string) {
24           if(selNumA && !selOpr && !selNumB) {
25               setSelNumA(false);
26               setSelOpr(true);
27               setSelNumB(false);
28               if(oprE === '+') {
29                   setOprE('+');
30               } else if(oprE === '-') {
31                   setOprE('-');
32               } else if(oprE === '×') {
33                   setOprE('×');
34               } else if(oprE === '÷') {
35                   setOprE('÷');
36               } else {
37                   console.log("Log: This version supports one opr only.");
38               }
39           } else if(!selNumA && selOpr && !selNumB) {
40               if(oprE === '+') {
41                   setOprE('+');
42               } else if(oprE === '-') {
43                   setOprE('-');
44               } else if(oprE === '×') {
45                   setOprE('×');
46               } else if(oprE === '÷') {
47                   setOprE('÷');
48               } else {
49                   console.log("Log: This version supports one opr only.");
50               }
51           } else if(!selNumA && !selOpr && selNumB) {} else {}
```

```
52        }
53
54    useEffect(() => {
55        console.log("OprE Panel Log: begins");
56        console.log("sOprE: " + sOprE);
57        setExpression(sNumA + sOprE);
58        console.log("OprE Panel Log: ends");
59    }, [sOprE]);
60
61    return (
62        <Row>
63            <Space>
64                <Col span={6}>
65                <Button type="primary" onClick={()=>{onBtnClick('+')}}>+
</Button>
66                </Col>
67                <Col span={6}>
68                <Button type="primary" onClick={()=>{onBtnClick('-')}}>-
</Button>
69                </Col>
70                <Col span={6}>
71                <Button type="primary" onClick={()=>{onBtnClick('×')}}>&times;
</Button>
72                </Col>
73                <Col span={6}>
74                <Button type="primary" onClick={()=>{onBtnClick('÷')}}>&divide;
</Button>
75                </Col>
76            </Space>
77        </Row>
78    )
79 }
80
81 // TODO: PropTypes
82 OprEPanelComp.propTypes = {
83    sOprE: PropTypes.string,
84    sExpression: PropTypes.string,
85 }
```

上述代码说明如下。

在第 3 行代码中，引入了 useContext、useEffect 和 useState 组件。

　　在第 10 行代码中，引入了二元运算符的 Context 组件（OprEContext）。

　　在第 4～9 行代码中引入了相关的 Context 组件（ExpContext、NumAContext、SelNumAContext、NumBContext、SelNumBContext、SelOprContext 等）。

　　在第 15～21 行代码中，使用方法 useContext()调用计算表达式 Context 对象 ExpContext 获取了计算表达式参数 sExpression 和设置计算表达式方法 setExpression()；通过运算符状态 Context 对象 SelOprContext 获取了运算符状态参数 selOpr 和设置运算符状态方法 setSelOpr()；通过数据输入 Context 对象 NumAContext、NumBContext 获取了运算数参数 sNumA、sNumB 和设置运算数方法 setNumA()、setNumB()；通过对象 SelNumAContext 和 SelNumBContext 获取了用于标识运算数参数状态的布尔类型参数 selNumA、selNumB 和设置运算数参数状态方法 setSelNumA()、setSelNumB()。

　　在第 21 行代码中，通过方法 useContext()获取了二元运算符参数 sOprE 和设置二元运算符方法 setOprE()。

　　在第 61～78 行代码中，通过 antd 组件库的<Row>、<Col>、<Button>构建了二元运算符面板 OprE 的布局，具体包括+、-、×和÷二元运算符，同时为每个运算符按钮绑定了单击事件处理方法 onBtnClick()。

　　在第 23～52 行代码中，具体实现了单击事件处理方法 onBtnClick()。这里先通过布尔类型参数 selOpr、selNumA、selNumB 判断需要操作的运算数是运算数 A 还是运算数 B，再通过判断二元运算符变量 oprE 的值来进行相应的加、减、乘、除二元运算。

　　在第 54～59 行代码中，通过方法 useEffect()将二元运算符变量 oprE 实时更新到相应的参数值中。

　　【例 9.16】Web 计算器应用二元运算符面板容器组件（关于 OprE2）。

　　相关源代码如下。

```
--------- path : ch09/react-calculator-ts/comp/OprE2PanelComp.tsx ----------
1  import React, { Component } from 'react';
2  import PropTypes from 'prop-types';
3  import { useContext, useEffect, useState } from "react";
4  import { ExpContext, ExpContextConsumer } from "../context/ExpContext";
5  import { SelNumAContext, SelNumAContextConsumer } from "../context/
SelNumAContext";
6  import { SelOprContext, SelOprContextConsumer } from "../context/
SelOprContext";
7  import { SelNumBContext, SelNumBContextConsumer } from "../context/
SelNumBContext";
8  import { NumAContext, NumAContextConsumer } from "../context/NumAContext";
9  import { NumBContext, NumBContextConsumer } from "../context/NumBContext";
```

```
10  import { OprEContext, OprEContextConsumer } from "../context/OprEContext";
11  import { Button, Col, Row, Space } from "antd";
12
13  // TODO: export function component
14  export default function OprE2PanelComp() {
15      const {sExpression, setExpression} = useContext(ExpContext);
16      const {selNumA, setSelNumA} = useContext(SelNumAContext);
17      const {selOpr, setSelOpr} = useContext(SelOprContext);
18      const {selNumB, setSelNumB} = useContext(SelNumBContext);
19      const {sNumA, setNumA} = useContext(NumAContext);
20      const {sNumB, setNumB} = useContext(NumBContext);
21      const {sOprE, setOprE} = useContext(OprEContext);
22
23      function onBtnClick(oprE: string) {
24          if(selNumA && !selOpr && !selNumB) {
25              setSelNumA(false);
26              setSelOpr(true);
27              setSelNumB(false);
28              if(oprE === '^') {
29                  setOprE('^');
30              } else if(oprE === 'int') {
31                  setOprE('int');
32              } else if(oprE === 'mod') {
33                  setOprE('mod');
34              } else {
35                  console.log("Log: This version supports one opr only.");
36              }
37          } else if(!selNumA && selOpr && !selNumB) {
38              if(oprE === '^') {
39                  setOprE('^');
40              } else if(oprE === 'int') {
41                  setOprE('int');
42              } else if(oprE === 'mod') {
43                  setOprE('mod');
44              } else {
45                  console.log("Log: This version supports one opr only.");
46              }
47          } else if(!selNumA && !selOpr && selNumB) {} else {}
48      }
49
```

```
50    useEffect(() => {
51        console.log("OprE Panel Log: begins");
52        console.log("sOprE: " + sOprE);
53        setExpression(sNumA + sOprE);
54        console.log("OprE Panel Log: ends");
55    }, [sOprE]);
56
57    return (
58        <Row>
59            <Space>
60                <Col span={8}>
61        <Button type="primary" onClick={()=>{onBtnClick('^')}}>x<sup>y</sup></Button>
62                </Col>
63                <Col span={8}>
64        <Button type="primary" onClick={()=>{onBtnClick('int')}}>int</Button>
65                </Col>
66                <Col span={8}>
67        <Button type="primary" onClick={()=>{onBtnClick('mod')}}>mod</Button>
68                </Col>
69            </Space>
70        </Row>
71    )
72 }
73
74 // TODO: PropTypes
75 OprE2PanelComp.propTypes = {
76    sOprE: PropTypes.string,
77    sExpression: PropTypes.string,
78 }
```

上述代码说明如下。

在第 57～71 行代码中，通过 antd 组件库的<Row>、<Col>、<Button>构建了二元运算符面板 OprE2 的布局，具体包括 x^y、int 和 mod 二元运算符，同时为每个运算符按钮绑定了单击事件处理方法 onBtnClick()。

在第 23～48 行代码中，具体实现了单击事件处理方法 onBtnClick()。这里先通过布尔类型参数 selOpr、selNumA、selNumB 判断需要操作的运算数是运算数 A 还是运算数 B，再通过判断二元运算符变量 oprE 的值来进行相应的二元运算。

在第 50～55 行代码中，通过方法 useEffect()将二元运算符变量 oprE 实时更新到相应的参数值中。

Context 组件（OprEContext）的介绍如下。

【例 9.17】Web 计算器应用二元运算符面板容器 Context（关于 OprE）。

相关源代码如下。

```
----------- path : ch09/react-calculator-ts/context/OprEContext.tsx --------
1  import React from 'react';
2
3  // TODO: define type ContextCount
4  export type TOprEContext = {
5      sOprE: string,
6      setOprE: React.Dispatch<string>
7  }
8
9  // TODO: create context
10 export const OprEContext = React.createContext<TOprEContext>({
11     sOprE: "",
12     setOprE: () => {}
13 });
14 // TODO: Provider
15 export const OprEContextProvider = OprEContext.Provider;
16 // TODO: Consumer
17 export const OprEContextConsumer = OprEContext.Consumer;
```

上述代码说明如下。

在第 4～7 行代码中，通过 type 命令定义了一个自定义类型 TOprEContext，用于描述二元运算符（OprE）。该类型包含两个参数，第 1 个是字符串类型的计算表达式参数 sOprE，第 2 个是 React.Dispatch 类型的回调方法参数 setOprE。

在第 10～13 行代码中，使用方法 createContext()创建了一个全局 Context 对象，并返回了一个自定义类型（TOprEContext）的 Context 对象 OprEContext。

在第 15 行和第 17 行代码中，分别通过 Context 对象 OprEContext 导出了 Provider 对象 OprEContextProvider 和 Consumer 对象 OprEContextConsumer。

二元运算符面板 OprE 的操作效果如图 9.18、图 9.19 和图 9.20 所示。

如图 9.18、图 9.19 和图 9.20 所示，我们分别尝试了+（加）、-（减）、×（乘）、÷（除）、x^y（幂运算）、int（运算取整）与 mod（运算取余）的操作，运算结果显示均是正确的。

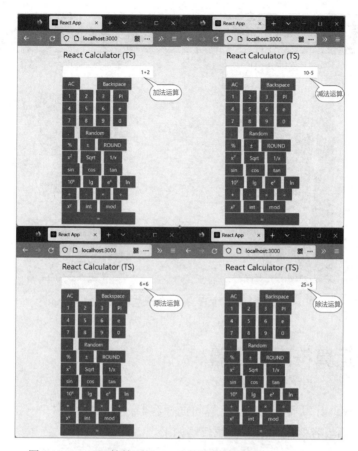

图 9.18　二元运算符面板 OprE 的操作效果（+、−、×、÷）

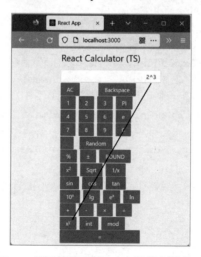

图 9.19　二元运算符面板 OprE 的操作效果（x^y）

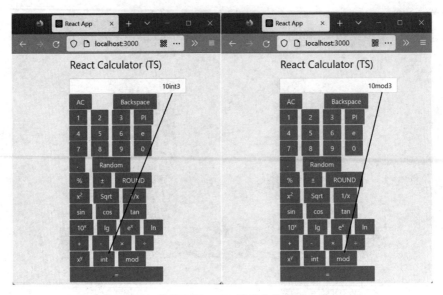

图 9.20　二元运算符面板 OprE 的操作效果（int 与 mod）

9.8　等于运算符面板容器

【例 9.18】Web 计算器应用等于运算符面板容器（Equal）组件。

等于运算符面板容器组件的主要源代码如下。

```
---------- path : ch09/react-calculator-ts/comp/EqualPanelComp.tsx ---------
1 import React, { Component } from 'react';
2 import PropTypes from 'prop-types';
3 import { useContext, useEffect, useState } from "react";
4 import { ExpContext, ExpContextConsumer } from "../context/ExpContext";
5 import { SelNumAContext, SelNumAContextConsumer } from "../context/
SelNumAContext";
6 import { SelOprContext, SelOprContextConsumer } from "../context/
SelOprContext";
7 import { SelNumBContext, SelNumBContextConsumer } from "../context/
SelNumBContext";
8 import { EqualContext, EqualContextConsumer } from "../context/
EqualContext";
9 import { SelEqualContext, SelEqualContextConsumer } from "../context/
SelEqualContext";
10 import { NumAContext, NumAContextConsumer } from "../context/NumAContext";
```

```
11  import { OprEContext, OprEContextConsumer } from "../context/OprEContext";
12  import { NumBContext, NumBContextConsumer } from "../context/NumBContext";
13  import { ResultContext, ResultContextConsumer } from "../context/
ResultContext";
14  import { Button, Col, Row, Space } from "antd";
15  import useCalState from "../state/UseCalState";
16
17  // TODO: export function component
18  export default function EqualPanelComp() {
19      const {sExpression, setExpression} = useContext(ExpContext);
20      const {selNumA, setSelNumA} = useContext(SelNumAContext);
21      const {selOpr, setSelOpr} = useContext(SelOprContext);
22      const {selNumB, setSelNumB} = useContext(SelNumBContext);
23      const {sEqual, setEqual} = useContext(EqualContext);
24      const {selEqual, setSelEqual} = useContext(SelEqualContext);
25      const {sNumA, setNumA} = useContext(NumAContext);
26      const {sOprE, setOprE} = useContext(OprEContext);
27      const {sNumB, setNumB} = useContext(NumBContext);
28      const {sResult, setResult} = useContext(ResultContext);
29      const {sCal, setCalculate, resetCalculate} = useCalState(sNumA, sOprE,
sNumB);
30
31      function onBtnClick(eq: string) {
32          if(!selNumA && !selOpr && selNumB && !selEqual) {
33              setSelNumA(false);
34              setSelOpr(false);
35              setSelNumB(false);
36              setSelEqual(true);
37              Promise.resolve(eq).then((eq): void => {
38                  setEqual(eq);
39              }).then((): void => {
40                  setCalculate();
41              });
42          } else if(!selNumA && !selOpr && !selNumB && selEqual) {
43              Promise.resolve(eq).then((eq): void => {
44                  setEqual(eq);
45              }).then(() => {
46                  setCalculate();
47              });
48          } else {}
49      }
50
```

```
51      useEffect(() => {
52          console.log("Equal Panel Log: begins");
53          console.log("sEqual: " + sEqual);
54          if(sEqual === "") {
55              resetCalculate();
56          }
57          console.log("Equal Panel Log: ends");
58      }, [sEqual]);
59
60      useEffect(() => {
61          console.log("Equal Panel Log: begins");
62          console.log("sEqual sCal: " + sCal);
63          setResult(sCal);
64          console.log("Equal Panel Log: ends");
65      }, [sCal]);
66
67      useEffect(() => {
68          console.log("Equal Panel Log: begins");
69          console.log("sEqual sCal sResult: " + sResult);
70          setExpression(sNumA + sOprE + sNumB + sEqual + sResult);
71          console.log("Equal Panel Log: begins");
72      }, [sResult]);
73
74      useEffect(() => {
75          console.log("Equal Panel Log: begins");
76          console.log("sExpression: " + sExpression);
77          console.log("Equal Panel Log: begins");
78      }, [sExpression]);
79
80      return (
81          <div>
82              <Row>
83                  <Col span={24}>
84                  <Button type="primary" onClick={()=>{onBtnClick("=")}}
block>=</Button>
85                  </Col>
86              </Row>
87          </div>
88      )
89  }
90
91  // TODO: PropTypes
```

```
92  EqualPanelComp.propTypes = {
93      sEqual: PropTypes.string,
94      sExpression: PropTypes.string,
95  }
```

上述代码说明如下。

在第 3 行代码中，引入了 useContext、useEffect 和 useState 组件。

在第 8 行代码中，引入了等于运算符的 Context 组件（EqualContext）。

在第 3～13 行代码中，引入了相关的 Context 组件（ExpContext、NumAContext、SelNumAContext、NumBContext、SelNumBContext、SelOprContext 等）。

在第 15 行代码中，引入了自定义 State 组件（useCalState）。

在第 19～28 行代码中，使用方法 useContext()调用计算表达式 Context 对象 ExpContext，获取了计算表达式参数 sExpression 和设置计算表达式方法 setExpression()；通过运算符状态 Context 对象 SelOprContext，获取了运算符状态参数 selOpr 和设置运算符状态方法 setSelOpr()；通过数据输入 Context 对象 NumAContext 和 NumBContext，获取了运算数参数 sNumA、sNumB 和设置运算数方法 setNumA()、setNumB()；通过对象 SelNumAContext 和 SelOprContext 获取了用于标识运算数参数状态的布尔类型参数 selNumA、selNumB 和设置运算数参数状态方法 setSelNumA()、setSelNumB()。

在第 23 行代码中，通过方法 useContext()获取了等于运算符参数 sEqual 和设置等于运算符方法 setEqual()。

在第 29 行代码中，通过自定义的方法 useCalState()获取了运算结果的参数 sCal 与方法 setCalculate()、resetCalculate()。

在第 80～88 行代码中，通过 antd 组件库的<Row>、<Col>、<Button>构建了等于运算符面板 Equal 的布局，具体包括=运算符，同时为=运算符按钮绑定了单击事件处理方法 onBtnClick()。

在第 31～49 行代码中，具体实现了单击事件处理方法 onBtnClick()。这里先通过布尔类型参数 selOpr、selNumA、selNumB、selEqual 判断需要操作的运算数是运算数 A、B 还是等于运算符，再调用自定义方法 setCalculate()进行相应的加、减、乘、除、幂运算、运算取整、取余二元运算。

在第 51～78 行代码中，通过一组方法（useEffect()）将运算数与运算结果实时更新到相应的参数值中。

自定义 State 组件（UseCalState）的介绍如下。

【例 9.19】Web 计算器应用等于运算符面板容器自定义 State（Equal）。

相关源代码如下。

```
----------- path : ch09/react-calculator-ts/state/UseCalState.tsx ---------
1  import React, { useContext, useState, useEffect } from 'react';
2
3  // TODO: define self useState
4    export default function useCalState(numA: string, opr: string, numB:
string) {
5      // TODO: useState
6      const [sCal, setCal] = useState<string>("");
7      // TODO: define add & minus & times & divide's calculate
8      let fNumA: number;
9      let fNumB: number;
10     if(numA.indexOf('-') === -1) {
11         fNumA = Number.parseFloat(numA);
12     } else {
13         fNumA = Number.parseFloat(numA.substring(2, numA.length-1)) * -1;
14     }
15     if(numB.indexOf('-') === -1) {
16         fNumB = Number.parseFloat(numB);
17     } else {
18         fNumB = Number.parseFloat(numB.substring(2, numB.length-1)) * -1;
19     }
20     let fSum: number;
21     if(opr === "+") {
22         fSum = fNumA + fNumB;
23     } else if(opr === "-") {
24         fSum = fNumA - fNumB;
25     } else if(opr === "×") {
26         fSum = fNumA * fNumB;
27     } else if(opr === "÷") {
28         if(fNumB !== 0) {
29             fSum = fNumA / fNumB;
30         } else {}
31     } else if(opr === "^") {
32         fSum = Math.pow(fNumA, fNumB);
33     } else if(opr === "int") {
34         if(fNumB !== 0) {
35             fSum = Math.round(fNumA / fNumB);
36         } else {}
37     } else if(opr === "mod") {
38         if(fNumB !== 0) {
39    fSum=Math.round(Number.parseInt(fNumA.toString())%Number.parseInt(fNumB.
toString()));
40         } else {}
```

```
41      } else {}
42      const setCalculate = (): void => {
43          let strTempSum = "";
44          strTempSum = fSum.toString();
45          if(strTempSum.indexOf('.') === -1) {
46              setCal(strTempSum);
47          } else {
48              setCal(fSum.toFixed(3));
49          }
50      }
51      const resetCalculate = (): void => {
52          let strTempSum = "";
53          setCal(strTempSum);
54      }
55      useEffect(() => {
56          console.log("UseCalState Log: begins");
57          console.log("sCal: " + sCal);
58          console.log("UseCalState Log: ends");
59      }, [sCal]);
60      // TODO: return self state
61      return { sCal, setCalculate, resetCalculate };
62 }
```

上述代码说明如下。

在第 1 行代码中，引入了 useContext、useState 和 useEffect 组件。

在第 4～62 行代码中，定义并导出了自定义 State 方法 useCalState()，具体功能是计算用户输入的运算表达式并返回结果。

Context 组件（EqualContext）的介绍如下。

【例 9.20】Web 计算器应用等于运算符面板容器 Context（Equal）。

相关源代码如下。

```
---------- path : ch09/react-calculator-ts/context/EqualContext.tsx --------
 1 import React from 'react';
 2
 3 // TODO: define type ContextCount
 4 export type TEqualContext = {
 5     sEqual: string,
 6     setEqual: React.Dispatch<string>
 7 }
 8
 9 // TODO: create context
10 export const EqualContext = React.createContext<TEqualContext>({
11     sEqual: "",
```

```
12        setEqual: () => {}
13  });
14  // TODO: Provider
15  export const EqualContextProvider = EqualContext.Provider;
16  // TODO: Consumer
17  export const EqualContextConsumer = EqualContext.Consumer;
```

上述代码说明如下。

在第 4～7 行代码中，通过 type 命令定义了一个自定义类型 TEqualContext，用于描述 =运算符（Equal）。该类型包含两个参数，第 1 个是字符串类型的计算表达式参数 sEqual，第 2 个是 React.Dispatch 类型的回调方法参数 setEqual。

在第 10～13 行代码中，使用方法 createContext()创建了一个全局 Context 对象，并返回了一个自定义类型（TEqualContext）的 Context 对象 EqualContext。

在第 15 行和第 17 行代码中，分别通过 Context 对象 EqualContext 导出了 Provider 对象 EqualContextProvider 和 Consumer 对象 EqualContextConsumer。

等于运算符面板 Equal 的操作效果如图 9.21、图 9.22 和图 9.23 所示。

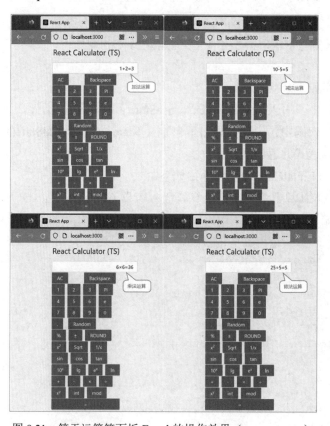

图 9.21　等于运算符面板 Equal 的操作效果（+、-、×、÷）

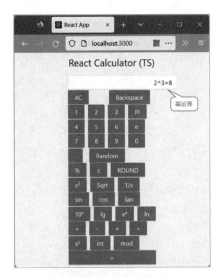

图 9.22　等于运算符面板 Equal 的操作效果（x^y）

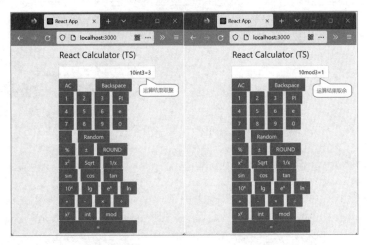

图 9.23　等于运算符面板 Equal 的操作效果（int 与 mod）

如图 9.21、图 9.22 和图 9.23 所示，我们分别尝试了+、−、×、÷、x^y、int 与 mod 的操作，运算结果显示均是正确的。

9.9　数据修改面板容器

【例 9.21】Web 计算器应用数据修改面板容器组件。

数据修改面板容器组件的主要源代码如下。

```
-------- path : ch09/react-calculator-ts/comp/ModifyPanelComp.tsx ----------
 1  import React, { Component } from 'react';
 2  import PropTypes from 'prop-types';
 3  import { useContext, useEffect, useState } from "react";
 4  import { ExpContext, ExpContextConsumer } from "../context/ExpContext";
 5  import { ModifyContext, ModifyContextConsumer } from "../context/
ModifyContext";
 6  import { SelNumAContext, SelNumAContextConsumer } from "../context/
SelNumAContext";
 7  import { SelOprContext, SelOprContextConsumer } from "../context/
SelOprContext";
 8  import { SelNumBContext, SelNumBContextConsumer } from "../context/
SelNumBContext";
 9  import { NumAContext, NumAContextConsumer } from "../context/NumAContext";
10  import { OprEContext, OprEContextConsumer } from "../context/OprEContext";
11  import { NumBContext, NumBContextConsumer } from "../context/NumBContext";
12  import { EqualContext, EqualContextConsumer } from "../context/
EqualContext";
13  import { SelEqualContext, SelEqualContextConsumer } from "../context/
SelEqualContext";
14  import { ResultContext, ResultContextConsumer } from "../context/
ResultContext";
15  import { Button, Col, Row, Space } from "antd";
16
17  // TODO: export function component
18  export default function ManualPanelComp() {
19      const {sExpression, setExpression} = useContext(ExpContext);
20      const {selNumA, setSelNumA} = useContext(SelNumAContext);
21      const {selOpr, setSelOpr} = useContext(SelOprContext);
22      const {selNumB, setSelNumB} = useContext(SelNumBContext);
23      const {sNumA, setNumA} = useContext(NumAContext);
24      const {sOprE, setOprE} = useContext(OprEContext);
25      const {sNumB, setNumB} = useContext(NumBContext);
26      const {sEqual, setEqual} = useContext(EqualContext);
27      const {selEqual, setSelEqual} = useContext(SelEqualContext);
28      const {sResult, setResult} = useContext(ResultContext);
29      const [sModify, setModify] = useState<string>("");
30
31      function onBtnClick(modify: string) {
32          setModify(modify);
```

```
33          if(modify === "AC") {
34              setSelNumA(true);
35              setSelOpr(false);
36              setSelNumB(false);
37              setNumA("");
38              setOprE("");
39              setNumB("");
40              setSelEqual(false);
41              setEqual("");
42              setExpression("");
43          } else if (modify === "Backspace") {
44              let regExModifyPosDot: RegExp = /^\d+\.\d?$/;
45              let regExModifyZeroPosDot: RegExp = /^0\.\d?$/;
46              let regExModifyNegDot: RegExp = /^\(-\d+\.\d?\)$/;
47              let regExModifyZeroNegDot: RegExp = /^\(-0\.\d?\)$/;
48              if(selNumA && !selOpr && !selNumB && !selEqual) {
49                  if(sNumA.indexOf('-') === -1) {
50                      if(sNumA.indexOf('.') === -1) {
51                          if(sNumA.length !== 0) {
52                              setNumA(sNumA.substring(0, sNumA.length-1));
53                          } else {}
54                      } else {
55                          if(regExModifyZeroPosDot.test(sNumA)) {
56                              setNumA("");
57                          } else if(regExModifyPosDot.test(sNumA)) {
58                              setNumA(sNumA.substring(0, sNumA.length-2));
59                          } else {
60                              setNumA(sNumA.substring(0, sNumA.length-1));
61                          }
62                      }
63                  } else {
64                      if(sNumA.indexOf('.') === -1) {
65                          if(sNumA.length > 4) {
66                              let sTempNumA = "";
67                              sTempNumA = sNumA.substring(1, sNumA.length-1);
68                          sTempNumA=sTempNumA.substring(0, sTempNumA.length-1);
69                              sTempNumA = "(" + sTempNumA + ")";
70                              setNumA(sTempNumA);
71                          } else {
72                              setNumA("");
73                          }
```

```
74              } else {
75                  if(regExModifyZeroNegDot.test(sNumA)) {
76                      setNumA("");
77                  } else if(regExModifyNegDot.test(sNumA)) {
78                      let sTempNumA = "";
79                      sTempNumA = sNumA.substring(1, sNumA.length-1);
80                  sTempNumA=sTempNumA.substring(0, sTempNumA.length-2);
81                      sTempNumA = "(" + sTempNumA + ")";
82                      setNumA(sTempNumA);
83                  } else {
84                      let sTempNumA = "";
85                      sTempNumA = sNumA.substring(1, sNumA.length-1);
86                  sTempNumA=sTempNumA.substring(0, sTempNumA.length-1);
87                      sTempNumA = "(" + sTempNumA + ")";
88                      setNumA(sTempNumA);
89                  }
90              }
91          }
92          setExpression(sNumA);
93      } else if(!selNumA && selOpr && !selNumB && !selEqual) {
94          setOprE("");
95          setSelNumB(false);
96          setSelOpr(false);
97          setSelNumA(true);
98          setExpression(sNumA + sOprE);
99      } else if(!selNumA && !selOpr && selNumB && !selEqual) {
100         if(sNumB.length > 0) {
101             if(sNumB.indexOf('-') === -1) {
102                 if(sNumB.indexOf('.') === -1) {
103                     if(sNumB.length !== 0) {
104                         setNumB(sNumB.substring(0, sNumB.length-1));
105                     } else {}
106                 } else {
107                     if(regExModifyZeroPosDot.test(sNumB)) {
108                         setNumB("");
109                     } else if(regExModifyPosDot.test(sNumB)) {
110                         setNumB(sNumB.substring(0, sNumB.length-2));
111                     } else {
112                         setNumB(sNumB.substring(0, sNumB.length-1));
113                     }
114                 }
115             } else {
```

```
116                    if(sNumB.indexOf('.') === -1) {
117                        if(sNumB.length > 4) {
118                            let sTempNumB = "";
119                            sTempNumB = sNumB.substring(1, sNumB.length-1);
120                        sTempNumB=sTempNumB.substring(0, sTempNumB.length-1);
121                            sTempNumB = "(" + sTempNumB + ")";
122                            setNumB(sTempNumB);
123                        } else {
124                            setNumB("");
125                        }
126                    } else {
127                        if(regExModifyZeroNegDot.test(sNumB)) {
128                            setNumB("");
129                        } else if(regExModifyNegDot.test(sNumB)) {
130                            let sTempNumB = "";
131                            sTempNumB = sNumB.substring(1, sNumB.length-1);
132                        sTempNumB=sTempNumB.substring(0, sTempNumB.length-2);
133                            sTempNumB = "(" + sTempNumB + ")";
134                            setNumB(sTempNumB);
135                        } else {
136                            let sTempNumB = "";
137                            sTempNumB = sNumB.substring(1, sNumB.length-1);
138                        sTempNumB=sTempNumB.substring(0, sTempNumB.length-1);
139                            sTempNumB = "(" + sTempNumB + ")";
140                            setNumB(sTempNumB);
141                        }
142                    }
143                }
144            } else {
145                setNumB("");
146                setOprE("");
147                setSelNumA(true);
148                setSelNumB(false);
149                setSelOpr(false);
150                setSelEqual(false);
151            }
152            setExpression(sNumA + sOprE + sNumB);
153        } else if(!selNumA && !selOpr && !selNumB && selEqual) {
154            setResult("");
155            setEqual("");
156            setExpression(sNumA + sOprE + sNumB + sEqual + sResult);
157            setSelNumA(false);
```

```
158                 setSelOpr(false);
159                 setSelNumB(true);
160                 setSelEqual(false);
161            } else if(!selNumA && !selOpr && !selNumB && !selEqual) {
162            } else {}
163        } else {}
164    }
165
166    useEffect(() => {
167        console.log("Modify Panel Log: begins");
168        console.log("sNumA: " + sNumA);
169        console.log("Modify Panel Log: ends");
170    }, [sNumA]);
171
172    useEffect(() => {
173        console.log("Modify Panel Log: begins");
174        console.log("sOprE: " + sOprE);
175        console.log("Modify Panel Log: ends");
176    }, [sOprE]);
177
178    useEffect(() => {
179        console.log("Modify Panel Log: begins");
180        console.log("sNumB: " + sNumB);
181        console.log("Modify Panel Log: ends");
182    }, [sNumB]);
183
184    useEffect(() => {
185        console.log("Modify Panel Log: begins");
186        console.log("sEqual: " + sEqual);
187        console.log("Modify Panel Log: ends");
188    }, [sEqual]);
189
190    useEffect(() => {
191        console.log("Modify Panel Log: begins");
192        console.log("sResult: " + sResult);
193        console.log("Modify Panel Log: ends");
194    }, [sResult]);
195
196    return (
197        <div>
198            <Row><Space>
```

```
199              <Col span={6}>
200    <Button type="primary" onClick={()=>{onBtnClick("AC")}}>AC</Button>
201              </Col>
202              <Col offset={10} span={8}>
203    <Button type="primary" onClick={()=>{onBtnClick("Backspace")}}>Backspace
</Button>
204              </Col>
205          </Space></Row>
206        </div>
207    )
208 }
209
210 // TODO: PropTypes
211 ManualPanelComp.propTypes = {
212    sMan: PropTypes.string,
213    sExpression: PropTypes.string,
214 }
```

上述代码说明如下。

在第 3 行代码中，引入了 useContext、useEffect 和 useState 组件。

在第 12 行代码中，引入了=运算符的 Context 组件（EqualContext）。

在第 4~14 行代码中，引入了相关的 Context 组件（ExpContext、NumAContext、SelNumAContext、NumBContext、SelNumBContext、SelOprContext 等）。

在第 19~28 行代码中，使用方法 useContext()调用计算表达式 Context 对象 ExpContext，获取了计算表达式参数 sExpression 和设置计算表达式方法 setExpression()；通过运算符状态 Context 对象 SelOprContext 获取了运算符状态参数 selOpr 和设置运算符状态方法 setSelOpr()；通过数据输入 Context 对象 NumAContext、NumBContext 获取了运算数参数 sNumA、sNumB 和设置运算数方法 setNumA()、setNumB()；通过对象 SelNumAContext 和 SelNumBContext 获取了用于标识运算数参数状态的布尔类型参数 selNumA、selNumB 和设置运算数参数状态方法 setSelNumA()、setSelNumB()。

在第 29 行代码中，通过方法 useState()定义了数据修改状态参数 sModify 和设置数据修改状态方法 setModify()。

在第 196~207 行代码中，通过 antd 组件库的<Row>、<Col>、<Button>构建了数据修改运算符面板 Modify 的布局，具体包括 AC 和 Backspace 按钮，同时为数据修改运算符按钮绑定了单击事件处理方法 onBtnClick()。

在第 31~164 行代码中，具体实现了单击事件处理方法 onBtnClick()。这里先通过布尔类型参数 selOpr、selNumA、selNumB、selEqual 判断需要操作的运算数是运算数 A、B 还是二元运算符，并进行相应的数据修改操作。

在第 166～194 行代码中，通过一组方法（useEffect()）将数据修改的结果实时更新到相应的参数值中。

【例 9.22】Web 计算器应用数据修改面板容器 Context。

相关源代码如下。

```
--------- path : ch09/react-calculator-ts/context/ModifyContext.tsx --------
1  import React from 'react';
2
3  // TODO: define type ContextCount
4  export type TModifyContext = {
5      sModify: string,
6      setModify: React.Dispatch<string>
7  }
8
9  // TODO: create context
10 export const ModifyContext = React.createContext<TModifyContext>({
11     sModify: "",
12     setModify: () => {}
13 });
14 // TODO: Provider
15 export const ModifyContextProvider = ModifyContext.Provider;
16 // TODO: Consumer
17 export const ModifyContextConsumer = ModifyContext.Consumer;
```

上述代码说明如下。

在第 4～7 行代码中，通过 type 命令定义了一个自定义类型 TModifyContext，用于描述数据修改运算符。该类型包含两个参数，第 1 个是字符串类型的数据修改运算符参数 sModify，第 2 个是 React.Dispatch 类型的回调方法参数 setModify。

在第 10～13 行代码中，使用方法 createContext()创建了一个全局 Context，并返回了一个自定义类型（TModifyContext）的 Context 对象 ModifyContext。

在第 15 行和第 17 行代码中，分别通过 Context 对象 ModifyContext 导出了 Provider 对象 ModifyContextProvider 和 Consumer 对象 ModifyContextConsumer。

9.10　小结

本章主要介绍了基于 TypeScript + React Hook + antd 技术，构建一个 Web 计算器应用的方法与流程，希望能够帮助读者提高基于 TypeScript＋React 技术进行 Web 应用开发的能力。

第 10 章　基于 TypeScript + React + antd + Vite 构建 Web 应用管理系统

本章主要介绍基于 React 框架、TypeScript 语言、antd 组件库和 Vite 工具构建一个 Web 应用管理系统。

本章主要涉及的知识点如下。

- TypeScript + React + Vite 项目的构建。
- Vite 的使用方法。
- 添加 antd 组件库的支持。

10.1　Web 应用管理系统功能介绍

本章所介绍的开发实战项目，是基于 TypeScript + React + antd + Vite 框架设计实现的一个 Web 应用管理系统。Web 应用管理系统的设计思想源自目前非常流行的 React Admin 中后台管理系统，其源代码请参考著名的开源项目 react-ant-admin。

Web 应用管理系统主要包含容器组件架构、用户管理、路由管理、mock 数据和异常处理等几大模块。整个项目在前端基于 React 框架和 TypeScript 语言进行设计，UI 采用了 antd 组件库，全局数据状态管理使用 redux 技术，同时具有非常强大的二次开发功能，可用于快速开发 Web 系统中后台页面。

Web 应用管理系统首页如图 10.1 所示。

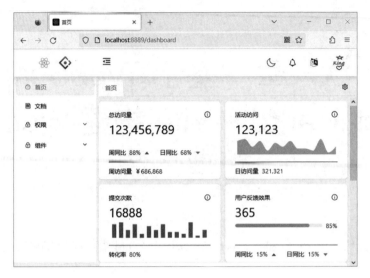

图 10.1　Web 应用管理系统首页

10.2　应用架构设计

本章基于 TypeScript + React + antd + Vite 框架设计 Web 应用管理系统，主要使用 npx 工具、create-vite 工具、antd 组件库，以及 TypeScript 类型强制、React 组件、React Props、React State、React Context、React Hook、React Redux、React Router 等关键技术。

第 1 步：通过 npx 工具和 create-vite 工具创建基于 TypeScript + React + Vite 框架的 Web 应用管理系统，具体命令如下。

```
npm create vite@latest react-antd-admin --template react-ts
```

在上面的命令中，react-antd-admin 是 Web 应用管理系统的项目名称；create vite 是由 Vite 工具提供的一个快速生成主流框架基础模板的工具；参数--template 指定的 react-ts 是基于 TypeScript 语法的 React 框架应用。

在成功执行上述命令后，创建好的 Web 应用管理系统目录架构如图 10.2 所示。

第 2 步：在本项目（react-antd-admin）中加入 antd 组件库，使用 Node（npm）工具在命令行终端中进行操作，具体命令如下。

```
npm install antd --save
```

第 3 步：在本项目中添加对 Redux 状态容器及其工具的支持。Redux 是 JavaScript 语言的状态容器，能提供可以预测的状态管理功能。使用 Node（npm）工具在命令行终端中进行操作，具体命令如下。

```
npm install --save redux
npm install @reduxjs/toolkit
```

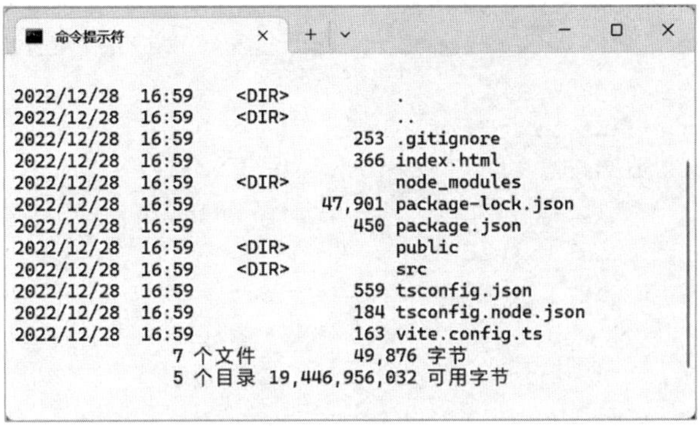

图 10.2　创建好的 Web 应用管理系统目录架构

大多数情况下还需要使用 React 绑定库（react-redux）和开发者工具（redux-devtools），具体命令如下。

```
npm install --save react-redux
npm install --save-dev redux-devtools
```

第 4 步：本项目中还使用了 React Router 路由组件库。React Router 是一个基于 React 框架的、功能十分强大的路由组件库，可以在应用程序中快速地添加视图和数据流，同时保持页面与 URL 之间的同步。安装 React Router 路由组件库的具体命令如下。

```
npm install react-router -D
npm install react-router-dom -D
```

第 5 步：应用程序模拟真实数据是通过 mock 组件来实现的。mock 组件用于生成随机数据，拦截 AJAX 请求。需要注意的是，mock 组件只能使用 axios 方法，fetch 请求是无法进行拦截的。安装 mock 组件的具体命令如下。

```
npm install mockjs
```

10.3　首页容器组件

Web 应用管理系统首页容器包含顶部菜单栏、左侧导航栏和页面内容展示区域三大功能面板。

【例 10.1】Web 应用管理系统首页容器组件。

相关源代码如下。

```
---------- path : ch10/react-antd-admin/src/pages/layout/index.tsx ----------
 1  import { FC, useEffect, useCallback, useState, Suspense } from 'react';
 2  import { Layout, Drawer, theme as antTheme } from 'antd';
 3  import './index.less';
 4  import MenuComponent from './menu';
 5  import HeaderComponent from './header';
 6  import { getGlobalState } from '@/utils/getGloabal';
 7  import TagsView from './tagView';
 8  import { getMenuList } from '@/api/layout.api';
 9  import { MenuList, MenuChild } from '@/interface/layout/menu.interface';
10  import { useGuide } from '../guide/useGuide';
11  import { Outlet, useLocation } from 'react-router';
12  import { setUserItem } from '@/stores/user.store';
13  import { useDispatch, useSelector } from 'react-redux';
14  import { getFirstPathCode } from '@/utils/getFirstPathCode';
15
16  const { Sider, Content } = Layout;
17  const WIDTH = 992;
18
19  const LayoutPage: FC = () => {
20    const location = useLocation();
21    const [openKey, setOpenkey] = useState<string>();
22    const [selectedKey, setSelectedKey] = useState<string>(location.
pathname);
23    const [menuList, setMenuList] = useState<MenuList>([]);
24    const { device, collapsed, newUser } = useSelector(state => state.user);
25    const token = antTheme.useToken();
26    const isMobile = device === 'MOBILE';
27    const dispatch = useDispatch();
28    const { driverStart } = useGuide();
29
30    useEffect(() => {
31      const code = getFirstPathCode(location.pathname);
32      setOpenkey(code);
33      setSelectedKey(location.pathname);
34    }, [location.pathname]);
35
36    const toggle = () => {
37      dispatch(
```

```
38      setUserItem({
39        collapsed: !collapsed,
40      }),
41    );
42  };
43
44  const initMenuListAll = (menu: MenuList) => {
45    const MenuListAll: MenuChild[] = [];
46    menu.forEach(m => {
47      if (!m?.children?.length) {
48        MenuListAll.push(m);
49      } else {
50        m?.children.forEach(mu => {
51          MenuListAll.push(mu);
52        });
53      }
54    });
55    return MenuListAll;
56  };
57
58  const fetchMenuList = useCallback(async () => {
59    const { status, result } = await getMenuList();
60    if (status) {
61      setMenuList(result);
62      dispatch(
63        setUserItem({
64          menuList: initMenuListAll(result),
65        }),
66      );
67    }
68  }, [dispatch]);
69
70  useEffect(() => {
71    fetchMenuList();
72  }, [fetchMenuList]);
73
74  useEffect(() => {
75    window.onresize = () => {
76      const { device } = getGlobalState();
77      const rect = document.body.getBoundingClientRect();
78      const needCollapse = rect.width < WIDTH;
79      dispatch(
```

```
80          setUserItem({
81            device,
82            collapsed: needCollapse,
83          }),
84        );
85      };
86    }, [dispatch]);
87
88    useEffect(() => {
89      newUser && driverStart();
90    }, [newUser]);
91
92    return (
93      <Layout className="layout-page">
94        <HeaderComponent collapsed={collapsed} toggle={toggle} />
95        <Layout>
96          {!isMobile ? (
97            <Sider
98              className="layout-page-sider"
99              trigger={null}
100             collapsible
101             style={{ backgroundColor: token.token.colorBgContainer }}
102             collapsedWidth={isMobile ? 0 : 80}
103             collapsed={collapsed}
104             breakpoint="md">
105             <MenuComponent
106               menuList={menuList}
107               openKey={openKey}
108               onChangeOpenKey={k => setOpenkey(k)}
109               selectedKey={selectedKey}
110               onChangeSelectedKey={k => setSelectedKey(k)}/>
111           </Sider>
112         ) : (
113           <Drawer
114             width="200"
115             placement="left"
116             bodyStyle={{ padding: 0, height: '100%' }}
117             closable={false}
118             onClose={toggle}
119             open={!collapsed}>
120             <MenuComponent
```

```
121              menuList={menuList}
122              openKey={openKey}
123              onChangeOpenKey={k => setOpenkey(k)}
124              selectedKey={selectedKey}
125              onChangeSelectedKey={k => setSelectedKey(k)}/>
126          </Drawer>
127        )}
128        <Content className="layout-page-content">
129          <TagsView />
130          <Suspense fallback={null}>
131            <Outlet />
132          </Suspense>
133        </Content>
134      </Layout>
135    </Layout>
136  );
137 };
138
139 export default LayoutPage;
```

上述代码说明如下。

在第 1～14 行代码中，通过 import 关键字导入了一组 React 系统组件和用户自定义组件。

在第 19～137 行代码中，定义了首页容器组件 LayoutPage，描述了该组件的布局，并通过方法 useState()和 useEffect()来监控和操作组件的状态属性。

在第 20～28 行代码中，通过方法 useState()定义了一系列组件状态，主要包括设备状态、用户状态和菜单列表状态等。

在第 44～56 行和第 58～68 行代码中，分别定义了一组初始化菜单列表的方法（initMenuListAll()）和获取菜单列表的方法（fetchMenuList()）。

在第 70～72 行代码中，通过方法 useEffect()将菜单列表加载到首页容器中。

在第 92～137 行代码中，定义了首页容器组件的布局。

在第 94 行代码中，引入了顶部菜单栏容器组件 HeaderComponent。

在第 96～127 行代码中，引入了左侧导航栏容器组件 Sider 和 Drawer。

在第 128～133 行代码中，引入了页面内容展示区域容器组件 TagsView。

在第 139 行代码中，通过 export 关键字导出了首页容器组件 LayoutPage。

Web 应用管理系统首页的效果如图 10.3 和图 10.4 所示。

如图 10.3 和图 10.4 所示，页面中包含顶部菜单栏、左侧导航栏和页面内容展示区域三大功能面板。

图 10.3　Web 应用管理系统首页的效果（1）

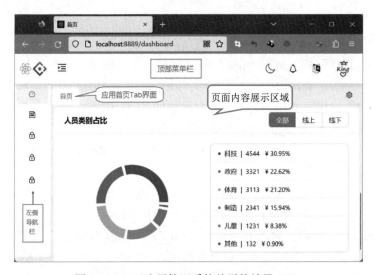

图 10.4　Web 应用管理系统首页的效果（2）

10.4　顶部菜单栏容器组件

顶部菜单栏容器组件（HeaderComponent）包含样式切换、消息通知、语言切换和用户登录几个主要功能，详细介绍如下。

【例 10.2】Web 应用管理系统顶部菜单栏容器组件的代码。

```
------------ path : react-antd-admin/src/pages/layout/header.tsx -----------
 1  import { createElement, FC } from 'react';
 2  import { LogoutOutlined, UserOutlined, MenuUnfoldOutlined, MenuFoldOutlined }
from '@ant-design/icons';
 3  import { Layout, Dropdown, Tooltip, theme as antTheme } from 'antd';
 4  import { useNavigate } from 'react-router-dom';
 5  import HeaderNoticeComponent from './notice';
 6  import Avator from '@/assets/header/avator.jpeg';
 7  import { ReactComponent as LanguageSvg } from '@/assets/header/
language.svg';
 8  import { ReactComponent as ZhCnSvg } from '@/assets/header/zh_CN.svg';
 9  import { ReactComponent as EnUsSvg } from '@/assets/header/en_US.svg';
10  import { ReactComponent as MoonSvg } from '@/assets/header/moon.svg';
11  import { ReactComponent as SunSvg } from '@/assets/header/sun.svg';
12  import { LocaleFormatter, useLocale } from '@/locales';
13  import ReactSvg from '@/assets/logo/react.svg';
14  import AntdSvg from '@/assets/logo/antd.svg';
15  import { logoutAsync, setUserItem } from '@/stores/user.store';
16  import { useDispatch, useSelector } from 'react-redux';
17  import { setGlobalState } from '@/stores/global.store';
18
19  const { Header } = Layout;
20
21  interface HeaderProps {
22    collapsed: boolean;
23    toggle: () => void;
24  }
25
26  type Action = 'userInfo' | 'userSetting' | 'logout';
27
28  const HeaderComponent: FC<HeaderProps> = ({ collapsed, toggle }) => {
29    const { logged, locale, device } = useSelector(state => state.user);
30    const { theme } = useSelector(state => state.global);
31    const navigate = useNavigate();
32    const token = antTheme.useToken();
33    const dispatch = useDispatch();
34    const { formatMessage } = useLocale();
35
36    const onActionClick = async (action: Action) => {
37      switch (action) {
```

```
38        case 'userInfo':
39          return;
40        case 'userSetting':
41          return;
42        case 'logout':
43          const res = Boolean(await dispatch(logoutAsync()));
44          res && navigate('/login');
45          return;
46      }
47    };
48
49    const toLogin = () => {
50      navigate('/login');
51    };
52
53    const selectLocale = ({ key }: { key: any }) => {
54      dispatch(setUserItem({ locale: key }));
55      localStorage.setItem('locale', key);
56    };
57
58    const onChangeTheme = () => {
59      const newTheme = theme === 'dark' ? 'light' : 'dark';
60      localStorage.setItem('theme', newTheme);
61      dispatch(
62        setGlobalState({
63          theme: newTheme,
64        }),
65      );
66    };
67
68    return (
69      <Header className="layout-page-header bg-2" }}>
70        {device !== 'MOBILE' && (
71          <div className="logo" style={{ width: collapsed ? 80 : 200 }}>
72              <img src={ReactSvg} alt="" style={{ marginRight: collapsed ?
'2px' : '20px' }} />
73            <img src={AntdSvg} alt="" />
74          </div>
75        )}
76        <div className="layout-page-header-main">
77          <div onClick={toggle}>
```

```
78      <span id="sidebar-trigger">{collapsed?<MenuUnfoldOutlined/>:
<MenuFoldOutlined />}
79        </div>
80        <div className="actions">
81          <Tooltip
82            title={formatMessage({
83      id: theme==='dark' ? 'gloabal.tips.theme.lightTooltip' : 'gloabal.tips.
theme.darkTooltip',
84            })}>
85            <span>
86              {createElement(theme === 'dark' ? SunSvg : MoonSvg, {
87                onClick: onChangeTheme,
88              })}
89            </span>
90          </Tooltip>
91          <HeaderNoticeComponent />
92          <Dropdown
93            menu={{
94              onClick: info => selectLocale(info),
95              items: [
96                {
97                  key: 'zh_CN',
98                  icon: <ZhCnSvg />,
99                  disabled: locale === 'zh_CN',
100                 label: '简体中文',
101               },
102               {
103                 key: 'en_US',
104                 icon: <EnUsSvg />,
105                 disabled: locale === 'en_US',
106                 label: 'English',
107               },
108             ],
109           }}>
110           <span>
111             <LanguageSvg id="language-change" />
112           </span>
113         </Dropdown>
114         {logged ? (
115         <Dropdown
116           menu={{
```

```
117            items: [
118              {
119                key: '1',
120                icon: <UserOutlined />,
121                label: (
122                  <span onClick={() => navigate('/dashboard')}>
123                    <LocaleFormatter id="header.avator.account" />
124                  </span>
125                ),
126              },
127              {
128                key: '2',
129                icon: <LogoutOutlined />,
130                label: (
131                  <span onClick={() => onActionClick('logout')}>
132                    <LocaleFormatter id="header.avator.logout" />
133                  </span>
134                ),
135              },
136            ],
137          }}>
138          <span className="user-action">
139            <img src={Avator} className="user-avator" alt="avator" />
140          </span>
141        </Dropdown>
142        ) : (
143        <span style={{ cursor: 'pointer' }} onClick={toLogin}>
144          {formatMessage({ id: 'gloabal.tips.login' })}
145        </span>
146        )}
147      </div>
148    </div>
149  </Header>
150  );
151 };
152
153 export default HeaderComponent;
```

上述代码说明如下。

在第 21~24 行代码中，通过 TypeScript 语法定义了一个参数接口 HeaderProps，包含一个属性参数 collapsed 和一个方法参数 toggle，用于实现页面中切换功能的标记。

在第 28～151 行代码中，定义了顶部菜单栏容器组件 HeaderComponent，并描述了该组件的布局。

在第 29～34 行代码中，通过自定义 Hook 定义了一组状态属性，包括用户状态、主题样式状态和语言状态等。

在第 77～79 行代码中，在定义的<div>标签中绑定了鼠标单击事件处理方法 toggle()，通过判断属性参数 collapsed 的取值实现了左侧导航栏样式（桌面样式与移动样式）的切换。左侧导航栏样式切换的操作效果如图 10.5 所示。

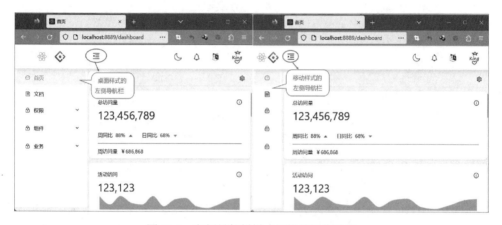

图 10.5　左侧导航栏样式切换的操作效果

在第 81～90 行代码中，通过组件 Tooltip 定义了页面主题样式切换功能及其事件处理方法 onChangeTheme()。

在第 58～66 行代码中，具体定义了事件处理方法 onChangeTheme()，通过监控状态（theme）实现了页面主题样式的切换。主题样式切换的操作效果如图 10.6 所示。

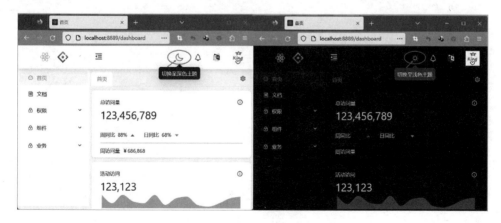

图 10.6　主题样式切换的操作效果

在第 91 行代码中，引入了消息通知容器组件 HeaderNoticeComponent。该组件的定义请看【例 10.3】中的介绍。

Web 应用管理系统页面消息通知容器组件的操作效果如图 10.7 所示。

图 10.7　Web 应用管理系统页面消息通知容器组件的操作效果

在第 92～113 行代码中，通过下拉菜单容器组件<Dropdown>标签实现了页面语言切换功能。

在第 93～109 行代码中，通过为属性 menu 定义下拉菜单的菜单项数据，调用了鼠标单击事件处理方法 selectLocale()。事件处理方法 selectLocale()是在第 53～56 行代码中定义的，使用 localStorage 来存储对象切换页面语言。

Web 应用管理系统页面语言切换的操作效果如图 10.8 所示。

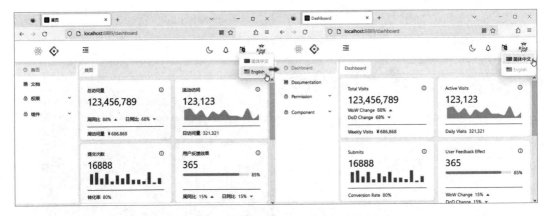

图 10.8　Web 应用管理系统页面语言切换的操作效果

在第 114～146 行代码中，定义了用户登录功能的下拉菜单，包括个人设置和退出登录选项。

在第 36~47 行和第 49~51 行代码中，分别定义了两个事件处理方法 onActionClick() 和 toLogin()，用于处理用户登录的操作。

在第 50 行代码中，调用路由方法"navigate('/login')"导航到登录容器组件 login。

Web 应用管理系统用户登录功能的操作效果如图 10.9 所示。

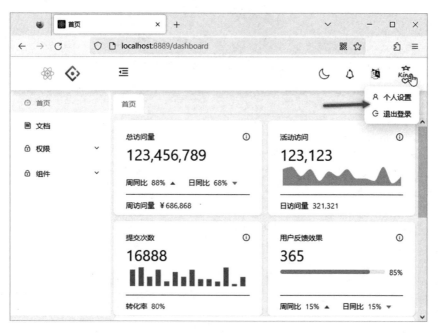

图 10.9　Web 应用管理系统用户登录功能的操作效果

下面介绍消息通知容器组件（HeaderNoticeComponent），详细内容如下。

【例 10.3】Web 应用管理系统顶部菜单栏中的消息通知容器组件。

相关源代码如下。

```
----------- path : react-antd-admin/src/pages/layout/notice.tsx ------------
 1  import { FC, useState, useEffect } from 'react';
 2  import { Tabs, Badge, Spin, List, Avatar, Tag, Tooltip, Popover } from
'antd';
 3  import { ReactComponent as NoticeSvg } from '@/assets/header/notice.svg';
 4  import { LoadingOutlined } from '@ant-design/icons';
 5  import { getNoticeList } from '@/api/layout.api';
 6  import { Notice, EventStatus } from '@/interface/layout/notice.interface';
 7  import { useSelector } from 'react-redux';
 8
 9  const antIcon = <LoadingOutlined style={{ fontSize: 24 }} spin />;
10  const { TabPane } = Tabs;
```

```
11
12   const HeaderNoticeComponent: FC = () => {
13     const [visible, setVisible] = useState(false);
14     const [noticeList, setNoticeList] = useState<Notice[]>([]);
15     const [loading, setLoading] = useState(false);
16     const { noticeCount } = useSelector(state => state.user);
17
18     const noticeListFilter = <T extends Notice['type']>(type: T) => {
19       return noticeList.filter(notice => notice.type === type) as Notice
<T>[];
20     };
21
22     const getNotice = async () => {
23       setLoading(true);
24       const { status, result } = await getNoticeList();
25
26       setLoading(false);
27       status && setNoticeList(result);
28     };
29
30     useEffect(() => {
31       getNotice();
32     }, []);
33
34     const tabs = (
35       <div>
36         <Spin tip="Loading..." indicator={antIcon} spinning={loading}>
37           <Tabs defaultActiveKey="1">
38             <TabPane tab={`通知(${noticeListFilter('notification').length})`}
key="1">
39               <List
40                 dataSource={noticeListFilter('notification')}
41                 renderItem={item => (
42                   <List.Item>
43                     <List.Item.Meta
44                       avatar={<Avatar src={item.avatar} />}
45                       title={<a href={item.title}>{item.title}</a>}
46                       description={item.datetime}
47                     />
48                   </List.Item>
49                 )}
```

```
50                    />
51                </TabPane>
52                <TabPane tab={`消息(${noticeListFilter('message').length})`} key
="2">
53                    <List
54                      dataSource={noticeListFilter('message')}
55                      renderItem={item => (
56                        <List.Item>
57                          <List.Item.Meta
58                            avatar={<Avatar src={item.avatar} />}
59                            title={<a href={item.title}>{item.title}</a>}
60                            description={
61                              <div className="notice-description">
62                    <div className="notice-description-content">{item.description}
</div>
63                    <div className="notice-description-datetime">{item.datetime}
</div>
64                              </div>
65                            }
66                          />
67                        </List.Item>
68                      )}
69                    />
70                </TabPane>
71                <TabPane tab={`待办(${noticeListFilter('event').length})`} key
="3">
72                    <List
73                      dataSource={noticeListFilter('event')}
74                      renderItem={item => (
75                        <List.Item>
76                          <List.Item.Meta
77                            title={
78                              <div className="notice-title">
79                                <div className="notice-title-content">{item.title}
</div>
80                                <Tag color={EventStatus[item.status]}>{item.extra}
</Tag>
81                              </div>
82                            }
83                            description={item.description}
84                          />
```

```
 85                    </List.Item>
 86                )}
 87              />
 88            </TabPane>
 89          </Tabs>
 90        </Spin>
 91      </div>
 92    );
 93
 94    return (
 95      <Popover
 96        content={tabs}
 97        overlayClassName="bg-2"
 98        placement="bottomRight"
 99        trigger={['click']}
100        open={visible}
101        onOpenChange={v => setVisible(v)}
102        overlayStyle={{
103          width: 336,
104        }}
105      >
106        <Tooltip title="通知">
107          <Badge count={noticeCount} overflowCount={999}>
108            <span className="notice" id="notice-center">
109              <NoticeSvg className="anticon" />
110            </span>
111          </Badge>
112        </Tooltip>
113      </Popover>
114    );
115  };
116
117  export default HeaderNoticeComponent;
```

上述代码说明如下。

在第 12～115 行代码中，定义了消息通知容器组件（HeaderNoticeComponent）。

在第 13～16 行代码中，通过自定义 Hook 定义了一组状态属性，包括组件可见性、消息通知列表及消息通知数量等。

在第 95～113 行代码中，通过弹出框容器组件<Popover>标签定义了消息通知容器。

在第 96 行代码中，通过属性 content 的常量值 tabs，描述了消息通知容器的 UI 架构。

常量值 tabs 是在第 34～92 行代码中定义的，使用选项卡容器组件<Tabs>和<TabPane>定义了"通知"、"消息"和"待办"共 3 个选项卡。

在第 30～32 行代码中，通过方法 useEffect()监控组件状态，当组件状态发生变化时调用自定义方法 getNotice()获取消息通知列表。自定义方法 getNotice()是在第 22～28 行代码中定义的，调用方法 getNoticeList()和 setNoticeList()中的 mock 数据，设置了通知、消息和待办数据信息。

10.5　用户登录容器组件

【例 10.2】介绍顶部菜单栏中包含一个用户登录功能，该功能是通过路由方法"navigate('/login')"导航到登录容器组件的，详细内容介绍如下。

【例 10.4】Web 应用管理系统用户登录接口（TypeScript 接口）。

相关源代码如下。

```typescript
------------ path : react-antd-admin/src/interface/user/login.ts ----------
1  /** user's role */
2  export type Role = 'guest' | 'admin';
3
4  export interface LoginParams {
5    /** 用户登录名 */
6    username: string;
7    /** 用户密码 */
8    password: string;
9  }
10
11 export interface LoginResult {
12   /** auth token */
13   token: string;
14   username: string;
15   role: Role;
16 }
17
18 export interface LogoutParams {
19   token: string;
20 }
21
22 export interface LogoutResult {}
```

上述代码说明如下。

在第 2 行代码中，通过 type 命令定义了登录用户角色类型 Role，包含 guest 和 admin 两类用户角色。

在第 4～9 行代码中，定义了用于描述用户登录（Login）信息的接口对象 LoginParams，包含用户登录名 username 和用户密码 password 两个属性。

在第 11～16 行代码中，定义了用于描述用户登录结果信息的接口对象 LoginResult，包含用户令牌 token、用户登录名 username 和角色 role 三个属性。

在第 18～20 行和第 22 行代码中，定义了用于描述用户退出（Logout）信息的两个接口对象 LogoutParams 和 LogoutResult。

【例 10.5】Web 应用管理系统用户登录容器组件。

相关源代码如下。

```
------------- path : react-antd-admin/src/pages/login/index.tsx ------------
1  import { FC } from 'react';
2  import { Button, Checkbox, Form, Input } from 'antd';
3  import './index.less';
4  import { useNavigate, useLocation } from 'react-router-dom';
5  import { LoginParams } from '@/interface/user/login';
6  import { loginAsync } from '@/stores/user.store';
7  import { useDispatch } from 'react-redux';
8  import { formatSearch } from '@/utils/formatSearch';
9
10 const initialValues: LoginParams = {
11   username: 'guest',
12   password: '123456',
13 };
14
15 const LoginForm: FC = () => {
16   const navigate = useNavigate();
17   const location = useLocation();
18   const dispatch = useDispatch();
19   const onFinished = async (form: LoginParams) => {
20     const res = dispatch(await loginAsync(form));
21     if (!!res) {
22       const search = formatSearch(location.search);
23       const from = search.from || { pathname: '/' };
24       navigate(from);
25     }
26   };
27
```

```
28    return (
29      <div className="login-page">
30        <Form<LoginParams> onFinish={onFinished}
31          className="login-page-form" initialValues={initialValues}>
32        <h2>登录页面</h2>
33        <Form.Item name="username" label="User Id"
34          rules={[{ required: true, message: '请输入用户名！' }]}>
35          <Input placeholder="用户名" />
36        </Form.Item>
37        <Form.Item name="password" label="Passwd"
38          rules={[{ required: true, message: '请输入密码！' }]}>
39          <Input type="password" placeholder="密码" />
40        </Form.Item>
41        <Form.Item name="remember" valuePropName="checked">
42          <Checkbox>记住用户</Checkbox>
43        </Form.Item>
44        <Form.Item>
45          <Button htmlType="submit" type="primary"
46            className="login-page-form_button">
47            登录
48          </Button>
49        </Form.Item>
50      </Form>
51    </div>
52  );
53 };
54
55 export default LoginForm;
```

上述代码说明如下。

在第 10～13 行代码中，定义了一个用户登录信息（LoginParams）类型的常量 initialValues，并初始化了用户登录名 username 和用户密码 password 的属性值。

在第 15～53 行代码中，通过表单（Form）容器组件定义了用户登录容器组件 LoginForm。

在第 30～49 行代码中，通过一组表单容器组件定义了用户名文本框、密码文本框和登录按钮，以及表单事件处理方法 onFinished()。

在第 19～26 行代码中，具体定义了表单事件处理方法 onFinished()。

在第 20 行代码中，通过调用用户登录状态管理容器组件（详见【例 10.6】）的登录方法 loginAsync() 来判断用户登录信息。

在第 21～25 行代码中，通过 if 语句判断用户登录结果是否有效，若有效，则保存用户相关信息并自动导航到 Web 应用管理系统首页（以下简称首页）。

　　Web 应用管理系统的用户登录状态管理逻辑是通过 React Redux 状态容器来实现的，状态管理容器组件通常放在目录 stores 中。用户登录和退出的异步操作功能，具体如下。

　　【例 10.6】Web 应用管理系统用户登录和退出的异步操作。

　　相关源代码如下。

```
--------------- path : react-antd-admin/src/stores/user.store.ts -----------
1  import { createSlice, PayloadAction, Dispatch } from '@reduxjs/toolkit';
2  import { apiLogin, apiLogout } from '@/api/user.api';
3  import { LoginParams, Role } from '@/interface/user/login';
4  import { Locale, UserState } from '@/interface/user/user';
5  import { createAsyncAction } from './utils';
6  import { getGlobalState } from '@/utils/getGloabal';
7
8  const initialState: UserState = {
9    ...getGlobalState(),
10   noticeCount: 0,
11   locale: (localStorage.getItem('locale')! || 'en_US') as Locale,
12   newUser: JSON.parse(localStorage.getItem('newUser')!) ?? true,
13   logged: localStorage.getItem('t') ? true : false,
14   menuList: [],
15   username: localStorage.getItem('username') || '',
16   role: (localStorage.getItem('username') || '') as Role,
17 };
18
19 const userSlice = createSlice({
20   name: 'user',
21   initialState,
22   reducers: {
23     setUserItem(state, action: PayloadAction<Partial<UserState>>) {
24       const { username } = action.payload;
25       if (username !== state.username) {
26         localStorage.setItem('username', action.payload.username || '');
27       }
28       Object.assign(state, action.payload);
29     },
30   },
31 });
32
33 export const { setUserItem } = userSlice.actions;
34
35 export default userSlice.reducer;
```

```
36
37  // typed wrapper async thunk function demo, no extra feature, just for
powerful typings
38  export const loginAsync = createAsyncAction<LoginParams, boolean>(payload
=> {
39    return async dispatch => {
40      const { result, status } = await apiLogin(payload);
41
42      if (status) {
43        localStorage.setItem('t', result.token);
44        localStorage.setItem('username', result.username);
45        dispatch(
46          setUserItem({
47            logged: true,
48            username: result.username,
49          }),
50        );
51        return true;
52      }
53      return false;
54    };
55  });
56
57  export const logoutAsync = () => {
58    return async (dispatch: Dispatch) => {
59      const { status } = await apiLogout({ token: localStorage.getItem
('t')! });
60
61      if (status) {
62        localStorage.clear();
63        dispatch(
64          setUserItem({
65            logged: false,
66          }),
67        );
68        return true;
69      }
70      return false;
71    };
72  };
```

上述代码说明如下。

在第 38～55 行和第 57～72 行代码中，分别定义了用户登录和退出的异步操作方法

loginAsync()和 logoutAsync()。

在第 38~55 行代码定义的用户登录的异步操作方法 loginAsync()中，如果用户登录成功，则将状态 logged 设置为"true"。

在第 57~72 行代码定义的用户退出的异步操作方法 logoutAsync()中，如果用户退出，则将状态 logged 设置为"false"。

用户登录的操作效果如图 10.10 所示。

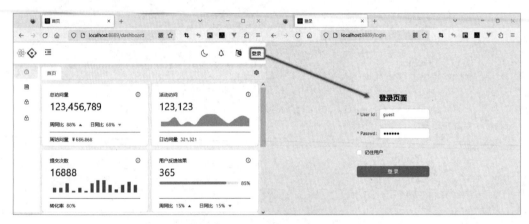

图 10.10　用户登录的操作效果

如图 10.10 所示，在首页的顶部菜单栏中单击"登录"按钮，会自动导航到用户登录页面。在登录页面的表单中，用户名文本框和密码文本框会自动显示默认的用户名（guest）和密码，单击"登录"按钮即可完成登录操作。登录成功后的效果如图 10.11 所示。

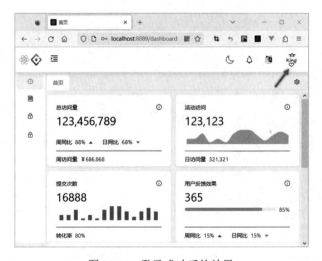

图 10.11　登录成功后的效果

如图 10.11 所示，用户登录成功后会自动导航到首页，顶部菜单栏中的用户登录区域会显示已登录用户的头像。

10.6　左侧导航栏容器组件

左侧导航栏容器组件包含一组列表菜单，用户通过该列表菜单可以导航到不同的子功能页面，详细介绍如下。

【例 10.7】Web 应用管理系统左侧导航栏容器接口（TypeScript 接口）。

相关源代码如下。

```
------- path : react-antd-admin/src/interface/layout/menu.interface.ts -----
1  interface MenuItem {
2   /** menu item code */
3   code: string;
4   /** menu labels */
5   label: {
6     zh_CN: string;
7     en_US: string;
8   };
9   /** 图标名称 */
10  icon?: string;
11  /** 菜单路由 */
12  path: string;
13  /** 子菜单 */
14  children?: MenuItem[];
15 }
16
17 export type MenuChild = Omit<MenuItem, 'children'>;
18
19 export type MenuList = MenuItem[];
```

上述代码说明如下。

在第 1～15 行代码中，定义了用于描述左侧导航栏容器的接口对象 MenuItem，包含菜单项代码 code、标签 label、图标名称 icon、菜单路由 path 和子菜单 children 这组属性。

在第 17 行和第 19 行代码中，通过 export 关键字导出了基于接口对象 MenuItem 的子菜单对象 MenuChild 和菜单列表对象 MenuList。

【例 10.8】Web 应用管理系统左侧导航栏容器组件。

相关源代码如下。

```
------------ path : react-antd-admin/src/pages/layout/menu.tsx -----------
1  import { FC } from 'react';
2  import { Menu } from 'antd';
3  import { MenuList } from '../../interface/layout/menu.interface';
4  import { useNavigate } from 'react-router-dom';
5  import { CustomIcon } from './customIcon';
6  import { useDispatch, useSelector } from 'react-redux';
7  import { setUserItem } from '@/stores/user.store';
8
9  interface MenuProps {
10   menuList: MenuList;
11   openKey?: string;
12   onChangeOpenKey: (key?: string) => void;
13   selectedKey: string;
14   onChangeSelectedKey: (key: string) => void;
15  }
16
17  const MenuComponent: FC<MenuProps> = props => {
18  const {menuList, openKey, onChangeOpenKey, selectedKey, onChangeSelectedKey}
=props;
19   const { device, locale } = useSelector(state => state.user);
20   const navigate = useNavigate();
21   const dispatch = useDispatch();
22
23   const getTitle = (menu: MenuList[0]) => {
24    return (
25     <span style={{ display: 'flex', alignItems: 'center' }}>
26       <CustomIcon type={menu.icon!} />
27       <span>{menu.label[locale]}</span>
28     </span>
29    );
30   };
31
32   const onMenuClick = (path: string) => {
33    onChangeSelectedKey(path);
34    navigate(path);
35    if (device !== 'DESKTOP') {
36      dispatch(setUserItem({ collapsed: true }));
37    }
38   };
```

```
39
40    const onOpenChange = (keys: string[]) => {
41      const key = keys.pop();
42      onChangeOpenKey(key);
43    };
44
45    return (
46      <Menu
47        mode="inline"
48        selectedKeys={[selectedKey]}
49        openKeys={openKey ? [openKey] : []}
50        onOpenChange={onOpenChange}
51        onSelect={k => onMenuClick(k.key)}
52        className="layout-page-sider-menu text-2"
53        items={menuList.map(menu => {
54          return menu.children
55            ? {
56                key: menu.code,
57                label: getTitle(menu),
58                children: menu.children.map(child => ({
59                  key: child.path,
60                  label: child.label[locale],
61                })),
62              }
63            : {
64                key: menu.path,
65                label: getTitle(menu),
66              };
67        })}
68      ></Menu>
69    );
70  };
71
72  export default MenuComponent;
```

上述代码说明如下。

在第 9～15 行代码中，定义了用于描述菜单属性参数的接口对象 **MenuProps**，包含菜单列表（MenuList）类型的属性 menuList、描述打开菜单项的属性 openKey 和方法 onChangeOpenKey()、描述选中菜单项的属性 selectedKey 和方法 onChangeSelectedKey()。

在第 17～70 行代码中，定义了左侧导航栏容器组件 **MenuComponent**。

在第 46～68 行代码中，通过组件 Menu、列表 menuList 及映射方法 map()定义了左侧导航栏。

在第 51 行代码中，定义了组件 Menu 的 onSelect 事件方法 onMenuClick()，实现了菜单项的切换操作。

在第 53～67 行代码中，通过在列表对象 menuList 上使用映射方法 map()来创建左侧导航栏的菜单列表，包含菜单项的键值 key、标签 label 和子菜单 children。

在第 23～30 行代码中，定义了用于获取左侧导航栏中标签（label）内容的方法 getTitle()。

在第 32～38 行代码中，定义了左侧导航栏选择事件的处理方法 onMenuClick()。

在第 33 行代码中，调用方法 onChangeSelectedKey()处理路由路径 path。

在第 34 行代码中，调用方法 navigate()导航到路由路径 path 地址。

在第 40～43 行代码中，定义了左侧导航栏打开事件的处理方法 onOpenChange()。

在第 41 行代码中，通过在参数 keys 上调用方法 pop()来获取菜单项的键值 key。

在第 42 行代码中，调用方法 onChangeOpenKey()处理键值 key。

【例 10.9】Web 应用管理系统左侧导航栏容器组件 mock 数据。

相关源代码如下。

```
-------------- path : react-antd-admin/src/mock/user/menu.mock.ts -----------
1  import { MenuList } from '@/interface/layout/menu.interface';
2  import { mock, intercepter } from '../config';
3
4  const mockMenuList: MenuList = [
5    {
6      code: 'dashboard',
7      label: {
8        zh_CN: '首页',
9        en_US: 'Dashboard',
10     },
11     icon: 'dashboard',
12     path: '/dashboard',
13   },
14   {
15     code: 'documentation',
16     label: {
17       zh_CN: '文档',
18       en_US: 'Documentation',
19     },
20     icon: 'documentation',
21     path: '/documentation',
22   },
```

```
23    {
24      code: 'permission',
25      label: {
26        zh_CN: '权限',
27        en_US: 'Permission',
28      },
29      icon: 'permission',
30      path: '/permission',
31      children: [
32        {
33          code: 'routePermission',
34          label: {
35            zh_CN: '路由权限',
36            en_US: 'Route Permission',
37          },
38          path: '/permission/route',
39        },
40        {
41          code: 'notFound',
42          label: {
43            zh_CN: '404',
44            en_US: '404',
45          },
46          path: '/permission/404',
47        },
48      ],
49    },
50    {
51      code: 'component',
52      label: {
53        zh_CN: '组件',
54        en_US: 'Component',
55      },
56      icon: 'permission',
57      path: '/component',
58      children: [
59        {
60          code: 'componentForm',
61          label: {
62            zh_CN: '表单',
63            en_US: 'Form',
```

```
64        },
65        path: '/component/form',
66      },
67      {
68        code: 'componentTable',
69        label: {
70          zh_CN: '表格',
71          en_US: 'Table',
72        },
73        path: '/component/table',
74      },
75      {
76        code: 'componentSearch',
77        label: {
78          zh_CN: '查询',
79          en_US: 'Search',
80        },
81        path: '/component/search',
82      },
83      {
84        code: 'componentAside',
85        label: {
86          zh_CN: '侧边栏',
87          en_US: 'Aside',
88        },
89        path: '/component/aside',
90      },
91      {
92        code: 'componentTabs',
93        label: {
94          zh_CN: '选项卡',
95          en_US: 'Tabs',
96        },
97        path: '/component/tabs',
98      },
99      {
100       code: 'componentRadioCards',
101       label: {
102         zh_CN: '单选卡片',
103         en_US: 'Radio Cards',
104       },
105       path: '/component/radio-cards',
```

```
106        },
107      ],
108    },
109  ];
110
111  mock.mock('/user/menu', 'get', intercepter(mockMenuList));
```

上述代码说明如下。

在第 4～109 行代码中，定义了一个左侧导航菜单容器组件接口类型（MenuList）的对象 mockMenuList，描述了左侧导航栏中菜单项的数据信息。

在第 111 行代码中，通过对象 mock 创建左侧导航菜单容器组件来获取路径（'/user/menu'）。

左侧导航栏菜单列表的操作效果如图 10.12 和图 10.13 所示。

图 10.12　左侧导航栏菜单列表的操作效果（1）

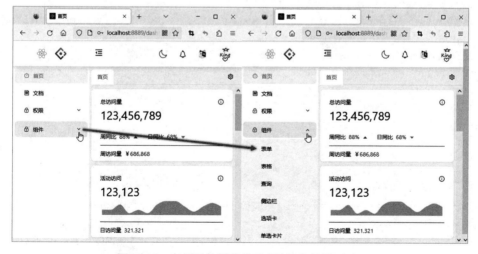

图 10.13　左侧导航栏菜单列表的操作效果（2）

如图 10.12 和图 10.13 所示，单击左侧导航栏中的"权限"和"组件"菜单列表，实现了展开子菜单的功能。

10.7　路由功能容器组件

通过左侧导航栏容器组件导航到不同的页面，是使用 React 框架的路由功能容器组件（react-router）来实现的，详细介绍如下。

【例 10.10】Web 应用管理系统路由功能容器组件。

相关源代码如下。

```
-------------- path : react-antd-admin/src/pages/routes/index.tsx ----------
1  import { FC, lazy } from 'react';
2  import Dashboard from '@/pages/dashboard';
3  import LoginPage from '@/pages/login';
4  import LayoutPage from '@/pages/layout';
5  import { Navigate, RouteObject } from 'react-router';
6  import WrapperRouteComponent from './config';
7  import { useRoutes } from 'react-router-dom';
8
9  const NotFound = lazy(() =>
10 import(/* webpackChunkName: "404'"*/ '@/pages/404'));
11 const Documentation = lazy(() =>
12 import(/* webpackChunkName: "404'"*/ '@/pages/doucumentation'));
13 const RoutePermission = lazy(() =>
14 import(/* webpackChunkName: "route-permission"*/ '@/pages/permission/
route'));
15 const FormPage = lazy(() =>
16 import(/* webpackChunkName: "form'"*/ '@/pages/components/form'));
17 const TablePage = lazy(() =>
18 import(/* webpackChunkName: "table'"*/ '@/pages/components/table'));
19 const SearchPage = lazy(() =>
20 import(/* webpackChunkName: "search'"*/ '@/pages/components/search'));
21 const TabsPage = lazy(() =>
22 import(/* webpackChunkName: "tabs'"*/ '@/pages/components/tabs'));
23 const AsidePage = lazy(() =>
24 import(/* webpackChunkName: "aside'"*/ '@/pages/components/aside'));
25 const RadioCardsPage = lazy(() =>
26 import(/* webpackChunkName: "radio-cards'"*/ '@/pages/components/radio-
cards'));
```

```
27
28  const routeList: RouteObject[] = [
29    {
30      path: '/login',
31      element: <WrapperRouteComponent element={<LoginPage />} titleId=
"title.login" />,
32    },
33    {
34      path: '/',
35      element: <WrapperRouteComponent element={<LayoutPage />} titleId="" />,
36      children: [
37        {
38          path: '',
39          element: <Navigate to="dashboard" />,
40        },
41        {
42          path: 'dashboard',
43          element: <WrapperRouteComponent element={<Dashboard />}
44          titleId="title.dashboard" />,
45        },
46        {
47          path: 'documentation',
48          element: <WrapperRouteComponent element={<Documentation />}
49          titleId="title.documentation" />,
50        },
51        {
52          path: 'permission/route',
53          element: <WrapperRouteComponent element={<RoutePermission />}
54          titleId="title.permission.route" auth />,
55        },
56        {
57          path: 'permission/404',
58          element: <WrapperRouteComponent element={<NotFound />}
59          titleId="title.notFount" />,
60        },
61        {
62          path: 'component/form',
63          element: <WrapperRouteComponent element={<FormPage />}
64          titleId="title.account" />,
65        },
66        {
67          path: 'component/table',
```

```
68        element: <WrapperRouteComponent element={<TablePage />}
69        titleId="title.account" />,
70      },
71      {
72        path: 'component/search',
73        element: <WrapperRouteComponent element={<SearchPage />}
74        titleId="title.account" />,
75      },
76      {
77        path: 'component/tabs',
78        element: <WrapperRouteComponent element={<TabsPage />}
79        titleId="title.account" />,
80      },
81      {
82        path: 'component/aside',
83        element: <WrapperRouteComponent element={<AsidePage />}
84        titleId="title.account" />,
85      },
86      {
87        path: 'component/radio-cards',
88        element: <WrapperRouteComponent element={<RadioCardsPage />}
89        titleId="title.account" />,
90      },
91      {
92        path: '*',
93        element: <WrapperRouteComponent element={<NotFound />}
94        titleId="title.notFount" />,
95      },
96    ],
97  },
98 ];
99
100 const RenderRouter: FC = () => {
101   const element = useRoutes(routeList);
102
103   return element;
104 };
105
106 export default RenderRouter;
```

上述代码说明如下。

在第 1～7 行代码中，通过 import 关键字导入了一组自定义组件。

在第 9~26 行代码中，定义了一组路由路径的常量。

在第 28~98 行代码中，定义了一个路由对象 routeList，包含一组路由列表。

在第 29~32 行代码中，定义了导航到登录页面（LoginPage）的路由。其中，路径 path 的属性值为 "login"，路由容器组件 element 的属性值为 "LoginPage"。

在第 34 行、第 35 行和第 37~40 行代码中，定义了导航到首页（根路径）的路由。其中，路径 path 的属性值为 "/"，路由容器组件 element 的属性值为 "dashboard"。导航到首页的操作效果如图 10.14 所示。

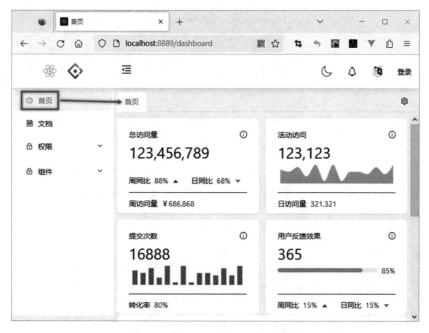

图 10.14　导航到首页的操作效果

在第 41~45 行代码中，定义了导航到应用公告板的路由。其中，路径 path 的属性值为 "dashboard"，路由容器组件 element 的属性值为 "Dashboard"。

在第 46~50 行代码中，定义了导航到应用文档页面的路由。其中，路径 path 的属性值为 "documentation"，路由容器组件 element 的属性值为 "Documentation"。导航到文档页面的操作效果如图 10.15 所示。

在第 51~55 行代码中，定义了导航权限的路由。其中，路径 path 的属性值为 "permission/route"，路由容器组件 element 的属性值为 "RoutePermission"，并增加了一个权限属性 auth。权限属性 auth 的内容将在 10.8 节中单独介绍。

图 10.15 导航到文档页面的操作效果

在第 56～60 行代码中,定义了导航到 404 错误页面的路由。其中,路径 path 的属性值为 "permission/404",路由容器组件 element 的属性值为 "NotFound"。导航到 404 错误页面的操作效果如图 10.16 所示。

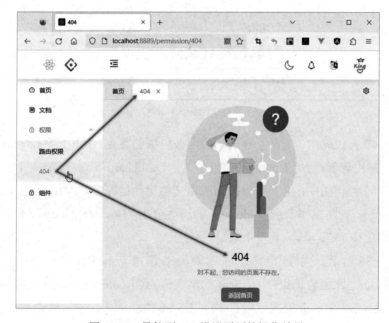

图 10.16 导航到 404 错误页面的操作效果

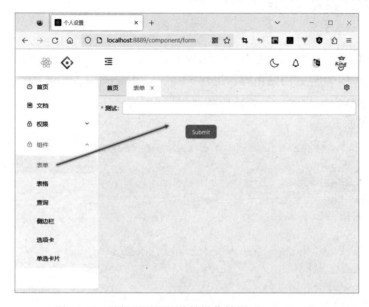

在第 61～90 行代码中，定义了一组导航到页面组件的路由。其中，路径 path 的属性值为"component/xxx"（这里"xxx"表示具体的页面组件路径，如 from 和 table），路由容器组件 element 的属性值为"xxxPage"（这里的"xxxPage"表示具体的页面组件名称，如 FormPage 和 TablePage）。导航到页面组件的操作效果如图 10.17 和图 10.18 所示。

图 10.17　导航到页面组件的操作效果（FormPage）

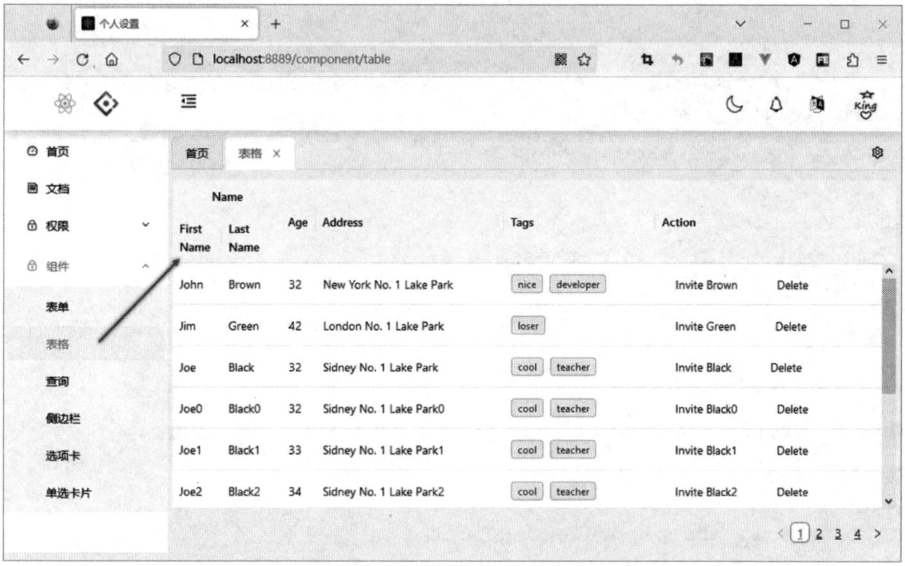

图 10.18　导航到页面组件的操作效果（TablePage）

如图 10.17 和图 10.18 所示，单击左侧导航栏中的菜单项，实现了导航到表单容器组件和表格容器组件的路由功能。

10.8　路由权限功能

10.7 节介绍的路由权限容器组件（RoutePermission）是通过增加权限属性 auth 来实现的。其实，整个路由权限功能是由路由容器组件（WrapperRouteComponent）实现的，具体如下。

【例 10.11】Web 应用管理系统路由容器组件。

相关源代码如下。

```
---------- path : react-antd-admin/src/pages/routes/config.tsx -------------
1  import { FC, ReactElement } from 'react';
2  import { RouteProps } from 'react-router';
3  import PrivateRoute from './pravateRoute';
4  import { useIntl } from 'react-intl';
5
6  export interface WrapperRouteProps extends RouteProps {
7    /** document title locale id */
8    titleId: string;
9    /** authorization? */
10   auth?: boolean;
11 }
12
13   const WrapperRouteComponent: FC<WrapperRouteProps> = ({ titleId,
auth, ...props }) => {
14   const { formatMessage } = useIntl();
15
16   if (titleId) {
17     document.title = formatMessage({
18       id: titleId,
19     });
20   }
21
22   return auth ? <PrivateRoute {...props} /> : (props.element as ReactElement);
23 };
24
25 export default WrapperRouteComponent;
```

上述代码说明如下。

在第 6～11 行代码中，定义了一个 RouteProps 类型的接口 WrapperRouteProps，包含一个字符串类型属性 titleId 和一个布尔类型属性 auth。其中，布尔类型属性 auth 是用于实现组件访问权限的关键。

在第 13～23 行代码中，定义了一个路由容器组件 WrapperRouteComponent。

在第 22 行代码中，定义了一个三元表达式，通过判断属性 auth 的布尔值来选择不同的 React 组件类型。如果属性 auth 的布尔值为"真"，则选择渲染 PrivateRoute 组件。

PrivateRoute 组件的具体介绍如下。

【例 10.12】Web 应用管理系统 PrivateRoute 组件。

相关源代码如下。

```
--------- path : react-antd-admin/src/pages/routes/privateRoute.tsx --------
1  import { FC } from 'react';
2  import { useNavigate } from 'react-router-dom';
3  import { Result, Button } from 'antd';
4  import { useLocale } from '@/locales';
5  import { RouteProps, useLocation } from 'react-router';
6  import { useSelector } from 'react-redux';
7
8  const PrivateRoute: FC<RouteProps> = props => {
9    const { logged } = useSelector(state => state.user);
10   const navigate = useNavigate();
11   const { formatMessage } = useLocale();
12   const location = useLocation();
13
14   return logged ? (
15     (props.element as React.ReactElement)
16   ) : (
17    <Result
18     status="403"
19     title="403"
20     subTitle={formatMessage({ id: 'gloabal.tips.unauthorized' })}
21     extra={
22      <Button
23       type="primary"
24       onClick={() =>
25              navigate(`/login${'?from=' + encodeURIComponent(location.
pathname)}`,
26            { replace: true })}
27     >
28        {formatMessage({ id: 'gloabal.tips.goToLogin' })}
```

```
29           </Button>
30        }
31     />
32   );
33 };
34
35 export default PrivateRoute;
```

上述代码说明如下。

在第 8～33 行代码，定义了一个 PrivateRoute 组件，用于渲染用户登录后的页面。

在第 9 行代码中，通过 Redux 状态管理组件的方法 useSelector()获取了用户登录状态属性 state.user，并将结果保存在常量 logged 中。

在第 14～32 行代码中，通过判断常量 logged 的值来选择渲染登录后的组件。如果用户有权限（登录状态），则导航到正确组件；如果用户没有权限（退出状态），则导航到错误组件（403 页面）。

在第 22～29 行代码中，先通过 Button 组件定义了一个按钮，并注册了鼠标单击事件方法，再通过方法 navigate()路由返回登录容器组件。

路由权限的操作效果如图 10.19 和图 10.20 所示。

图 10.19　路由权限的操作效果（有权限）

图 10.20　路由权限的操作效果（没有权限）

10.9　首页容器组件

Web 应用管理系统定义了一组页面内容（内容展示区域）容器组件，用户登录系统看到的就是首页（Dashboard）容器组件。本节介绍首页容器组件（DashBoardPage）。

【例 10.13】Web 应用管理系统首页容器组件（DashBoardPage）。

相关源代码如下。

```
---------- path : react-antd-admin/src/pages/dashboard/index.tsx -----------
1  import { FC, useState, useEffect } from 'react';
2  import './index.less';
3  import Overview from './overview';
4  import PeoPercent from './peoPercent';
5
6  const DashBoardPage: FC = () => {
7    const [loading, setLoading] = useState(true);
8    // mock timer to mimic dashboard data loading
9    useEffect(() => {
10     const timer = setTimeout(() => {
11       setLoading(undefined as any);
12     }, 1000);
```

```
13
14    return () => {
15      clearTimeout(timer);
16    };
17  }, []);
18
19  return (
20    <div>
21      <Overview loading={loading} />
22      <PeoPercent loading={loading} />
23    </div>
24  );
25 };
26
27 export default DashBoardPage;
```

上述代码说明如下。

在第 6～25 行代码中，定义了首页容器组件 DashBoardPage，通过方法 useEffect()监控首页容器组件的状态，实现了页面加载效果。

在第 21 行和第 22 行代码中，引入了概览图组件 Overview 和人口百分比组件 PeoPercent，并将其渲染到首页。

概览图组件 Overview 和人口百分比组件 PeoPercent 的内容如下。

【例 10.14】Web 应用管理系统概览图组件（Overview）。

相关源代码如下。

```
----------- path : react-antd-admin/src/pages/dashboard/index.tsx ----------
 1 import { FC } from 'react';
 2 import { Row, Col, Card, Tooltip, Progress, Badge } from 'antd';
 3 import { InfoCircleOutlined } from '@ant-design/icons';
 4 import { ColProps } from 'antd/es/col';
 5 import { ReactComponent as CaretUpIcon } from './assets/caret-up.svg';
 6 import { ReactComponent as CaretDownIcon } from './assets/caret-down.svg';
 7 import { ResponsiveContainer, AreaChart, Tooltip as RTooltip, Area, XAxis,
BarChart, Bar } from 'recharts';
 8 import dayjs from 'dayjs';
 9 import { useLocale } from '@/locales';
10
11 const data = new Array(14).fill(null).map((_, index) => ({
12   name: dayjs().add(index, 'day').format('YYYY-MM-DD'),
13   number: Math.floor(Math.random() * 8 + 1),
14 }));
```

```
15
16   interface ColCardProps {
17     metaName: string;
18     metaCount: string;
19     body: React.ReactNode;
20     footer: React.ReactNode;
21     loading: boolean;
22   }
23
24   const ColCard: FC<ColCardProps> = ({ metaName, metaCount, body, footer,
loading }) => {
25     return (
26       <Col {...wrapperCol}>
27         <Card loading={loading} className="overview" bordered={false}>
28           <div className="overview-header">
29             <div className="overview-header-meta">{metaName}</div>
30             <div className="overview-header-count">{metaCount}</div>
31             <Tooltip title="Introduce">
32               <InfoCircleOutlined className="overview-header-action" />
33             </Tooltip>
34           </div>
35           <div className="overview-body">{body}</div>
36           <div className="overview-footer">{footer}</div>
37         </Card>
38       </Col>
39     );
40   };
41
42   interface TrendProps {
43     wow: string;
44     dod: string;
45     style?: React.CSSProperties;
46   }
47
48   const Trend: FC<TrendProps> = ({ wow, dod, style = {} }) => {
49     const { formatMessage } = useLocale();
50
51     return (
52       <div className="trend" style={style}>
53         <div className="trend-item">
54           <span >{formatMessage({ id: 'app.dashboard.overview.wowChange' })}
</span>
```

```
55          <span className="trend-item-text">{wow}</span>
56          <CaretUpIcon color="#f5222d" />
57        </div>
58        <div className="trend-item">
59          <span >{formatMessage({ id: 'app.dashboard.overview.dodChange' })}
</span>
60          <span className="trend-item-text">{dod}</span>
61          <CaretDownIcon color="#52c41a" />
62        </div>
63      </div>
64    );
65  };
66
67  const CustomTooltip: FC<any> = ({ active, payload, label }) =>
68    active && (
69      <div className="customTooltip">
70        <span className="customTooltip-title">
71          <Badge color={payload[0].fill} /> {label} : {payload[0].value}
72        </span>
73      </div>
74    );
75
76  interface FieldProps {
77    name: string;
78    number: string;
79  }
80
81  const Field: FC<FieldProps> = ({ name, number }) => (
82    <div className="field">
83      <span className="field-label">{name}</span>
84      <span className="field-number">{number} </span>
85    </div>
86  );
87
88  const Overview: FC<{ loading: boolean }> = ({ loading }) => {
89    const { formatMessage } = useLocale();
90
91    return (
92      <Row gutter={[12, 12]}>
93        <ColCard
```

```
 94        loading={loading}
 95        metaName={formatMessage({ id: 'app.dashboard.overview.
totalVisits' })}
 96        metaCount="123,456,789"
 97        body={<Trend wow="88%" dod="68%" />}
 98        footer={<Field name={formatMessage({ id: 'app.dashboard.overview.
dailyVisits' })} number="￥686,868" />}
 99      />
100      <ColCard
101        loading={loading}
102        metaName={formatMessage({ id: 'app.dashboard.overview.visits' })}
103        metaCount="123,123"
104        body={
105          <ResponsiveContainer>
106            <AreaChart data={data}>
107              <XAxis dataKey="name" hide />
108              <RTooltip content={<CustomTooltip />} />
109            <Area strokeOpacity={0} type="monotone" dataKey="number" fill=
"#8E65D3" />
110            </AreaChart>
111          </ResponsiveContainer>
112        }
113      footer={<Field name={formatMessage({ id: 'app.dashboard.overview.
visits.dailyVisits' })} number="321,321" />}
114      />
115      <ColCard
116        loading={loading}
117        metaName={formatMessage({ id: 'app.dashboard.overview.submits' })}
118        metaCount="16888"
119        body={
120          <ResponsiveContainer>
121            <BarChart data={data}>
122              <XAxis dataKey="name" hide />
123              <RTooltip content={<CustomTooltip />} />
124    <Bar strokeOpacity={0} barSize={10} dataKey="number" stroke="#3B80D9"
fill="#3B80D9">
125            </BarChart>
126          </ResponsiveContainer>
127        }
128      footer={<Field name={formatMessage({id:'app.dashboard.overview.
conversionRate'})} number="80%"/>}
```

```
129        />
130      <ColCard
131        loading={loading}
132        metaName={formatMessage({ id: 'app.dashboard.overview.
operationalEffect' })}
133        metaCount="365"
134        body={<Progress strokeColor="#58BFC1" percent={85} />}
135        footer={<Trend style={{ position: 'inherit' }} wow="15%" dod="15%" />}
136      />
137    </Row>
138  );
139 };
140
141 export default Overview;
```

上述代码说明如下。

在第 2 行代码中，通过 antd 组件库引入了一系列页面组件（Row、Col、Card、Tooltip、Progress、Badge）。

在第 7 行代码中，引入了第三方组件 recharts。该组件包含一系列非常漂亮和实用的页面组件（ResponsiveContainer、AreaChart、Tooltip as RTooltip、Area、BarChart、Bar）。

在第 16～22 行代码中，定义了一个用于描述页面布局的参数接口 ColCardProps，其中属性 body 和 footer 用于定义页面组件。

在第 24～40 行代码中，定义了一个实现接口 ColCardProps 的自定义组件 ColCard，并主要使用卡片组件 Card 和提示组件 Tooltip 描述自定义组件 ColCard 的结构布局。

在第 42～46 行代码中，定义了一个用于描述趋势图的参数接口 TrendProps。

在第 48～65 行代码中，定义了一个实现接口 TrendProps 的自定义组件 Trend，主要实现了在自定义组件 ColCard 中加入趋势图的功能。

在第 76～79 行代码中，定义了一个用于描述注脚的参数接口 FieldProps。

在第 81～86 行代码中，定义了一个实现接口 FieldProps 的自定义组件 Field，主要实现了在自定义组件 ColCard 中加入注脚的功能。

在第 88～139 行代码中，定义了一个概览图组件 Overview，用于在首页渲染概览图框。通过前面的自定义组件 ColCard，以及第三方组件 recharts 的页面组件（ResponsiveContainer、AreaChart、Tooltip as RTooltip、Area、BarChart 和 Bar），定义了概览图组件 Overview 的结构布局。

概览图组件 Overview 的操作效果，具体如图 10.21 所示。

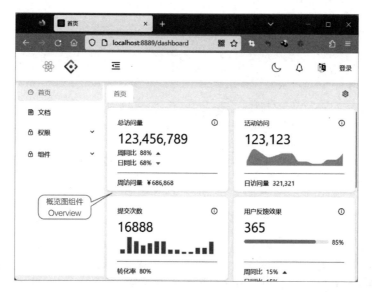

图 10.21　概览图组件 Overview 的操作效果

【例 10.15】Web 应用管理系统人口百分比组件 PeoPercent。

相关源代码如下。

```
---------- path : react-antd-admin/src/pages/dashboard/peoPercent.tsx ------
1  import { FC, useState } from 'react';
2  import { Card, Row, Col, List, Radio, Badge } from 'antd';
3  import { ResponsiveContainer, PieChart, Pie, Cell, Tooltip } from 'recharts';
4  import { ColProps } from 'antd/es/col';
5  import { useLocale } from '@/locales';
6  import { useSelector } from 'react-redux';
7
8  type DataType = 'all' | 'online' | 'offline';
9
10 interface Values {
11   name: {
12     zh_CN: string;
13     en_US: string;
14   };
15   value: number;
16 }
17
18 interface Data {
19   all: Values[];
20   online: Values[];
```

```
21    offline: Values[];
22  }
23
24  const data: Data = {
25    all: [
26      { name: { zh_CN: '科技', en_US: 'technology' }, value: 4544 },
27      { name: { zh_CN: '政府', en_US: 'government' }, value: 3321 },
28      { name: { zh_CN: '体育', en_US: 'sports' }, value: 3113 },
29      { name: { zh_CN: '制造', en_US: 'manual' }, value: 2341 },
30      { name: { zh_CN: '儿童', en_US: 'child' }, value: 1231 },
31      { name: { zh_CN: '其他', en_US: 'others' }, value: 132 },
32    ],
33    online: [
34      { name: { zh_CN: '科技', en_US: 'technology' }, value: 244 },
35      { name: { zh_CN: '政府', en_US: 'government' }, value: 231 },
36      { name: { zh_CN: '体育', en_US: 'sports' }, value: 311 },
37      { name: { zh_CN: '制造', en_US: 'manual' }, value: 41 },
38      { name: { zh_CN: '儿童', en_US: 'child' }, value: 121 },
39      { name: { zh_CN: '其他', en_US: 'others' }, value: 111 },
40    ],
41    offline: [
42      { name: { zh_CN: '科技', en_US: 'technology' }, value: 99 },
43      { name: { zh_CN: '政府', en_US: 'government' }, value: 188 },
44      { name: { zh_CN: '体育', en_US: 'sports' }, value: 344 },
45      { name: { zh_CN: '制造', en_US: 'manual' }, value: 255 },
46      { name: { zh_CN: '其他', en_US: 'others' }, value: 65 },
47    ],
48  };
49
50   const COLORS = ['#0088FE', '#00C49F', '#FFBB28', '#FF8042', '#E36E7E',
'#8F66DE'];
51
52  const PeoPercent: FC<{ loading: boolean }> = ({ loading }) => {
53    const [dataType, setDataType] = useState<DataType>('all');
54    const { locale } = useSelector(state => state.user);
55    const { formatMessage } = useLocale();
56
57    return (
58      <Card
59        className="salePercent"
60        title={formatMessage({ id: 'app.dashboard.salePercent.proportionOfVisits' })}
```

```
61        loading={loading}
62        extra={
63         <Radio.Group value={dataType}
64         onChange={e => setDataType(e.target.value)} buttonStyle="solid">
65          <Radio.Button value="all">
66            {formatMessage({ id: 'app.dashboard.salePercent.all' })}
67          </Radio.Button>
68          <Radio.Button value="online">
69            {formatMessage({ id: 'app.dashboard.salePercent.online' })}
70          </Radio.Button>
71          <Radio.Button value="offline">
72            {formatMessage({ id: 'app.dashboard.salePercent.offline' })}
73          </Radio.Button>
74         </Radio.Group>
75        }
76      >
77       <Row gutter={20}>
78        <Col {...wrapperCol}>
79         <ResponsiveContainer height={250}>
80          <PieChart>
81           <Tooltip
82            content={(({ active, payload }: any) => {
83              if (active) {
84                const { name, value } = payload[0];
85                const total = data[dataType].map(d=>d.value).reduce((a,
b) => a+b);
86                const percent = ((value / total) * 100).toFixed(2) + '%';
87                return (
88                  <span className="customTooltip">
89                    {name[locale]} : {percent}
90                  </span>
91                );
92              }
93              return null;
94            }}
95           />
96           <Pie
97             strokeOpacity={0}
98             data={data[dataType]}
99             innerRadius={60}
100            outerRadius={80}
```

```
101            paddingAngle={5}
102            dataKey="value"
103          >
104          {data[dataType].map((_, index) => (
105            <Cell key={`cell-${index}`} fill={COLORS[index]} />
106          ))}
107          </Pie>
108        </PieChart>
109      </ResponsiveContainer>
110    </Col>
111    <Col {...wrapperCol}>
112      <List<Values>
113        bordered
114        dataSource={data[dataType]}
115        renderItem={(item, index) => {
116          const total = data[dataType].map(d => d.value).reduce((a, b) => a + b);
117          const percent = ((item.value / total) * 100).toFixed(2) + '%';
118          return (
119            <List.Item>
120              <Badge color={COLORS[index]} />
121    <span>{item.name[locale]}</span>|<span>{item.value}</span><span>?{percent}</span>
122            </List.Item>
123          );
124        }}
125      />
126    </Col>
127    </Row>
128   </Card>
129  );
130 };
131
132 export default PeoPercent;
```

上述代码说明如下。

在第 2 行和第 4 行代码中，通过 antd 组件库引入了一系列页面组件（Card、Row、Col、List、Radio、Badge、ColProps）。

在第 3 行代码中，引入了第三方组件 recharts。该组件包含一系列非常漂亮和实用的页面组件（ResponsiveContainer、PieChart、Pie、Cell、Tooltip）。

在第 8 行代码中，定义了一个数字枚举类型 DataType，包含 all、online 和 offline。

在第 10～16 行代码中，定义了第 1 个 TypeScript 数据接口 Values，用于描述中英文数据名称及其数值。

在第 18～22 行代码中，基于接口 Values 定义了第 2 个数据接口 Data，用于描述"全部"、"线上"和"线下"的数据信息。

在第 24～48 行代码中，定义了一个常量数组对象 data，并初始化了一组接口类型 Data 的数据信息（中英文数据名称及其数值）。

在第 52～130 行代码中，定义了一个人口百分比组件 PeoPercent，用于在首页渲染概览图。通过 antd 组件库（Card、Row、Col、List、Radio 和 Badge），以及第三方组件 recharts 的页面组件（ResponsiveContainer、PieChart、Pie 和 Cell），定义了人口百分比组件 PeoPercent 的结构布局。

人口百分比组件 PeoPercent 的操作效果如图 10.22 和图 10.23 所示。

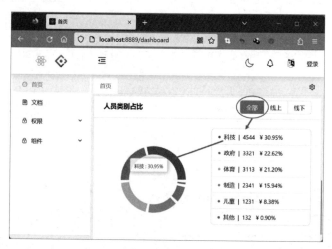

图 10.22　人口百分比组件 PeoPercent 的操作效果（1）

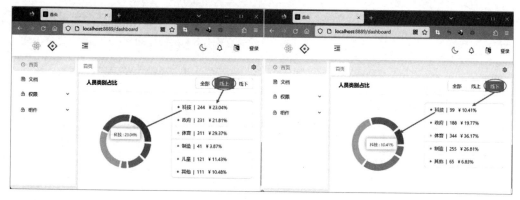

图 10.23　人口百分比组件 PeoPercent 的操作效果（2）

如图 10.22 和图 10.23 所示，概览图中分别显示了"全部"、"线上"和"线下"的数据信息。

10.10 文档容器组件

在左侧导航栏中，"首页"菜单列表的下面是"文档"菜单列表，介绍了一些关于 Web 应用管理系统的内容。下面介绍文档容器组件 DocuemntationPage。

【例 10.16】Web 应用管理系统文档容器组件 DocuemntationPage。

相关源代码如下。

```
-------- path : react-antd-admin/src/pages/docuemntation/index.tsx ----------
1  import { FC } from 'react';
2  import { Typography } from 'antd';
3  import { LocaleFormatter } from '@/locales';
4
5  const { Title, Paragraph } = Typography;
6  const div = <div style={{ height: 200 }}>期待中...</div>;
7
8  const DocumentationPage: FC = () => {
9    return (
10     <div>
11       <Typography className="innerText">
12         <Title>
13           <LocaleFormatter id="app.documentation.introduction.title" />
14         </Title>
15         <Paragraph>
16           <LocaleFormatter id="app.documentation.introduction.description" />
17         </Paragraph>
18         <Title>
19           <LocaleFormatter id="app.documentation.catalogue.title" />
20         </Title>
21         <Paragraph>
22           <LocaleFormatter id="app.documentation.catalogue.description" />
23         </Paragraph>
24         <Paragraph>
25           <ul>
26             <li>
```

```
27              <a href="#layout">
28                <LocaleFormatter id="app.documentation.catalogue.list.
layout" />
29              </a>
30            </li>
31            <li>
32              <a href="#routes">
33                <LocaleFormatter id="app.documentation.catalogue.list.
routes" />
34              </a>
35            </li>
36            <li>
37              <a href="#request">
38                <LocaleFormatter id="app.documentation.catalogue.list.
request" />
39              </a>
40            </li>
41            <li>
42              <a href="#theme">
43                <LocaleFormatter id="app.documentation.catalogue.list.
theme" />
44              </a>
45            </li>
46            <li>
47              <a href="#typescript">
48                <LocaleFormatter id="app.documentation.catalogue.list.
typescript" />
49              </a>
50            </li>
51            <li>
52              <a href="#international">
53                <LocaleFormatter id="app.documentation.catalogue.list.
international" />
54              </a>
55            </li>
56          </ul>
57        </Paragraph>
58        <Title id="layout" level={2}>
```

```
59          <LocaleFormatter id="app.documentation.catalogue.list.layout" />
60       </Title>
61       <Paragraph>{div}</Paragraph>
62       <Title id="routes" level={2}>
63          <LocaleFormatter id="app.documentation.catalogue.list.routes" />
64       </Title>
65       <Paragraph>{div}</Paragraph>
66       <Title id="request" level={2}>
67          <LocaleFormatter id="app.documentation.catalogue.list.request" />
68       </Title>
69       <Paragraph>{div}</Paragraph>
70       <Title id="theme" level={2}>
71          <LocaleFormatter id="app.documentation.catalogue.list.theme" />
72       </Title>
73       <Paragraph>{div}</Paragraph>
74       <Title id="typescript" level={2}>
75          <LocaleFormatter id="app.documentation.catalogue.list. typescript" />
76       </Title>
77       <Paragraph>{div}</Paragraph>
78       <Title id="international" level={2}>
79          <LocaleFormatter id="app.documentation.catalogue.list.
international" />
80       </Title>
81       <Paragraph>{div}</Paragraph>
82     </Typography>
83    </div>
84   );
85 };
86
87 export default DocumentationPage;
```

上述代码说明如下。

在第 2 行代码中，通过 antd 组件库引入了组件 Typography。

在第 5 行代码中，通过组件 Typography 引入了标题容器组件 Title 和段落容器组件 Paragraph。

在第 8～85 行代码中，定义了文档容器组件 DocumentationPage，通过组件 Typography 中的标题容器组件 Title 和段落容器组件 Paragraph 实现了页面内容的展示。

文档容器组件 DocumentationPage 的操作效果如图 10.24 所示。

图 10.24　文档容器组件 DocumentationPage 的操作效果

10.11　表单容器组件

在左侧导航栏中，有一个"组件"菜单列表，包含一组页面组件。下面介绍表单（Form）容器组件。

【**例 10.17**】Web 应用管理系统表单容器组件 FormPage。

相关源代码如下。

```
------------ path : react-antd-admin/src/pages/components/form.tsx ---------
1  import { FC } from 'react';
2  import MyButton from '@/components/basic/button';
3  import MyForm from '@/components/core/form';
4
5  const tailLayout = {
6    wrapperCol: { offset: 8, span: 16 },
7  };
8
9  interface Data {
10   test: number;
11  }
```

```
12
13  const FormPage: FC = () => {
14    const onFinish = (value: any) => {
15      alert(`"Login success!"`);
16      console.log(value);
17    };
18
19    return (
20      <MyForm<Data> onFinish={onFinish}>
21        <MyForm.Item label="登录名" required name="username" type="input" />
22        <MyForm.Item label="密码" required name="pwd" type="password" />
23        <MyForm.Item {...tailLayout}>
24          <MyButton type="primary" htmlType="submit">
25            Submit
26          </MyButton>
27        </MyForm.Item>
28      </MyForm>
29    );
30  };
31
32  export default FormPage;
```

上述代码说明如下。

在第 2 行代码中，引入了自定义组件 MyButton。

在第 3 行代码中，引入了自定义组件 MyForm。

在第 13～30 行代码中，定义了表单容器组件 FormPage。

在第 20～28 行代码中，通过组件 MyForm 定义了表单，以及表单提交事件处理方法 onFinish()。

在第 21 行代码中，通过标签<MyForm.Item>定义了用户名文本框，并通过定义其属性（type）值为"input"来标识文本框类型。

在第 22 行代码中，通过标签<MyForm.Item>定义了密码文本框，并通过定义其属性（type）值为"password"来标识密码文本框类型。

在第 24～26 行代码中，通过标签<MyButton>定义了表单的提交按钮。

在第 14～17 行代码中，定义了表单提交事件处理方法 onFinish()，通过一个简单的警告提示框（alert）显示登录结果。

表单容器组件 FormPage 的操作效果如图 10.25 所示。

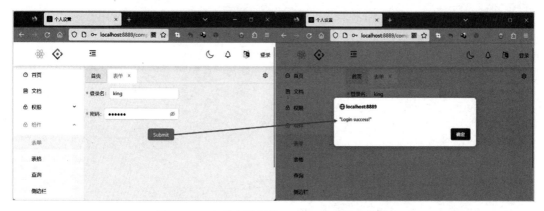

图 10.25　表单容器组件 FormPage 的操作效果

10.12　表格容器组件

本节接着前面表单容器组件，继续介绍左侧导航栏的"组件"菜单列表中的表格
（Table）容器组件。

【例 10.18】Web 应用管理系统表格容器组件 TablePage。

相关源代码如下。

```
---------- path : react-antd-admin/src/pages/components/table.tsx ----------
1  import { Space, Tag } from 'antd';
2  import MyButton from '@/components/basic/button';
3  import MyTable from '@/components/core/table';
4  import { FC } from 'react';
5
6  const { Column, ColumnGroup } = MyTable;
7
8  interface ColumnType {
9    key: string;
10   firstName: string;
11   lastName: string;
12   age: number;
13   address: string;
14   tags: string[];
15 }
16
```

```
17  const data: ColumnType[] = [
18    {
19      key: '1',
20      firstName: 'John',
21      lastName: 'Brown',
22      age: 32,
23      address: 'New York No. 1 Lake Park',
24      tags: ['nice', 'developer'],
25    },{
26      key: '2',
27      firstName: 'Jim',
28      lastName: 'Green',
29      age: 42,
30      address: 'London No. 1 Lake Park',
31      tags: ['loser'],
32    },{
33      key: '3',
34      firstName: 'Joe',
35      lastName: 'Black',
36      age: 32,
37      address: 'Sidney No. 1 Lake Park',
38      tags: ['cool', 'teacher'],
39    },
40  ];
41
42  new Array(30).fill(undefined).forEach((item, index) => {
43    data.push({
44      key: index + 4 + '',
45      firstName: 'Joe' + index,
46      lastName: 'Black' + index,
47      age: 32 + index,
48      address: 'Sidney No. 1 Lake Park' + index,
49      tags: ['cool', 'teacher'],
50    });
51  });
52
53  const TablePage: FC = () => {
54    return (
55      <div className="aaa">
56        <MyTable<ColumnType> dataSource={data} rowKey={record => record.
key} >
57          <ColumnGroup title="Name">
```

```
58            <Column title="First Name" dataIndex="firstName" key="firstName" />
59            <Column title="Last Name" dataIndex="lastName" key="lastName" />
60          </ColumnGroup>
61          <Column title="Age" dataIndex="age" key="age" />
62          <Column title="Address" dataIndex="address" key="address" />
63          <Column<ColumnType>
64            title="Tags"
65            dataIndex="tags"
66            key="tags"
67            render={(tags: string[]) => (
68              <>
69                {tags.map(tag => (
70                  <Tag color="blue" key={tag}>
71                    {tag}
72                  </Tag>
73                ))}
74              </>
75            )}
76          />
77          <Column
78            title="Action"
79            key="action"
80            render={(text, record: any) => (
81              <Space size="middle">
82                <MyButton type="text">Invite {record.lastName}</MyButton>
83                <MyButton type="text">Delete</MyButton>
84              </Space>
85            )}
86          />
87        </MyTable>
88      </div>
89    );
90  };
91
92  export default TablePage;
```

上述代码说明如下。

在第 1 行代码中，通过 antd 组件库引入了组件 Space、Tag。

在第 2 行代码中，引入了自定义组件 MyButton。

在第 3 行代码中，引入了自定义组件 MyTable。

在第 6 行代码中，通过自定义组件 MyTable 定义了常量 Column、ColumnGroup，用于定义表格的列与列组。

在第 8～15 行代码中，定义了一个 TypeScript 接口 ColumnType，用于描述表格的列所包含的类型。

在第 17～40 行代码中，通过接口 ColumnType 初始化了常量 data，包含 3 组数据信息。

在第 42～51 行代码中，继续向常量 data 中加入数据信息。

在第 53～90 行代码中，定义了表格容器组件 TablePage。

在第 56～87 行代码中，通过组件 MyTable 定义了表格，在表格内部通过标签 <ColumnGroup> 和 <Column> 定义了表格的各列，并通过标签 <Space> 与 <Tag> 修饰了表格的样式。

表格容器组件 TablePage 的操作效果如图 10.26 所示。

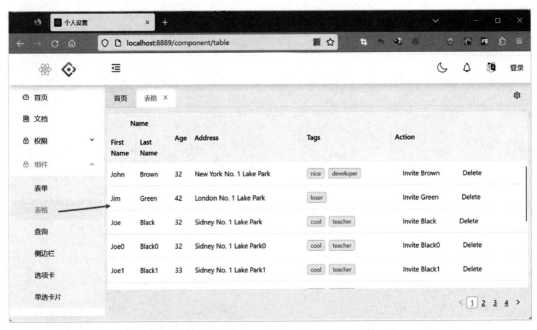

图 10.26　表格容器组件 TablePage 的操作效果

10.13　侧边栏容器组件

本节接着前面表格容器组件，继续介绍左侧导航栏的"组件"菜单列表中的侧边栏（Side）容器组件。

【例 10.19】Web 应用管理系统侧边栏容器组件 SidePage。

相关源代码如下。

```
---------- path : react-antd-admin/src/pages/components/aside.tsx ---------
1  import { FC } from 'react';
2  import { Typography } from 'antd';
3  import MyAside, { MySideOption } from '@/components/business/aside';
4
5  const { Title } = Typography;
6
7  const options: MySideOption[] = [
8    {
9      title: 'React-TS',
10     key: 1,
11   },
12   {
13     title: 'Node.js',
14     key: 2,
15   },
16   {
17     title: 'Javascript',
18     key: 3,
19   },
20  ];
21
22  const AsidePage: FC = () => {
23    return (
24      <div>
25        <MyAside
26          options={options}
27          defaultSelectedKeys={[1]}
28          header={<Title level={4}>侧边栏标题</Title>}
29          footer={<Title level={5}>侧边栏页脚</Title>}
30        />
31      </div>
32    );
33  };
34
35  export default AsidePage;
```

上述代码说明如下。

在第 2 行代码中，通过 antd 组件库引入了组件 Typography。

在第 3 行代码中，引入了自定义组件 MyAside 和自定义接口 MySideOption。

在第 5 行代码中，通过组件 Typography 定义了常量 Title，用于定义侧边栏的页眉和页脚。

在第 7～20 行代码中，定义了一个接口（MySideOption）类型常量 options，并初始化了一组侧边栏数据信息。

在第 22～33 行代码中，定义了侧边栏容器组件 AsidePage。

在第 25～30 行代码中，通过组件 MyAside 定义了侧边栏，通过属性 options 初始化了侧边栏中的内容，通过属性 defaultSelectedKeys 定义了默认选项，通过属性 header、footer 和标签<Title>定义了侧边栏的页眉和页脚。

侧边栏容器组件 AsidePage 的操作效果，具体如图 10.27 所示。

图 10.27　侧边栏容器组件 AsidePage 的操作效果

10.14　选项卡组件

本节接着前面侧边栏容器组件，继续介绍左侧导航栏的"组件"菜单列表中的选项卡（Tabs）容器组件。

【例 10.20】Web 应用管理系统选项卡容器组件 TabsPage。

相关源代码如下。

```
---------- path : react-antd-admin/src/pages/components/tabs.tsx ----------
1  import { FC } from 'react';
2  import MyTabs, { MyTabsOption } from '@/components/business/tabs';
3
4  const options: MyTabsOption[] = [
5    {
6      label: 'React-TS',
7      value: 1,
8      children: <p>React & TypeScript development.</p>,
9    },
10   {
11     label: 'Node.js',
12     value: 2,
13     children: <p>node & npm tools.</p>,
14   },
15   {
16     label: 'JavaScript',
17     value: 3,
18     children: <p>JavaScript is everything.</p>,
19   },
20 ];
21
22 const TabsPage: FC = () => {
23   return (
24     <div>
25       <MyTabs options={options} />
26     </div>
27   );
28 };
29
30 export default TabsPage;
```

上述代码说明如下。

在第 2 行代码中，引入了自定义组件 MyTabs 和自定义接口 MyTabsOption。

在第 4～20 行代码中，定义了一个接口（MyTabsOption）类型常量 options，并初始化了 3 个选项卡数据信息。

在第 22～28 行代码中，定义了选项卡容器组件 TabsPage。

在第 25 行代码中，通过组件 MyTabs 定义了选项卡，通过属性 options 初始化了每个选项卡中的内容。

选项卡容器组件 TabsPage 的操作效果如图 10.28、图 10.29 和图 10.30 所示。

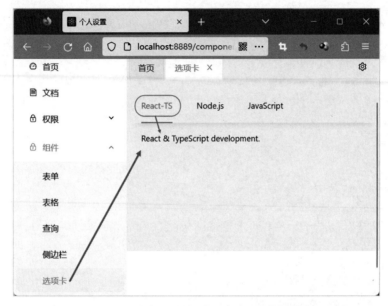

图 10.28　选项卡容器组件 TabsPage 的操作效果（1）

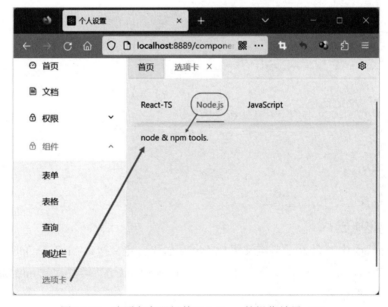

图 10.29　选项卡容器组件 TabsPage 的操作效果（2）

图 10.30　选项卡容器组件 TabsPage 的操作效果（3）

10.15　单选卡片容器组件

本节接着前面选项卡容器组件，继续介绍左侧导航栏的"组件"菜单列表中的单选卡片（Radio）容器组件。

【例 10.21】Web 应用管理系统单选卡片容器组件 RadioPage。

相关源代码如下。

```
---------- path : react-antd-admin/src/pages/components/tabs.tsx ----------
1  import { FC } from 'react';
2  import MyRadioCards, { MyRadioCardsOption } from '@/components/business/
radio-cards';
3
4  const options: MyRadioCardsOption[] = [
5    {
6      label: 'React-TS',
7      value: 1,
8    },
9    {
10     label: 'Node.js',
11     value: 2,
12   },
13   {
14     label: 'JavaScript',
```

```
15      value: 3,
16    },
17  ];
18
19  const RadioPage: FC = () => {
20    return <MyRadioCards options={options} defaultValue={1} />;
21  };
22
23  export default RadioPage;
```

上述代码说明如下。

在第2行代码中，引入了自定义组件MyRadioCards和自定义接口MyRadioCardsOption。

在第4~17行代码中，定义了一个接口（MyRadioCardsOption）类型常量 options，并初始化了 3 个单选卡片数据信息。

在第 19~21 行代码中，定义了单选卡片容器组件 RadioPage。

在第 20 行代码中，通过组件 MyRadioCards 定义了单选卡片，通过属性 options 初始化了每个单选卡片的标题。

单选卡片容器组件 RadioPage 的操作效果如图 10.31 所示。

图 10.31　单选卡片容器组件 RadioPage 的操作效果

图 10.31　单选卡片容器组件 RadioPage 的操作效果（续）

10.16　小结

本章主要介绍了基于 React ＋ TypeScript ＋ antd ＋ Vite 框架构建一个 Web 应用管理系统的方法与流程，其中主要使用了 React Hook、React Router 和 React Redux 技术。希望通过这个 Web 应用管理系统，能够帮助读者提高基于 React ＋ TypeScript 技术进行 Web 应用开发的能力。